港口大型石化储罐结构风致灾变控制技术

张华勤 苏 宁 彭士涛 洪宁宁 著

人民交通出版社股份有限公司
北 京

内 容 提 要

本书围绕港口大型石化储罐结构的风效应预测、风灾评估及风振控制3个方面，基于大量风洞试验数据、数值分析，建立了考虑高雷诺数效应的港口大型石化储罐风荷载模型，形成了风效应高效精准分析预测和评估方法，并提出了一种基于高性能风灾效应混合控制系统及其优化设计方法，形成了一套完整的港口大型石化储罐结构的"抗风设计-风灾评估-减灾防控"体系，有力支撑我国交通强国建设和能源战略安全实施。

本书可为从事结构抗风减灾研究的工程、科研人员提供参考。

图书在版编目(CIP)数据

港口大型石化储罐结构风致灾变控制技术/张华勤等著. —北京:人民交通出版社股份有限公司,2023.7

ISBN 978-7-114-18303-4

Ⅰ.①港… Ⅱ.①张… Ⅲ.①港口—石油化工—储罐—结构—风振控制 Ⅳ.①TE972

中国版本图书馆 CIP 数据核字(2022)第 199793 号

书　　名:	港口大型石化储罐结构风致灾变控制技术
著　作　者:	张华勤　苏　宁　彭士涛　洪宁宁
责任编辑:	崔　建
责任校对:	赵媛媛　魏佳宁
责任印制:	张　凯
出版发行:	人民交通出版社股份有限公司
地　　址:	(100011)北京市朝阳区安定门外外馆斜街 3 号
网　　址:	http://www.ccpcl.com.cn
销售电话:	(010)59757973
总　经　销:	人民交通出版社股份有限公司发行部
经　　销:	各地新华书店
印　　刷:	北京虎彩文化传播有限公司
开　　本:	720×960　1/16
印　　张:	22
字　　数:	399 千
版　　次:	2023 年 7 月　第 1 版
印　　次:	2023 年 7 月　第 1 次印刷
书　　号:	ISBN 978-7-114-18303-4
定　　价:	79.00 元

(有印刷、装订质量问题的图书,由本公司负责调换)

前　言

我国《能源发展战略行动计划（2021—2025 年）》指出，要持续增强能源资助保障能力，稳步提升国内石油产量，加快海洋石油开发，并加强储备应激能力建设，完善能源储备制度，扩大石油储备规模，并完善防灾应急水平。港口石化储运在我国能源安全保障中占有重要地位，港口石化储运属于交通运输体系中的高风险环节。随着近年来全球气候变化，极端气象频发，港口时常受到风灾的侵袭，对港口石化储罐安全运营造成了巨大威胁。港口石化储罐抗风能力随着体积的增大下降明显，径厚比降低使得其风致振动及其稳定性越来越突出，在强风作用下的失稳破坏将带来严重的安全问题和经济损失。而针对该类结构尚无完善的抗风设计理论和抗风措施，有必要结合储罐的风致破坏特点，提出更加安全有效的抗风措施设计方法。

为解决上述问题，交通运输部天津水运工程科学研究所联合日本东北大学牵头承担了国家重点研发计划项目"港口大型石化储罐结构风致灾变控制技术联合研发"。本书基于该项目大量风洞试验数据，建立了考虑高雷诺数效应的港口大型圆筒形和球形储罐风荷载解析模型，集成了抗风数据库对风荷载及效应智能预测。在国际上首次开展了港口大型石化储罐风致屈曲效应全场测量风洞试验，揭示了港口大型石化储罐风致振动和屈曲灾变规律和机理，形成了风效应高效精准分析预测方法。基于大量随机参数分析，掌握了港口大型石化储罐风灾不确定性演变规律和传播机理，形成了风灾易损性评估系统。本书提出了一种基于"疏透覆面气动减载-抗风圈防屈曲-广义变式调谐惯质阻尼器风振控制"的港口大型石化储罐风灾效应混合控制系统及其优化设计方法，有效提升了抗风灾韧性及本质安全水平；形成了一套完整的港口大型石化储罐结构的"抗风设计-风灾评估-减灾防控"体系,有力支撑我国交通强国建设和能源战略安全实施。

  由于作者水平有限,错误和不足之处在所难免,敬请批评指正。

作者
2022 年 9 月

目 录

1 引言 1
  1.1 研究背景及意义 1
  1.2 国内外研究现状 6
  1.3 研究内容及技术路线 27
  1.4 本书主要内容 30

2 考虑高雷诺数效应的港口大型石化储罐结构风荷载模型 33
  2.1 港口大型石化储罐风荷载测压风洞试验 33
  2.2 圆筒形储罐风荷载雷诺数效应分析 57
  2.3 球形储罐风荷载雷诺数效应分析 81
  2.4 考虑三维高雷诺数效应的风荷载模型 95
  2.5 本章小结 102

3 港口大型石化储罐结构风致灾变效应及其易损性分析 104
  3.1 港口大型石化储罐风效应气弹测振风洞试验 104
  3.2 港口大型石化储罐动态风效应数值模拟 116
  3.3 港口大型石化储罐气弹风振响应特性分析 143
  3.4 港口大型石化储罐风效应简化分析方法 166
  3.5 港口大型石化储罐风致灾变易损性分析 178
  3.6 本章小结 188

4 港口大型石化储罐结构抗风优化设计方法 190
  4.1 等效静力抗风设计方法 190
  4.2 储罐群风荷载干扰效应 199
  4.3 非定常风效应因子 217
  4.4 抗风圈优化设计方法 229
  4.5 港口大型石化储罐风荷载数据平台 244
  4.6 本章小结 261

5 港口大型石化储罐结构气动-机械联合风灾效应控制技术 263
  5.1 港口大型石化储罐结构气动减载控制措施 263
  5.2 广义变式调谐惯质阻尼器族机械减振参数优化 272

5.3 考虑实际应用的气动-机械联合风灾控制技术 …………… 299
　　5.4 港口大型石化储罐风振控制减灾效果分析 …………… 308
　　5.5 本章小结 …………… 321
6 结论与展望 …………… 323
　　6.1 结论 …………… 323
　　6.2 创新点 …………… 324
　　6.3 展望 …………… 326
参考文献 …………… 327

1 引言

1.1 研究背景及意义

众所周知,目前全球工业仍高度依赖石油、天然气等传统能源,中国经济运行对石油的依赖甚大。目前,我国为全球第二大原油消费国和最大的原油进口国。根据《国家石油储备中长期规划》,我国要形成相当于100天石油净进口量的储备规模。

港口石化储运在我国能源安全保障中占有重要地位,港口石化储运属于交通运输体系中的高风险环节。随着近年来全球气候变化,极端气象频发,港口时常受到风灾的侵袭,对港口石化储罐安全运营造成了巨大威胁。《交通强国建设纲要》指出,要建设安全保障完善可靠的交通运输体系,提升本质安全水平,提升关键基础设施安全防护能力。因此,对港口大型石化储罐抗风减灾韧性提升进行本质安全保障技术研究十分必要。

纵观储罐技术的发展历程,最早在19世纪中期,美国开始开采和使用石油,利用木桶作为储存容器;在19世纪末期,开始使用铆结钢制储罐储存石油和液态化学产品。20世纪20~30年代,储油罐制造商开始利用焊接技术制造储油罐。钢制焊接储罐的出现,提高了储罐质量,推动了储油罐大型化的发展。其间,美国中西部的储罐和锅炉制造者于1916年成立了一个协会(即后来的钢制储罐协会),开始研究石油储存安全性的问题,并编写标准规范来管理易燃及可燃性液体,以及编制储油罐性能测试和建造的标准。20世纪50年代后期,美国形成了较完善的钢制焊接储油罐技术标准。国外大型储罐建造的历史较长、技术先进,经过不断改进和完善标准规范,他们在储罐设计、制造等方面做了大量的研究并拥有丰富的实践经验。1962年美国首次建成10万 m^3 大型浮顶油罐(直径87m,罐高约21m),1963—1964年荷兰欧罗巴港建成4座10万 m^3 浮顶油罐,1967年委内瑞拉建成15万 m^3 浮顶油罐(直径115m,罐高14.6m),1971年日本建成16万 m^3 浮顶油罐(直径109m,罐高17.8m),随后沙特建成20万 m^3 浮顶油罐(直径110m,罐高22.5m)。

我国储罐建造技术起步较晚,大致分为三个阶段:第一阶段为1985年及以前,该阶段奠定了我国大型储罐设计技术和理论发展基础。其间,组织研究了储罐的整个应力分布规律等理论问题;进行了油罐T形大角焊缝研究和大型储罐基础研究,提高了储罐罐体的整体安全性;完成了大型储罐抗震研究,编写了《大型储罐抗震设计规定》;建成了当时国内最大(5万m^3)储罐。1982年,编制完成石油工业行业标准《立式圆筒形钢制焊接油罐设计规定》(SYJ 1016—82)。第二阶段为1986—2003年,通过引进吸收,在1987年建成了我国第一座10万m^3储罐,完成了储罐设计建造技术的国产化,首次在国内对第一圈高强钢壁板(SPV490Q)开孔加工和热处理工艺进行了系统研究,改进完善了储罐附件技术,实现了工厂预制,提高了质量;通过完善储罐技术理论,并在总结多年储罐建设经验的基础上,吸取国际同类标准的先进内容,我国于2003年编制完成国家标准《立式圆筒形钢制焊接油罐设计规范》(GB 50341—2003)。第三阶段为2004年以后,是我国大型储罐建设腾飞阶段。2004年开始的国家石油储备极大地推动了我国10万m^3及以上大型储罐的建设和技术发展,在国家石油储备一期项目建设期间实现了储罐用高强度钢板的国产化,2006年完成了国内首座15万m^3储罐建设,目前具备了20万m^3以上储罐设计技术,正向着单罐30万m^3的规模发展。

目前国内各大沿海港口和油田基地纷纷兴建了大量石化钢储罐,且数量和体型也在不断发展,如图1.1-1a)~图1.1-1c)所示。钢制储罐的构造简单、施工方便、成本可控、绿色环保;在合理设计与建造的前提下,正常环境中可保持较长使用年限。直立式钢储罐最为常见,其根据顶盖形式,分为浮顶储罐、固定顶储罐和内浮顶储罐。其中,浮顶储罐结构更加简单,在大型储罐中相对有固定顶的结构更容易设计和建造,因此,在石化工业中得到了广泛应用。

上述浮顶或固定顶储罐常用于常压存储。除常压储罐外,球形储罐作为一种典型的大容量薄壳压力球形储存容器也在石化行业得到普遍应用,如图1.1-1d)所示。与立式圆柱形储罐相比,球形储罐具备诸多优点,如节省材料、结构简单、造价低、投资小等。由于其壳体的中心对称性,使其拥有最为均匀的受力表现。在壁厚相同时,球形储罐有着最大的承载能力;反之,在工作压力相同时,球形储罐对壁厚的要求最低;且在相同的容积条件下,球形储罐的表面积最小,质量最小。因此,在容积和工作压力相同的条件下,球形储罐能达到节约钢材、降低成本的效果,而且球形储罐现场安装和运输方便,通过向高度空间发展,可达到地表面积利用率最大化的效果。

a)上海白沙湾油库15万m³储罐

b)青岛港原油储罐群

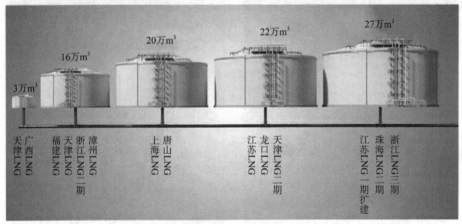
c)我国港口大型LNG(液化天然气)储罐

d)环形高压石化储罐

图1.1-1 我国港口大型储罐案例

近年来,由于高强度钢材的使用,储罐壳壁的厚度通常很小,而体型的增加通常是通过扩大直径来实现的,导致其高径比小,最低在0.2左右,径厚比一般在2000以上,属于典型的薄壁结构,面外刚度很小,在强风甚至是建造过程中的良态风作用下,罐壁易发生面外屈曲失稳破坏。据国内外相关报道,目前已发生多起储罐的风致破坏事件,如图 1.1-2 所示。其不仅会导致储液泄漏,损害相关企业利益,严重的还会扰乱交易市场,造成国际油价波动。此外,有机物的溢出还会污染附近土壤和水源、诱发火灾等,危害工作人员和附近居民的健康安全。

a)浮顶储罐的风毁事故

b)储罐建设过程中的风毁

c)球形储罐在台风中破裂　　　　　　d)储油罐吹环后的原油泄漏

图 1.1-2　储罐风毁事故案例

如2005年,美国得克萨斯州和路易斯安那州先后受到卡特里娜飓风和丽塔飓风的袭击,在强风和洪水的双重破坏下,区域内多家石化工厂的储罐遭受严重损坏[图1.1-2a];2006年,阿根廷某炼油厂的钢储罐在施工过程中由于上部还未安装加强构件,在4级良态风下就发生破坏[图1.1-2b];2012年,美国石油冶炼公司Motiva的两个柴油储罐在"桑迪"飓风的袭击下发生破裂而漏油;2015年,台风"彩虹"导致广东湛江800多吨液化石油气泄漏,若发生爆炸,附近将可能被夷为平地[图1.1-2c];2017年,飓风"哈维"破坏了美国两座炼油中心,约有40座化工厂出现油罐漏油;2019年飓风"多利安"袭击了位于大西洋上的巴哈马群岛,将大巴哈马岛上的几个储油罐"开膛破肚"[图1.1-2d]。由于储罐中储存的一般为易燃易爆有毒的石化原料,一旦其在强风、台风中发生损毁,除了造成巨大的经济损失外,如发生泄漏将造成巨大的环境污染,如引发火灾爆炸等次生灾害将对周边安全造成巨大威胁,引发恶劣的社会影响。

从储罐风毁事故的教训可知,目前设计方法并未完全满足经济安全的设计目标,储罐在风荷载作用下仍易发生失稳破坏。如现在应用较多的大型浮顶储罐,其顶盖位置会随着液位不断变化,当储罐为空罐或者液位较低时,罐内壁也会受到风荷载作用,内外表面风压叠加将可能使储罐受力更加不利,有必要对这种条件下的风荷载特性进行全面细致的分析。储罐结构的抗风设计和风效应未在设计中得到足够重视,考虑到储罐破坏带来的严重危害,目前常用的抗风措施为在罐壁布置一道道抗风圈和加强圈。然而,按照设计规范,有时需要设置的圈数将达到4~5层,过多的抗风圈和加强圈将会大大增加施工难度和工程成本,焊接时对罐壁造成的损伤也会影响其承载能力。因此,在港口大型石化储罐的抗风设计中,合理地设计抗风减灾措施十分重要,需要对港口大型储罐的风致灾变机理及其控制技术进行深入研究。

目前,港口大型石化储罐的建造需求越来越大,其抗风能力随着体积的增大下降明显,径厚比降低使得其风致振动问题越来越突出,在强风作用下的失稳破坏将带来严重的安全问题和经济损失。首先,对这类结构的风荷载特性尚无系统性研究,尤其是考虑钝体雷诺数效应的实用设计风荷载;其次,目前针对该类结构尚无完善的抗风设计理论和抗风措施,尤其是脉动风荷载作用下的动力特性和失稳机理仍不明确;最后,关于储罐设抗风圈和加强圈的加强措施设计,施工烦琐且设计偏于保守,未能实现经济高效的设计目标,因此,有必要结合储罐的风致破坏特点,提出更加安全有效的抗风措施设计方法。基于上述考虑,本书通过大量试验研究与分析,旨在全面掌握港口大型储罐的风荷载特性,深入了解储罐的风致破坏机理,提出安全高效的抗风措施设计方法及风振控制减灾技术,对提高港口大型石化储罐的安全性和适用性,提升港口防灾韧性及本质安全水平,保障国家能源计划安全实施具有重要意义。

1.2 国内外研究现状

1.2.1 储罐结构的风荷载研究

在风荷载研究方面,国外的研究起步较早。圆筒形储罐和球形储罐都具有典型的钝体气动外形,根据钝体空气动力学理论,其气动特性受气流分离及旋涡脱落影响显著,风荷载特性受雷诺数影响显著,较为复杂。

1)圆筒形储罐

关于圆柱结构钝体绕流特点和荷载特性方面的研究,已有大量成果,但主要集中于烟囱、管线等细长结构。储罐有别于细长圆柱,其高径比较小,一般小于1。细长圆柱体大部分区域实质是二维绕流,而由于储罐结构较低矮,底部边界层和顶部自由端的影响势必较大,绕流特征不同,雷诺数效应也可能不同。

自1912年,冯·卡门研究了圆柱绕流的涡脱迹线,可谓是工程结构雷诺数效应研究的开端。通过对结构表面风荷载随雷诺数变化的研究,可以从微观上探讨柱体气动特性和流场的变化规律。对于二维圆柱,早期以较低雷诺数条件下的研究较多,如 Lin 等在 $10^3 < Re < 10^4$ 的雷诺数区间内分析了圆柱绕流模式和荷载分布的关系,Bloor 在 $200 < Re < 5 \times 10^4$ 范围内对圆柱尾流的旋涡脱落特征进行了分析。也有学者利用增压风洞,实现了高雷诺数条件下(最大 Re 接近 10^7)对圆柱表面风压分布的测量。基于风压系数和阻力系数等荷载参数,Achenbach、Roshko 和 Schewe 等众多学者对 Re 大小进行分区并总结了各雷诺数区间的绕流模式和荷载特性。在 $300 < Re < 3 \times 10^5$ 的亚临界区,边界层发生层流分离,阻力系数 C_d 稳定在 1.2,Strouhal 数即 S_t 约为 0.21;当 Re 增加至 3.5×10^5 时,圆柱单侧出现分离泡,导致圆柱两侧一边为层流分离,一边为湍流分离,分离点后移,相对驻点的夹角 α 超过 120°,尾流变窄导致 C_d 降至 0.7 左右,旋涡脱落也变得不稳定;在 $3.5 \times 10^5 < Re < 4 \times 10^5$ 的超临界区,圆柱两侧均变为湍流分离,分离点逐渐前移,C_d 缓慢上升;当 Re 大于 4×10^5 时,进入跨临界区,分离泡消失,壁面边界层完全为湍流状态,旋涡脱落重新变得稳定,$S_t \approx 0.25$。绕圆柱的流动特征随雷诺数分类示意见表 1.2-1。

绕圆柱的流动特征随雷诺数分类示意表

表 1.2-1

绕流示意	流场特征	雷诺数
	气流未分离蠕流	$Re < 5$
	尾流区出现对称旋涡	$5 < Re < 40$
	尾流区出现层流涡街	$40 < Re < 200$
	尾流区旋涡转捩为湍流涡街	$200 < Re < 300$
	湍流涡街 A:层流分离	$300 < Re < 3 \times 10^5$ 亚临界区
	A:壁面边界层为层流,层流分离 B:湍流分离,但壁面边界层仍为层流	$3 \times 10^5 < Re < 3.5 \times 10^5$ 转捩区或临界区
	B:湍流分离,壁面边界层部分为层流、部分为湍流	$3.5 \times 10^5 < Re < 4 \times 10^5$ 超临界区
	C:圆柱两侧壁面边界层均为湍流状态	$4 \times 10^5 < Re$ 高超临界区

同时，由于实际结构缩尺到风洞模型时，尺寸量级的变化将导致雷诺数效应问题十分突出，只有在达到超临界雷诺数时，风压才不会受到雷诺数影响。有学者提出当 $Re > 1 \times 10^5$ 时，即可认为风洞试验满足雷诺数要求。此外还需考虑湍流强度剖面和表面粗糙度的影响，Güven 和 Farell 通过对 5 种不同粗糙度圆柱的风压测量，发现粗糙度增加会减小 C_d 在临界区的降低幅度，且转捩区对应的 Re 值降低。Chen 等测量了 4 种不同表面粗糙度烟囱结构的风压分布，发现在最高粗糙度条件下的结果与实测结果吻合较好。Sabransky 和 Melbourne 等认为在圆柱顶部的湍流强度一般在 15% 左右。Sun 等对来流湍流对半圆柱形顶面的风荷载影响进行了研究，发现湍流度增加可使分离点后移，剪切层由层流向湍流的转捩提前，且该效果主要受小尺度湍流影响。

自 20 世纪 60 年代起，一些学者开始关注储罐和筒仓这类中等高度和低矮圆柱壳结构上的风荷载，主要研究方法有现场实测、风洞试验和数值模拟 3 种。现场实测作为最直观的研究方法，由于时间和仪器成本较高，无法进行大量工况的直接测量，进而对结构和风场各参数实现精准分析，因而目前使用较少，多用来检验和修正风洞试验和数值模拟的结果。如，李星对一大型煤气柜原型进行了现场实测，将实测数据与现行规范和有限元分析结果进行了对比。测量风荷载的传统方法依然是缩尺模型的大气边界层风洞试验，尽管可以使用气弹模型研究气流和结构的耦合作用，但目前大部分研究主要通过刚性模型计算风压系数并将此作为数值模型的输入。早在 1965 年，中国科学院力学研究所以 5 万 m^3 浮顶油罐为原型，进行了刚性缩尺模型的风洞试验，不过当时的试验条件比较简单，在进行风洞试验时没有考虑湍流，风场按层流进行模拟。Maher 对几种典型的穹顶和锥顶储罐进行了风洞试验，Purdy 等开展了平顶储罐风荷载的试验研究，分别获得了相应的风荷载数据。Poterla 和 Godoy 等以美国加勒比海海岸的典型油罐为原型进行了储罐的风洞试验，获得了结构表面的风压分布规律并拟合了罐壁圆柱壳风压系数的近似公式。陈寅等通过风洞试验，获取了圆柱形储气罐表面风压分布情况，并将不同高度处的平均风压系数与荷载规范建议值进行比较分析。为对有限长圆柱的旋涡结构有清晰的认识，Okamoto 和 Sunabashiri 对高径比 $H/D = 0.5 \sim 23.75$ 的 5 个不同圆柱进行测压和流体可视化试验，发现当 H/D 大于 4 后，旋涡脱落由对称的"拱形"涡变为反对称的"Karman"涡。Sumner 等通过 7 孔探头观测高径比为 $3 \sim 9$ 的圆柱尾流结构，发现 $H/D = 3$ 时的尾流结构与其他更高圆柱的完全不同。

随着计算流体力学商用软件的发展和成熟，学者开始采用 Fluent 等计算流体力学（CFD）软件进行钢储罐等结构的风荷载研究。Pasley 和 Clark 在 2000 年通过建立内浮顶储罐的 CFD 模型，研究了储罐周围风场对内部有机物挥发产生的影响,但未关注表面风压的分布。2011 年,Falcinelli 等对油罐的风荷载进行数值模拟,并考虑了地形对储罐风荷载的影响,结果表明海拔高度对风荷载的分布规律有很大影响,并与风洞试验进行了对比,结果吻合较好。2014 年,林寅对 10 万 m^3 钢储罐进行数值风洞仿真模拟,研究了大型浮顶罐的风场绕流特点和风荷载分布规律。

我国规范《建筑结构荷载规范》(GB 50009—2012)仅对 $H/D \geqslant 1$ 的圆柱结构体型系数以离散形式作出相关规定。国外规范和文献,则通常以傅里叶级数的形式给出风压系数的环向分布,其表达式为 $p(\theta) = \sum_{i=0}^{m} p_0 c_i \cos(i\alpha)$,其中 α 表示从迎风子午线开始的环向角,p_0 为驻点经线上的风压系数,c_i 为第 i 阶谐波系数,m 为总阶数。表 1.2-2 给出了部分研究者及规范中给出的傅里叶系数规定。其中,仅 EN 1993-4-1 的公式考虑了高径比的影响($1/\rho = H/D$),这里取 $H/D = 1.0$,当 $H/D \leqslant 0.5$ 时,按 $H/D = 0.5$ 取值,对于更小高径比的圆柱风压分布,所有规范中几乎均无明确规定。图 1.2-1 给出了拟合结果,可以看出不同学者的结果以及规范之间仍有较大差异。

不同文献中圆柱壳风荷载傅里叶公式系数　　　　表 1.2-2

来源	c_0	c_1	c_2	c_3	c_4	c_5	c_6	c_7
Briassoulis	-0.2636	0.3419	0.5418	0.3872	0.0525	-0.0771	-0.0039	
Holmes	-0.55	0.25	0.75	0.4		-0.05		
Greiner	-0.65	0.37	0.84	0.54	-0.03	-0.07		
Pircher	-0.5	0.4	0.8	0.3	-0.1	0.05		
Portela	-0.2055	0.2943	0.4897	0.2624	-0.0353	-0.0092	0.0778	0.0263
ACI-ASCE 334-2R	-0.2765	0.3419	0.5418	0.3872	0.0525	-0.0771	-0.0039	0.0341
EN 1993-4-1	-0.54 + 0.16ρ	0.28 + 0.04ρ	1.04 - 0.20ρ	0.36 - 0.05ρ	-0.14 + 0.05ρ			

2) 球形储罐

球形储罐是石油化工最常用的存储运输设备,其存储物通常为易燃易爆、剧毒、腐蚀性物质,在结构损坏时可能成为社会保障的主要危险来源。由于该类结构对风作用相当敏感,因此,保障抗风性能极为重要。

球形储罐为典型的钝体形状,其气动荷载受雷诺数的影响显著。在实际工程应用中,原型雷诺数可以达到 $10^7 \sim 10^8$ 量级或更大(以直径 10~40m,设计风速 15~30m/s 为例)。然而,在一个普通的大气湍流边界层风洞中,几乎不可能模拟到如此大的原型雷诺数的量级,其雷诺数可以达到$10^5 \sim 10^6$量级。因此,有必要研究雷诺数对球形储罐气动力特性的影响,为风洞试验提供指导,并提供气动力荷载模型为工程设计参考。

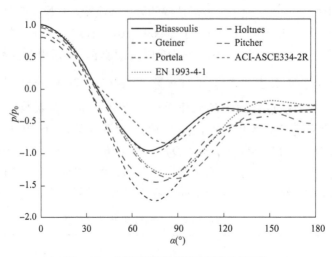

图 1.2-1　各规范的圆柱形结构周向风压系数

雷诺数对结构气动荷载的影响是风工程领域讨论最多的课题之一。研究人员如 Roshko、Achenbach 研究了在均匀流动中具有广泛雷诺数的经典光滑圆柱体上的风荷载。结论表明,在亚临界雷诺数范围内$(300 < Re < 3 \times 10^5)$,发现分离角在$90°$以下,两侧均有层流分离。随着 Re 增加到$(3 \sim 3.5) \times 10^5$,在发生湍流分离的一侧,分离角从$95°$增大到$140°$,在超临界雷诺数$(3.5 \times 10^5 < Re < 4 \times 10^5)$范围内,分离角保持在约$120°$,两侧的流动分离由层流变为湍流。当 $Re > 4 \times 10^5$时,表面边界层在分离前变为湍流,定义为高超临界区。Schewe(1983)测试了雷诺数范围从2×10^4到7×10^6的经典二维援助气动阻力和升力系数,结果表明,当 Re 超过3×10^6时,在跨临界范围内的阻力系数为0.52。Güven 等、Duarte 研究了圆柱表面粗糙度对气动力系数的影响,结果表明增加表面粗糙度可以等效模拟高雷诺数下的流动和荷载特性。Duarte、Zan 对湍流中圆柱的气动载荷进行了研究,结果表明湍流来流中较低雷诺数下即可发生分离的转捩。Qiu 等、Liu 等、Cheng 等研究了雷诺数对大气湍流边界层流中圆柱形屋顶、柱形储罐、冷却塔等圆柱形工程结构空气动力荷载的影响,以供工程参考。Hu and Kwock 收集了各类圆柱形工程结构的风荷载数据,以及不同雷诺数下的试验数据,利用机器学习技术进行空气动力学开展统计预测和数据挖掘。

对于球形钝体,Achenbach 研究了均匀流中$4 \times 10^4 < Re < 6 \times 10^6$时光滑球体的

流场及荷载特性,研究结果与经典圆柱的结果相似。同时还研究了表面粗糙度和堵塞率的影响(Achenbach,1974),结果表明,临界雷诺数随着表面粗糙度的增加而减小,而随着堵塞率的增加而增大。Taneda 通过流动显示技术,给出了雷诺数在 $10^4 \sim 10^6$ 范围内球体周围流场涡旋结构的变化情况。Tsutusi 对 $Re = 8.4 \times 10^4$ 的平板湍流边界层中光滑球体的流场和风荷载进行了研究,如图 1.2-2 所示,并提出了升阻力系数的经验公式,该试验的条件接近球形储罐的情况。然而,该试验中雷诺数比原型结构的要低得多。Yeung 提出了圆柱体和球体平均风压系数的通用分段函数模型。此外,Taylor、Letchford and Sarkar、Cheng and Fu 分别进行了曲面屋盖的风洞试验研究,得出了相应的风荷载结果用于抗风设计。结果表明,在大气湍流边界层流,半球圆顶的风压分布在雷诺数超过$(1.0 \sim 2.0) \times 10^5$时不敏感。钝体空气动力学特性不随 Re 变化或对 Re 变化不敏感的 Re 范围定义为雷诺数自模区。

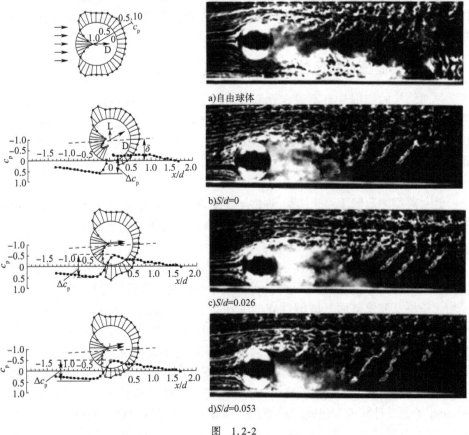

a)自由球体

b)$S/d=0$

c)$S/d=0.026$

d)$S/d=0.053$

图 1.2-2

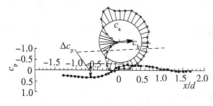

图 1.2-2　壁面边界层中光滑圆球流场及压力分布（$Re=8.3\times10^4$）

S 为离地面高度（距离）；d 为球直径；c_p 为平均风压等级

也有许多学者研究如何增加表面粗糙度来模拟高雷诺数流动效应。表面粗糙度通常是通过黏附砂纸（例如 Qiu 等）、粗糙条（例如 Liu 等）或表面刻痕（例如 Sun 等）等方法来实现的。他们主要对圆柱状结构开展了基础研究，并得出了一些定性和定量的结论，为风洞模拟提供了指导和基本标准。然而，从柱状结构得出的结论在更复杂的三维钝体上的适用性有待进一步讨论。因此，仍然需要对具有更复杂曲面的钝体进行定量研究。

1.2.2　储罐结构风致效应及致灾机理研究

风对结构的作用具有不确定性和显著的脉动特性。针对低矮的常压储罐结构，尤其是在开敞状态或者施工状态，由于罐壁较为薄弱，一般表现为屈曲凹瘪的状态。对于封闭储罐结构，随着高径比的增大，或者是球形储罐，其风效应逐渐由屈曲效应转变为动力效应。针对这两种风效应的特性及致灾机理研究现状如下。

1）风致屈曲效应

针对典型的薄壁圆筒壳结构，许多学者对其在竖向轴压、均匀侧压等多种荷载形式作用下的变形和承载力进行了分析。现有的研究手段主要集中在以下三种途径：理论分析、风洞试验和数值模拟。

采用理论分析对钢储罐结构风致屈曲进行预测的研究起步较早，早期受到试验手段的限制，主要是基于线性薄壳理论对柱壳屈曲特性进行分析，多位学者研究了均匀壁厚及波纹壁面开敞圆柱壳的失稳行为。Wang 和 Billington 在 1974 年提出了一种解决敞口悬壁圆柱壳分支点失稳问题的解析方法，Vodenitcharova 和 Ansourian 通过伽勒金法分析了竖直圆柱的分支点问题，假定竖向风压分布均匀，得到了结构两端简支时的临界风压。Prabhu 等基于能量理论计算底部固定圆柱壳屈曲荷载，并对边界条件的影响进行分析，利用试验数据证明了方法的正确性。Schmidt 等通过计算模型研究了顶部用抗风圈加强的敞口悬挑圆柱的分支点和屈曲后行为，并通过小尺度试验进行了验证。Chen 和 Rotter 对风荷载作用下不同高径比的圆柱,进行了欧洲规范建议的线性分支点分析和非线性分析,发现风压和均匀压作用下驻点屈曲压力的关系只有在 Donnell 圆柱壳理论中才存在,而对于更为一般的情况则没有。Godoy 和 Soca 认为有限元方法在圆柱壳风致屈曲分析中存在缺陷,并指出理论分析该结构屈曲的重要性,同时给出了一种实用方法,使理论与实际相联系。Jaca 等通过能量模型的折减刚度法,对风荷载作用下钢储罐屈曲的临界荷载进行分析计算,表明该方法得到的结果是试验或数值模拟得到的结果的下限。

随着计算机计算能力的突飞猛进和有限元分析方法的不断发展,许多学者开始采用有限元模拟的方法研究圆柱壳的失稳行为。Flores 和 Godoy 对一在 Marilyn 飓风中屈曲的敞口储罐进行了线性分支点分析、考虑缺陷的几何非线性分析和非线性动力分析,表明屈曲以分支点形式出现,几何缺陷和内部液体对临界屈曲荷载有很大影响。通过该数值研究还发现,静力和动力分析的结果比较接近,说明该问题可视为准定常问题,此结果在文献[65]和[66]中也得到相似的结论。Godoy 和 Flores 通过考虑缺陷的几何非线性分析模型研究 $0.16 < H/D < 1$ 和 $1250 < R/t < 2000$ (R/t 为半径与壁厚之比)的敞口空储罐,发现风压作用下该类储罐的缺陷敏感性与均匀侧压下的类似,临界荷载为完善结构的 $60\% \sim 90\%$。此外,Portela 和 Godoy 还利用 ABAQUS 计算软件对拱形罐顶和锥形罐顶的储罐进行了屈曲、屈曲后和缺陷敏感性分析,并比较了不同罐顶形式带来的影响。Zhao 和 Lin 通过 Ansys 分析软件研究了 $0.27 < H/D < 0.88$、$1450 < R/t < 3375$ 尺寸范围内的 6 种储罐结构,发现几何非线性分析和线性分支点分析得到的结果十分接近,H/D 较大而体积较小的储罐屈曲承载力比体积较大的储罐更高,特征值屈曲模态一致缺陷比焊缝缺陷的影响更大。Chiang 和 Guzey 对高径比在 $0.11 \sim 4.0$ 范围内开敞储罐进行了线性分支点和屈曲后分析,发现内部附加内压对屈曲承载力的影响不容忽视,同时材料非线性对高径比小的储罐屈曲影响很小,屈曲总是发生在弹性范围内。

部分学者也尝试通过风洞试验及其他试验方法进行钢储罐风致屈曲的研究,但由于弹性模型对试验设计的要求较高,这类研究普遍开展较少。Uematsu 和 Uchiyama 采用风洞试验方法对闭口储罐的风致屈曲进行了研究,发现储罐的非线性屈曲对风压的分布形式并不十分敏感,并基于试验结果提出了考虑高径比和径厚比等参数的风致屈曲临界荷载的经验公式。Schmidt 等在试验中对 PVC(聚氯乙烯)和钢制两种模型施加近似风压荷载进行屈曲行为的研究,并基于试验结果和数值结果提出了若干设计建议。

日方研究团队在前期开展了大量研究,Uematsu 等采用锡箔模型进行油罐屈曲的风洞试验,并与理论公式和经验公式的结果进行了对比分析。Yasunaga 和 Uematsu 进行了边界层风洞试验,并将试验结果和静风压作用下的屈曲荷载及动力屈曲荷载进行比较。

前期研究发现,目前的试验研究多针对单点测量,尚缺乏对屈曲模态的识别和验证。在数值研究方面,风力屈曲效应也多针对静力荷载和准静力效应的研究,缺乏对动力屈曲效应的考虑,而动力屈曲效应包含几何非线性以及结构动力性能方面的因素,是一个极为复杂的非线性动力学问题。此外,由于脉动风荷载模型的缺乏,以往的研究多采用简化的静力风荷载模型或均压屈曲进行分析,导致结果与真实值存在较大差异,需要进一步精细化研究。

2)风致振动效应

风对结构的动力作用普遍存在,对于储罐结构也不例外,除了屈曲效应之外,储罐在风作用下的振动也是一种长期的不利效应。此外,对于高径比较大的储罐以及球形储罐结构,风致振动是其主导风效应。因此,需要在设计分析中格外关注风致振动。风振响应分析方法可以归纳为时域分析方法、频域分析方法和时-频综合分析方法,常用的几种方法现介绍如下。

(1)时程响应分析法属于时域分析方法,是最为传统、适用性最广的一种风振响应分析方法,采用直接积分法对于离散的结构动力方程进行求解,尤其是振动储罐结构,能够充分考虑结构的几何非线性及材料非线性的影响,是一种较为精确、直接的分析方法。但该方法往往需要大量的计算资源,且计算效率较低,对计算环境有一定的要求,不利于大量参数化分析的开展。此外,这种分析方法依赖于时程样本,样本差异性和统计分析要求的矛盾也使得该方法也具有一定的局限性。

(2)频域积分法属于频域分析方法,是一种基于随机振动理论的风振响应计算方法,将时域的微分方程转化为频域的代数方程,相当于对风荷载互谱矩阵经过频响函数矩阵滤波得到响应的互谱矩阵,积分后得到响应的协方差。这种方法一般适用于处于线弹性范围内的结构。计算时,风荷载互谱矩阵是重要的输入参数,需要通过对时程数据进行频谱分析得到或直接采用风荷载谱模型。若采用统计分析后得到的风荷载谱进行频域积分,得到的风振响应也具有一定统计意义。

(3)模态分解法结合结构的模态分析,将运动方程解耦,分解到模态坐标上进行频域(或时域)求解,得到模态响应后再进行组合得到实际的结构响应。特别地,当采用频域分析时,模态响应组合的过程对计算结果影响较大,模态组合的方法有平方和开根号法(Square Root of Sum of Squares,SRSS)及完全二次组合法(Complete Quadratic Combination,CQC)。前者忽略模态间的耦合效应,适用于模态较为稀疏的结构;后者充分考虑模态响应的协方差,较为精确,但计算量较大。针对复杂结构如储罐薄壁结构及罐顶结构,通常需要考虑高阶模态的贡献及模态耦合效应。

(4)虚拟激励法(Pseudo Excitation Method,PEM)是由我国学者提出的一种针对随机荷载场求解的"快速CQC法",目前已广泛应用于地震工程、风工程等领域。可以说,它是一种半时域半频域的分析方法,求解时需要对互谱矩阵进行Cheolesky分解。在此基础上,有学者针对平稳随机荷载提出一种谐波激励法(HEM),无须进行矩阵分解,进一步提高了算法的效率。

(5)本征正交分解法(Proper Orthogonal Decomposition,POD)将脉动风压场分解为正交的本征向量,对每个风荷载分量上的响应进行求解并叠加得到结构风振响应。结合这个思想,陈波、Yang等用Ritz向量代替结构模态提出一种Ritz-POD法计算结构风振响应;还有学者将本征正交分解法与虚拟激励法结合形成POD-PEM法。意大利学者Patruno等结合POD法,引入一种基于结构外形的本征表皮模态(Proper Skin Mode,PSM),修正高频模态的截断效应,使计算更为精确。

结构振动响应的准确快速分析是开展大量参数分析、研究结构风效应不确定性和风灾易损性的基础,为明晰结构风灾机理,需要大量参数分析确定结构在不同风况下的破坏概率,即风灾易损性。风灾易损性是指结构在不同等级风灾下受到损伤的可能性,一般由结构某种破坏模式的失效概率随风速的变化曲线,即易损性曲线表示。易损性分析主要依赖于对结构失效概率的评估,一般需要基于蒙特卡罗模拟开展大量的随机参数分析,再将不同风速下的失效概率拟合绘制成易损性曲线。目前学者针对村镇住房、轻钢厂房等低矮房屋围护结构(包括屋面、门窗)局部破坏易损性开展了系列研究;也有针对单立柱广告牌、输电塔结构等高耸特种结构整体倒塌的抗风易损性研究。上述研究都为本书研究提供了借鉴和指导。

结构振动响应的准确快速分析对估计结构风灾效应、识别敏感参数、薄弱环节和致灾机理具有重要意义。目前针对大型储罐结构尚缺乏该方面的系统研究。

1.2.3 储罐结构抗风优化设计研究

对于大型储罐结构,目前其设计方法仅限于考虑静风荷载的作用进行验算,尚缺乏精细化考虑动力风效应的设计方法;此外针对储罐罐顶包钢、抗风圈、加强圈的设计,目前采用经验构造设计方法,缺乏优化计算的方法和数据支撑,导致计算结果不合理,未能充分发挥材料的抗力效能。目前研究现状介绍如下。

1)抗风设计方法及等效风荷载研究

结构抗风设计需要确定考虑动态风效应的等效静风荷载,与结构风振响应关系密切,尤其是确定等效风荷载的形式时,需要考虑风振响应的平均、背景和共振分量成分。这种对于脉动风振响应的划分一方面与等效静风荷载的等效目标及原则有关,另一方面也和风振响应分析方法的特点有关。

在等效静风荷载方面,早期针对高层结构提出的阵风响应包络法(GRF)仅针对结构的单个等效目标,如顶点位移或基底弯矩。最初 GRF 法仅适用于顺风向响应,对于平均值较小的横风向及扭转响应,一些学者提出了相应的改进措施,拓宽了其适用范围。由于 GRF 法使用起来较为简单,被多数国家的风荷载规范所采纳(美国 ASCE2010、欧洲 Eurocode2010、日本 AIJ2015、澳大利亚 AS/NZS2011、加拿大 NB-CC2010、印度 IWC2012、国际标准组织 ISO2009)。虽然我国规范采用基于惯性力法的"风振系数",但在等效风荷载表达形式上与上述规范都是基于平均风荷载考虑脉动风动力效应的放大。Kwon 和 Kareem 对比了这些规范关键参数取值的差异。

结合对风荷载及风响应频域特性的理解,正如把脉动风振响应划分为准静力的背景响应和动力的共振响应,等效静风荷载的研究中也引入了这样的概念,将其划分为背景等效静风荷载(BESWL)和共振等效静风荷载(RESWL),由此将等效静风荷载表达为平均、背景和共振三个分量。

针对背景等效静风荷载(BESWL),最有代表性的方法是 Kasperski 和 Niemann 在 1992 年提出的荷载响应相关法(Load Response Correlation,LRC)。该方法考虑到在一些结构(如低矮房屋)上,最不利响应不是同时发生的,从理论的角度推导出计算目标最不利响应发生时的荷载"真实"分布的方法。Tamura 等用试验证实了这一结论。即便如此,这需要设计者对最不利响应发生的位置有所预判,当这个响应并不明确时,需要将所有的可能情况进行组合试算,在设计中并不方便。针对这个问题,Chen 和 Kareem 提出了阵风荷载包络法(Gust Loading Envelope,GLE),采用荷载均方根包络结构的背景响应,这种方法被应用于低矮房屋和高层结构中。此外,Holmes 还建议采用脉动风压场的 POD 模态来代替 LRC 法表示 BESWL,并将其应用于独立屋面、连续梁、大跨径拱、悬臂铁塔和桥梁结构中。

对于共振等效静风荷载(RESWL),每个振动模态理论上均可以用各阶模态的惯性力表示,即便如此,同样涉及各阶模态 RESWL 组合的问题。Chen 和 Kareem 先后针对桥梁和高层结构探讨了 SRSS 和 CQC 法对 RESWL 组合的方法。针对简单的圆形平顶结构,仅采用一阶模态即可表示其 RESWL,日本建筑学会的风荷载建议中就采用了这样的方法,对平行和垂直于来流的平板梁结构采用正弦函数表示其一阶模态,建立了等效静风荷载的公式。但针对更为复杂的结构形式,一方面难以寻求主导模态,另一方面模态间的耦合效应也很难准确考虑,都增加了 RESWL 的计算及组合的难度。

除此之外,BESWL 和 RESWL 的组合同样涉及是否考虑耦合效应的问题。针对复杂结构,陈波、Yang 等发现了背景响应与共振响应间存在显著且复杂的耦合效应,因此,建议直接采用 POD 模态对脉动风振响应进行多目标包络,这与 Katsumura 等之前针对悬挑屋盖提出的"Universal ESWL"的想法不谋而合。

近年来，一些以包络极值响应为目的的等效静风荷载方法也层出不穷。Blaise 和 Denoël 首先在 LRC 法的基础上提出了考虑动力效应的位移响应相关法（Displacement Response Correlation，DRC），并将针对不同响应目标的等效静风荷载进行奇异值分解并重构，建立不同响应的包络面，称为主等效静风荷载（Principal Static Wind Load，PSWL），并将该方法应用于复杂结构及非高斯极值响应的包络中。前文提到的 Patruno 等还将本征表皮模态（PSM）应用于等效静风荷载的构建中，为等效静风荷载的研究提供新的思路。

上述方法均针对良态风或台风，但港口风环境较为复杂，随着对结构抗风等级需求的提高，瞬变风非平稳效应的研究也逐步开展，早期的研究多基于对极端风的实测风速和数值模拟。而针对非平稳风的物理模拟是对风效应精细化研究的基础。目前，国内外对瞬变非平稳风的研究多集中于下击暴流、龙卷风等极端风灾，已建成相应的模拟装置进行专门研究。如李宏海在对下击暴流风场测量并进行时空分布统计的基础上对结构风荷载进行了初步研究，Uematsu 等研究了移动下击暴流的影响；陈新中、冯畅达等，曹曙阳、操金鑫等基于龙卷风生成器研究了低矮房屋、冷却塔的非平稳风响应；此外，加拿大西安大略大学还建成多功能风洞实验室 WindEEE Dome 以模拟良态边界层风、下击暴流、龙卷风对结构的作用。基于对非平稳风效应的研究，Kwon 和 Kareem 等针对下击暴流提出阵风锋因子法（Gust-front Factor）进行风荷载取值，为结构抗极端风灾提供了理论框架。

突发阵风（或称"突风"）是指短时间内风速突然增大数倍的情况，通常发生在局部地区特殊风环境下，如港口雷暴风。日本学者在分析福冈市气象数据时发现，风速可在 4s 内突增 20m/s 以上（图 1.2-3），进而通过对福冈市 1996—2003 年间的典型强、台风数据进行统计，共发现 6880 次突风事件，10s 内的风速增幅平均值超过 20m/s。限于传统边界层风洞的限制，国内外针对突风的研究较少。目前主要有两种方法可实现对其的模拟。一种是通过改变风扇转速实现对阶跃风速的模拟，如日本宫崎大学的多风扇主动控制风洞，可模拟风速加速度 $2.5m/s^2$；赵杨在该风洞开展了高层结构风洞试验，并初步探索了建筑物在突变风作用下的抗风设计方法；曹曙阳等在该风洞模拟下击暴流突发阵风，并分析其对建筑物表面风压力的作用规律。除此之外，突变风还可由叶片突然开启或变换角度实现。

研究表明，钝体在风速突变的情况下的非平稳气动力可能产生过冲现象（overshoot），从而对结构具有非平稳动力冲击效应，甚至引发结构的非线性响应，足以引起充分的重视。刘庆宽等对加速度 $1.6m/s^2$ 突风作用下圆柱结构的气动力特性进行了研究。研究表明，在该加速度下，风速未跨越临界雷诺数区间时结构气动力的突变未发生过冲现象（overshoot），而当跨越临界雷诺数区间或加速度更大时,可能会导致较大幅度振动。此外,日本学者 Takahashi 等基于准定常假设,针对港口机械原型中的 $10m/s^2$ 和 $1.0m/s^2$ 突发阵风动态滑移效应的研究发现,仅从结构动力学角度,当风速加速度较大时(如 $10m/s^2$),即使突变前后风速比不大,惯性力对港机产生的动态滑移效应也是不可忽略的。然而该研究尚缺乏对高频脉动风荷载的考虑,有待进一步探究。课题组前期对港口突发阵风冲击效应进行了初步研究,然而,对港口大型储罐结构考虑突风效应的抗风设计方法还待进一步完善。

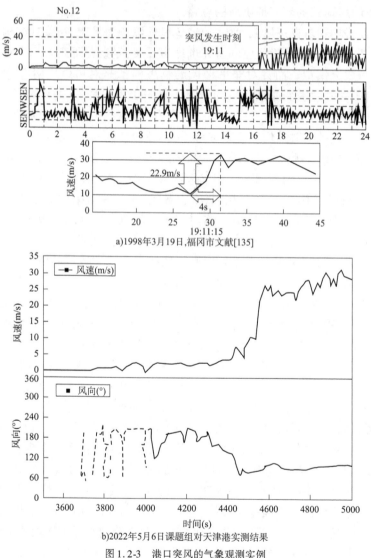

图 1.2-3 港口突风的气象观测实例

2）抗风圈加强优化设计研究

由于储罐的高径比和罐顶形式等对结构体型特征与构造形式有较大影响的因素与储罐本身的功能设计是一体的,在储罐类型和容量等设计要求不能改变时,只能通过局部加强措施来提高自身稳定性,避免发生屈曲破坏。

抗风圈和加强圈是设置在圆柱壳上不同位置上的抗风环梁,可以提高柱壳在侧压下的屈曲承载力。通常顶部环梁称为抗风圈,中部环梁称为加强圈,其构造如图1.2-4所示。郭焕良通过风洞试验,研究了抗风圈对钢储罐内外壁平均风压和脉动风压的影响,发现不同数量的抗风圈和加强圈会对各高度位置处的外表面风压产生不同影响。夏燕从包边角钢、抗风圈和加强圈三个方面对大型钢储罐抗风结构的加强机理和破坏特点进行了剖析,讨论各抗风设计规范中相关规定的差异性并对我国规范的可改进之处提出了建议。Resinger 和 Greiner 基于半无矩理论提出了中间高度位置加强环的简化设计方法,在其达到对称屈曲模态的临界刚度时,屈曲承载力可提高2倍。Uemastu 等利用风洞试验得到的静风荷载时程,分析了顶部和中间抗风圈的抗弯刚度和抗扭刚度对屈曲荷载的影响,给出了带抗风圈储罐屈曲荷载的经验公式,并通过理论分析了抗风圈内的应力。Zhao 和 Lin 通过有限元分析了抗风圈对敞口储罐抗屈曲性能的影响,认为其可显著提升储罐抗屈曲强度,减小屈曲变形。Chen 等研究了加强圈位置和尺寸对柱面抗屈曲能力的影响,结果发现使用更大尺寸的抗风圈,可能反而会降低结构的稳定承载力。Bu 和 Qian 以及 Lewandowski 等通过参数分析讨论了加强圈的最优布置位置,且后者认为目前规范中关于加强圈尺寸的规定比较保守,需要使用更复杂的方法得到更为经济的设计。

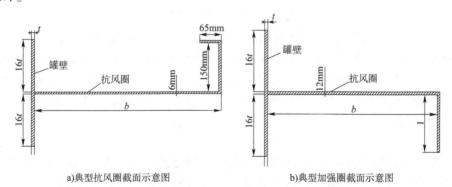

a)典型抗风圈截面示意图　　b)典型加强圈截面示意图

图 1.2-4　抗风圈和加强圈构造

对于抗风圈的设计方法,国内外规范中都有所规定。对于顶部开敞储罐,抗风圈一般设在距离上边缘1m左右的位置。抗风圈所需的最小截面尺寸,各国规范是基于不同的力学模型,计算截面内的最大内力,从而确定所需的最小截面模量,如图 1.2-5 所示。在我国规范《立式圆筒形钢制焊接油罐设计规范》(GB 50341—2014)中,抗风圈的设计公式是基于铰接圆拱模型提出的。其基本假定如下:抗风圈相当于一个两端铰接的圆拱,仅在迎风面 60°范围内承受正压,圆拱上正压按正弦分布,在驻点处的最大风压为 p_0,沿高度方向承受 $H/2$ 范围内的风荷载。此时,抗风圈的截面内最大弯矩为:

$$M_x = \frac{p_0 R^2}{\frac{\pi^2}{\theta^2} - 1} \qquad (1.2\text{-}1)$$

式中:M_x——最大圆拱弯矩;
　　　p——抗风圈所用钢材的容许应力;
　　　R——圆柱半径;
　　　θ——正压范围。

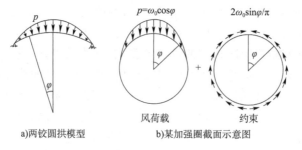

a)两铰圆拱模型　　b)某加强圈截面示意图

图 1.2-5　中美规范中抗风圈的计算模型
p-风压;w_0-设计基本风压;φ-环向角

在美国规范 API 650 中,抗风圈的计算则是基于圆环模型,其受荷形式也与中国规范有所不同,在圆环前半侧 180°范围内均受到风压作用,风压按余弦分布,同样在驻点位置有最大值,但其竖向附属高度为 $H/4$,抗风圈通过周围剪力抵抗风荷载,其沿圆环为正弦分布。通过将荷载分解等效,利用 Roark 环的计算公式,计算环内最大弯矩为:

$$M_x = 0.1403 p_0 R^2 \qquad (1.2\text{-}2)$$

基于上述理论,由最大弯矩和抗风圈所选钢材的容许应力,得到中国规范、美国规范以及日本规范(JIS B 8501)有关抗风圈的最小截面要求分别为:

$$W_z = 0.083 D^2 H w_0 \qquad (1.2\text{-}3)$$

$$W_z = 0.058 D^2 H \left(\frac{V_w}{53}\right)^2 \qquad (1.2\text{-}4)$$

$$W_z = 0.042D^2 H \left(\frac{V_w}{45}\right)^2 \tag{1.2-5}$$

式中：W_z——抗风圈的最小截面模量；
　　　D——圆柱公称直径；
　　　H——柱高；
　　　w_0——设计基本风压；
　　　V_w——设计基本风速。

仅从公式系数判断，中国规范的取值相对保守，美国与日本规范比较接近。当要求抗风圈的截面模量太大以致抗风圈宽度 b 过大时，需要设置两个或以上抗风圈，即中间加强圈。我国规范中对加强圈的最小截面尺寸并无详细的计算方法，只是基于刚性原则根据储罐内径给出了相应的最小截面尺寸要求。而美国和日本规范中，则用当量高度和最大高度的比值来判断加强圈的数量，对其截面要求与抗风圈一致。美国规范中，当量高度 H_1 的计算公式为：

$$H_1 = 9.47t \sqrt{\left(\frac{t}{D}\right)^3} \times \left(\frac{53}{V_w}\right)^2 \tag{1.2-6}$$

式中：t——储罐壁厚。

当抗风圈以下的高度超过 H_1 时，则需在临界高度以内加设加强圈，加强圈尺寸参考式(1.2-4)，但罐壁高度此时按当量高度 H_1 计算。

基于各国规范的比较和相关研究成果，目前对抗风圈和加强圈的设计方法并不统一，且设计结果均十分保守。在其他圆柱壳结构中，已有大量通过采用结构优化方法提高稳定性能的研究。Lagaros 等利用进化算法中的进化策略对结构设计规范(如欧洲规范)规定约束的加强壳体进行了优化设计。Banichuk 等将遗传算法应用于应力强度约束下轴对称壳的形状优化。陈爱志等利用基因混合模型对环向加强圆柱壳在强度和屈曲要求下的壳体尺寸和加强筋布置进行了优化设计。Shang 等分别采用梯度法和遗传算法，在强度和屈曲要求以及基本的制造工艺条件下，对外部静水压作用圆柱壳进行了优化设计。梁斌等从能量角度将均匀侧压作用下的变厚度圆柱壳分支点屈曲问题转化为广义特征值最小的问题，在强度和体积满足约束条件的情况下，采用简约投影梯度法对壳体厚度分布进行优化。Forys 在材料体积不变的条件下，采用改进的粒子群优化方法(MPSO)，对简支圆柱内部加强筋的尺寸位置和数量进行了优化，利用 Ansys 进行计算求解并和无加强筋的柱壳进行对比。粒子群优化算法(PSO)属于一种进化算法，源于对鸟群捕食的行为研究。其基本思想是通过群体中个体之间的协作和信息共享来寻找最优解。其算法流程图 1.2-6 所示。该算法可以采用实数求解，通用性很强，相对遗传算法来

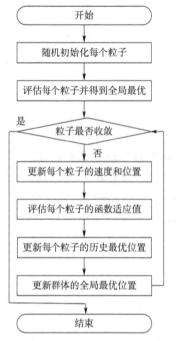

图 1.2-6　PSO 算法流程

说，没有交叉变异等复杂运算，需要调整的参数少，原理简单，且算法具有记忆性，对计算资源要求不高，收敛速度快，目前已被广泛应用于函数优化、神经网络训练、模糊系统控制以及其他遗传算法的应用领域。

综上所述，目前许多学者对圆柱结构的表面风压分布进行了细致的研究，但对储罐这类低矮的圆柱结构，特别是在浮顶高度变化的情况下，对其风荷载特性的认识还不足。大型储罐不同于烟囱、冷却塔等较细长的圆形截面结构，既存在雷诺数效应，又由于结构较低矮，不能简单地视为二维圆柱，气流从罐顶流过，其流动状态可能更复杂。对大型浮顶储罐的雷诺数效应和风压分布模型仍缺少系统性试验和总结，现行荷载规范未考虑储罐结构本身高径比很小的特殊性，多采用更高圆柱结构的研究结果近似取值。针对钢储罐及其他薄壁金属圆柱壳风致屈曲问题的研究已开展多年，许多学者在这一领域进行了大量富有意义的探索。尽管储罐实际承受的风荷载是时变的，但在一般的简化计算中均只考虑了静力的作用。在研究储罐的抗风稳定性时，脉动风荷载下的动力影响尚不明确，需要对储罐进行风致动力屈曲分析。同时，结构的气弹效应也是一个不可忽略的因素，风与结构的耦合作用可能进一步加剧结构的失稳，仅采用刚性模型的荷载数据可能不足以完全模拟现实情况。目前通过气弹试验的方法对储罐的风振特性及动力失稳特点的研究仍较少，主要是制造缺陷将对结果带来显著的影响，而目前仍缺乏带缺陷储罐屈曲承载力的有效计算方法。规范中储罐抗风圈和加强圈的设计方法多基于简化的设计模型，并不一定和现有大型顶部开敞浮顶储罐的荷载特点和响应特性相符，缺乏风致破坏机理的有力依据，未能实现既经济又安全的设计目标。

1.2.4　储罐结构抗风减灾技术研究

针对大型石化储罐结构，除了合理的抗风设计以外，采用适当的抗风减灾技术，包括气动减载措施、风振控制技术等，能够有效降低结构设计风荷载和风振响应，是一种高效经济的抗风减灾手段，值得深入研究。本小节对这两方面的研究现状进行介绍。

1)气动减载措施

气动减载措施是指通过改变物体的局部外形提高其空气动力学性能,根据实际的需要减小其所受的升力和阻力。气动减载措施最早应用于航空航天领域,后来逐渐也应用到机械、汽车等的外形优化中。近年来,气动的思想逐渐地引入工程建设领域中,实现对建筑结构外形的优化以减小结构所受的风荷载作用。

早在1987年,Kwok等就采用对结构角部进行适当处理来改变结构的气动性能,他们分别对方柱的四个角进行开槽、切角以及加设翼缘并留有小孔的处理。通过研究发现,在加设翼缘后结构顺风向的阻力增大了,但是结构横风向的响应在一定范围内却减小了。而角部开槽及切角的结构,其横风向和顺风向的速度响应都明显地减小了。Kawai曾对结构进行角部开槽、切角以及圆角处理,并采用气弹模型在风洞试验中进行振动研究,研究对象包括方柱和特定的矩形柱体。研究结果表明,边角处的改动对结构气动性能的优化是比较有效的。虽然只是进行了较小的截面改变,但是结构的气动参数明显得到了改善。通过对比各种截面形式高层建筑的风振响应可以看出,通过改变高层结构拐角处的局部外形可以大大降低结构风振极值响应。Irwin等以我国台北101大厦为研究对象,研究角部处理后结构的气动性能。研究结果表明,结构在横风向上的气动力明显减小,其均方根值减小了40%,顺风向上的平均风荷载减小了20%,建筑的总基底弯矩减少了25%,结构的各项气动性能都得到了明显的改善。这些都是气动抗风措施在建筑结构领域的典型应用。

对于建筑结构,Bostock基于人造神经网络的大涡模拟并使用耦合的优化算法对进行不同尺寸倒角处理结构的气动措施进行研究。研究结果表明,倒角尺寸为结构宽度的20%时,可以将结构的横风向响应减小30%以上。He等使用粒子图像测速法对在迎风面进行切角处理的结构进行了绕流研究。结果表明,对于迎风面有切角的结构,其尾流的波动强度减弱,结构背面的再循环区长度增加了。Elshaer等提出了一种新的方法,在优化算法的基础上结合大涡模拟和人工神经网络的替代模型构造角部的气动优化过程来降低风荷载,且考虑了风向角、湍流等因素的影响。Olawore等总结了气动措施的常用方法并对常用的气动措施进行机理上的分析,提出了相应的较优方案,包括锥形、扭转和递进等几种常见的优化措施。谢壮宁等研究了切角等措施对高层结构响应的影响。研究结果表明,切角处理后的结构的基底弯矩明显减小了。张正维等对结构分别采用了凹角、圆角、切角处理,通过风洞试验研究了各种措施对研究对象的扭矩系数以及弯矩系数的影响,并且根据研究结果对几种不同情况下的基底气动力进行了拟合。廖朝阳分别对10%凹角和10%切角的方形结构的绕流进行了研究,比较了两种措施对绕流产生的影响。Tamura 和 Miyagi 对不同大小的切角、凹角以及圆角的结构进行了研究。研究表明，圆角和切角处理后的结构的尾流区宽度会减小，阻力系数会减小，对结构起到了明显的减阻作用。由于分离流出现再附着，圆角处理后的结构的风荷载得到了改善。Kim 等基于此结果对角部处理后的结构的内力和响应也进行了深入的研究。

对于桥梁结构，采用气动措施抑制涡激振动是指通过添加附属装置改变桥梁结构气动外形，改善主梁截面周围绕流情况。其思路主要有两类：打乱气流分离后形成旋涡，避免旋涡脱落而产生周期性涡激力；影响前后流场相关性，限制旋涡产生和发展，使涡激力减小，从而降低涡激振动幅值。常见气动措施包括加装风嘴、导流板和稳定板等，其作用主要是使主梁截面更接近于流线型，避免或推迟旋涡形成和发展，此方法也可增加主梁竖向振动气动阻尼。另外，对人行道栏杆、防撞护栏、检修车轨道等附属装置位置和形状作适当调整，或者在斜拉索表面制造凹痕或者螺旋线，都可改善桥梁气动稳定性。Irwind 等研究了紊流度、形状变化和附加阻尼装置对涡激振动的抑制效果。Kubo 等研究了 π 形主梁断面选型对涡激振动影响。研究表明，通过将主梁定位在内侧位置，使桥面悬挑长度与梁高之比为 2.0，并在内侧位置设置固体障碍物，即使在不同风攻角下，风振响应也会受到很大抑制，虽然在改进后截面上仍观察到一些风振响应，但引起振动的负气动阻尼量较小，该截面可作为大跨径桥梁的一种可能选择。段青松等通过节段模型风洞试验研究了人行道栏杆封闭性对涡激振动性能的影响，发现栏杆透风率不同，涡激振动特性存在显著差异。

除了改变气动外形之外，采用吸吹气方式改变流场动量也是一种有效的气象措施。主动定常吸气方法能有效地控制周期性旋涡脱落和振动响应，吸气流量较小时，控制效果随吸气流量增大而增大；吸气流量较大时，控制效果变差。Chen 等基于风洞试验在刚性模型试验中进一步发现主动定常吸气孔的位置至关重要，吸气孔应在流动分离点附近时，能有效推迟边界层的分离，抑制旋涡的交替脱落，减小气动力。任凯将主动吸气控制技术引入超高层建筑进行流动控制，将吸气孔布置在建筑上部，基于风洞试验与数值模拟对建筑表面的平均风荷载和脉动风荷载特性进行研究。结果表明，该方法在高层建筑上具有很好的应用前景。Xu 等基于数值模拟的方法研究了低雷诺数下行波壁对两自由度气动弹性圆柱涡激振动的抑制作用，发现圆柱后部的波谷处会形成一系列的小尺度涡来有效抑制圆柱表面的流动分离，进而显著地减小升力系数脉动值和阻力系数平均值，从而抑制圆柱的涡激振动。随后，Chen 在风洞试验中利用行波壁来抑制旋涡的非定常脱落，发现采用行波壁控制后，圆柱模型后的尾流区明显缩短，涡脱明显减弱，作用在试验模型上的平均阻力也显著减小,此外,还发现了两种不同的控制机制,即"强迫扰动机制"和"共振扰动机制"。

此外,在建筑物表面附着粗糙元等改变结构的表面粗糙度也是一种很好的抑制风振的方法。2015 年,Zhou 等对圆柱体气动力与表面粗糙度之间的关系进行研究,发现增大圆柱表面粗糙度能显著降低阻力系数平均值与升力系数脉动值,控制效果在雷诺数较大时尤为明显。1997 年,Lee 等使用螺旋缠绕圆柱,对表面有突出物的圆柱近尾迹进行了风洞试验,研究了尾迹的流动特性,发现表面突起使近尾迹沿展向具有周期性结构,拉长了涡流形成区,降低了涡流脱落频率,缩小了尾迹宽度,还降低了近尾迹的速度。1998 年,Maruta 等给建筑物表面增加粗糙元,研究增加表面粗糙度对高层建筑风致振动的影响。结果发现,随着粗糙度的增加,局部峰值压力显著减小,粗糙度的增加抑制了建筑物低空和高空区顶部锥形涡的发展,显著减弱了前缘分离泡产生的扩散压力。这类方法通过在建筑物表面附着一些构件或者增加粗糙度,促使边界层的分离特性得到改变,缩小尾迹宽度,起到减小阻力的作用,同时,改变其旋涡脱落的频率,使得升力脉动得以显著减弱,能显著地抑制风致振动。

还可以采用预设吸吹气通道、引导流体流动的方法。该方法兼具主动流动控制的特点,但又不需要额外能量输入来维持控制效果。因此,该方法是一种被动控制方法。高东来基于风洞试验的方法,利用 PIV(粒子图像测速法)技术,研究了三种被动控制装置(中央开槽、安装被动吸吹气套环、螺旋形套环)对斜拉索风致振动的控制效果,发现三种方式在特定的布置参数时均能取得较好的控制效果,试验分析了三种控制方法的原理,结果表明三者都具有来流吸气尾流吹气的特点,结构尾流的吹气破坏圆柱尾迹的不定常旋涡脱落,达到流动控制的目的。王响军和 Chen 等先后通过数值模拟和风洞试验研究被动吸吹气套环流动控制方法的控制效果,在圆柱体表面安装气孔等距分布套环,后驻点附近的气孔中吹出的气流破坏了结构尾迹的不定常脱落,使得圆柱体结构两侧脉动压力对圆柱横风向的作用明显较弱,圆柱体的涡激振动被成功抑制。Chen 等首次将被动吸吹气装置安装在了方形桥塔上,经过风洞试验表明被动吸吹气装置通过预设吹气通道来引导绕流场的流动,从而破坏绕流场尾迹区的非定常旋涡脱落,可以达到流动控制的目的,在桥塔中具有较好的控制效果。

总之,气动优化的目的是从源头上解决问题。然而,有两个挑战通常限制了空气动力学优化的适用性。一个是优化方案和其他设计方面的潜在冲突,另一个是成本和效益之间的潜在冲突。为了尽量减少这些冲突,在早期设计阶段进行空气动力学研究以便对各种优化方案进行合理的评估是非常重要的。目前还没有针对港口大型储罐结构的气动措施方面的研究,有必要在该方面进行尝试。

2) 风振控制技术

在工程实践中,对于结构的最不利风振和地震响应往往通过阻尼器吸振进行振动控制,然而,传统调谐质量阻尼器通过附加质量对结构振动能量进行吸收,降低结构最不利响应,但对结构的动力冲击振动效应控制不足。

近年来,随着一系列新型吸振装置的提出,结构振动控制能力在传统吸振器的基础上有了进一步提升,但相关理论还有待进一步挖掘。由于惯容器能够以微小的质量提供较大的惯性效应,在结构振动控制表现出轻质、高性能的优势,近年来在振动控制领域,采用惯容器提升动力吸振器(Dynamic Vibration Absorber,DVA)的减振性能近年来得到广泛的关注。

以经典的调谐质量阻尼器(Tuned Mass Damper,TMD)为基础,在其质量块与基础端连接惯容器,形成了调谐惯质阻尼器(Tuned Mass Damper Inerter,TMDI),进一步增强了TMD的控制效果。由于惯容器提供的质量效应远高于质量块提供的质量效应,将TMD省去质量块的设计,形成了调谐惯容阻尼器(Tuned Inerter Damper,TID)。针对高耸建筑结构,由于其连接受到限制,一些学者将其应用于基础隔振的增强设计,还有一些研究针对惯容端的不同连接位置给出了优化设计方法。

另有学者提出了TMD的一种变式设计,即将阻尼器转接在基础端,形成了变式TMD(Variant Tuned Mass Damper,VTMD)。按照这种思路,产生了一系列惯容增强的变式动力吸振器,包括VTMDI、VTID等,形成了相应的优化设计方法。然而以往研究的常规变式动力吸振器均是连接在结构的基础端与自由端,缺乏对连接限制的考虑。因此,有必要对任意连接方式的广义变式惯容动力吸振器的优化设计方法进行系统研究。

针对动力吸振器的优化设计,Den Hartorg最早提出了固定点理论,发现无阻尼系统在不同简谐激励频率的动力放大系数曲线总是通过一系列定点,通过调整吸振器参数,对定点位置和曲线峰值进行调整优化,使吸振器的最大动力放大系数最小,以达到最优振动控制的目的,称为H_∞优化。根据随机振动理论,动力放大系数曲线在一定程度上等价于频响函数曲线。因此,针对一般的含阻尼系统,以动力方法系数曲线全频域积分为目标的H_2优化,反映了白噪声激励下的响应最优控制情况,广泛用于一般结构在随机激励(如风荷载、地震动)下的控制优化。Asami等推导了经典TMD的H_∞和H_2优化解析解,发现对于一般含阻尼系统,虽然响应的解析解可通过频域积分方法计算得到,但H_2优化的解析解相当复杂甚至可能不存在,而阻尼对最优参数的影响较小,可通过忽略高阶项近似表示,或利用数值方法迭代逼近。随着分析理论和高性能计算技术的发展,针对特定激励类型频谱或真实激励时程的优化分析研究也相应开展。

以往针对TMDI的研究表明,改变惯容器的连接位置,对吸振器参数优化设计和控制效果影响较大。广义变式惯容动力吸振器考虑不同的连接位置和连接形式,无疑增加了动力吸振器的设计参数,使得参数优化设计更为复杂。

考虑大型储罐结构,吸振装置的安装受到一定限制,且调谐比在一定范围内变化而非固定值,本书研究内容拟结合港口大型石化储罐的特性,推导一系列广义变式惯容动力吸振器的通用运动方程和频响函数,并在此基础上得到H_∞优化解析解,以及白噪声激励下的响应解析解;并总结H_2优化的简化计算经验公式,为广义变式惯容动力吸振器的工程设计提供理论依据;还针对突发阵风的动力冲击特性对吸振器进行了改进优化,结合气动措施的实施,实现对港口大型石化储罐风致灾变效应的有效控制。

1.3 研究内容及技术路线

1.3.1 研究目标

本书以支撑国家能源储运安全为总目标,着力解决港口大型石化储罐结构风致灾变机理研究关键科学问题,突破港口大型石化储罐结构抗风减灾等技术瓶颈,实现港口大型石化储罐结构智能化抗风设计、风致灾害效应合理评估和有效的抗风减灾,实现如下目标:

(1)研发港口大型石化储罐结构风效应智能预测平台。

联合开展港口大型石化储罐结构风洞试验,共建港口大型石化储罐结构气动风荷载数据库。引进无干扰非接触气弹模型测试手段,实现港口大型石化储罐结构气弹试验数据的精准采样,借鉴数据库辅助抗风设计经验,联合研发港口大型石化储罐结构智能化抗风设计数据平台,并集成港口大型石化储罐结构风效应智能预测平台。

(2)研发港口大型石化储罐结构风灾效应评估系统。

在技术交流合作的基础上,引进相应的可靠度分析方法,在开展试验验证的基础上,进行港口大型石化储罐结构的随机性及可靠度分析,形成一套港口大型石化储罐结构风灾效应易损性评估方法,联合研发港口大型石化储罐结构风灾效应评估系统。

(3)研发港口大型石化储罐结构风振控制减灾技术。

通过联合试验和学术交流,明确港口大型石化储罐结构的风致灾变机理及其薄弱环节,有针对性地对气动减载措施、阻尼风振控制等先进技术进行引进和研发,形成一套针对港口大型石化储罐结构的混合风振控制技术,为港口大型石化码头抗风减灾提供技术支撑。

1.3.2 研究内容

为实现上述研究目标,提出如下研究内容:

(1) 港口大型石化储罐结构风效应智能预测研究。

港口大型石化储罐结构风效应的确定是整个研究的基础及重点,涉及气动风荷载的确定、气弹效应分析以及风振响应分析三个方面。气动风荷载的确定是储罐结构抗风设计的最基本问题,储罐结构根据不同的功能需求,形式变化多样(如不同的顶部形状、开敞形式和表面附属细部构造等)。在储罐结构的实际建设中,储罐的阵列布置时存在一定气动干扰效应,还应考虑其不利位置的气动风荷载。此外,储罐结构属于圆柱类的钝体,其绕流特性受雷诺数的影响较大,工程中如何考虑相关气动效应是抗风研究的基础。作用在储罐结构上的气动荷载产生一定的结构变形和振动,这种变形和振动在微风作用下可以根据小变形理论忽略。但储罐结构在强风作用下可能产生较大的变形及振动,导致结构的屈曲及失效,在这种情况下,基于线性假设的小变形理论并不适用,结构的振动也可能反作用于流场,导致气动弹性现象。储罐结构的抗风研究中,气动弹性效应的研究也是重要的环节之一。储罐结构的径厚比较大,属于典型的薄壁结构,在动力风荷载作用下易发生屈曲导致结构失效,对结构动力屈曲效应的准确预估是该类结构抗风研究的重点。如何避免结构在强风作用下发生不可修复的屈曲也是储罐结构抗风设计的关键。

(2) 港口大型石化储罐结构风灾效应评估方法研究。

港口大型石化储罐结构的风灾效应评估是指导结构抗风设计及抗风减灾的重要依据,考虑风对结构的作用的随机性以及结构本身的抗力不确定性,需要基于概率对港口大型石化储罐结构风致灾害效应进行评估,包括对结构风效应随机特性的研究、风致失效模式分析以及风致灾害的易损性评估三个方面。从港口石化码头的大气边界层风场随机特性出发,探讨风环境、风荷载及风响应相关风效应的不确定性传播机理。考虑各因素的随机性及其相关性对风效应的贡献,建立港口大型石化储罐结构最不利极值风效应的概率评估模型,是对港口大型石化储罐结构风致灾害效应概率性量化评估的基础。考虑风荷载及风响应的随机性,对港口大型石化储罐结构进行大量系统的分析,从强度、刚度和稳定性等方面总结其在随机动力风荷载作用下的失效模式,为结构风致灾害的易损性分析奠定基础。在明确港口大型石化储罐结构风致灾害失效模式的基础上,分析不同等级强、台风灾害作用下港口大型石化储罐结构的失效概率,从而建立港口大型石化储罐结构的风致灾害易损性模型,用于其风致灾害效应的评估。

（3）港口大型石化储罐结构风振控制减灾技术研究。

港口大型石化储罐结构在风作用下产生的振动响应过大可能导致结构发生倾覆、屈曲凹瘪等现象,不仅影响结构使用功能,甚至还可能发生泄漏。对港口大型石化储罐结构的风致振动进行控制,有利于提高结构的抗风防灾等级,具体包括气动减振措施、风振控制技术以及风振控制抗风减灾效果的综合评估。有效地引入气动减振措施,对港口大型石化储罐结构的几何外形、表面粗糙度、细部构造进行合理微调,通过降低气动风荷载(包括平均风荷载和脉动风荷载)的途径达到风振控制的目的。合理提高结构的阻尼比,能够有效地提高结构的抗风及抗震能力。通过引入调谐质量阻尼器、黏滞阻尼防屈曲支撑等阻尼减振措施,对阻尼器参数、布置及组合方案进行研究和优化,提出适合于不同形式港口大型石化储罐结构的阻尼风振控制方案。采用相应的气动-机械风振控制技术对港口大型石化储罐结构的风振响应进行控制后,将风致灾害效应评估指标作为优化目标,对风振控制效果进行进一步优化,实现港口大型石化储罐结构抗风减灾等级的提升。

1.3.3 技术路线

以"科学问题—关键技术—创新成果"为脉络,围绕港口大型石化储罐结构风致灾变机理关键科学问题,重点突破港口大型石化储罐结构的风效应模拟预测、风灾效应易损性评估及风振控制减灾 3 项关键技术,形成港口大型石化储罐结构的抗风设计方法、风效应智能预测平台、风灾效应易损性评估系统及风振控制减灾技术 4 项创新成果,以提高结构的抗灾水平,减少港口风灾带来的经济损失,保障我国石化储运的抗风安全性。研究的技术路线如图 1.3-1 所示。

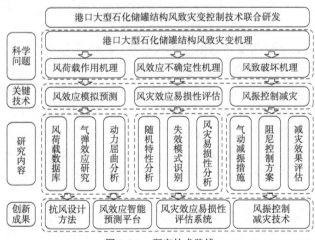

图 1.3-1　研究技术路线

1.4 本书主要内容

本书介绍了港口大型石化储罐结构智能化抗风设计、风致灾害效应评估和抗风减灾研究方面的最新进展和成果，主要内容如下。

1.4.1 港口大型石化储罐结构风荷载模型及智能预测数据平台

利用交通运输部天津水运工程科学研究所大气边界层风洞，开展了大量港口大型储罐结构（圆筒形、球形储罐）风洞试验，探究了不同储罐结构风荷载特性及分布随雷诺数、风场参数、形状、表面粗糙度等因素的变化规律，识别了储罐结构不同雷诺数临界区的范围及风荷载特性，总结形成了高超临界自模区储罐结构风荷载模型，为储罐结构的风荷载取值提供依据。本部分内容见本书第2章。

将风洞试验数据、数值模拟数据集成到风荷载数据库，基于频谱分析、随机模拟等技术实现了储罐结构脉动风荷载的重构，基于人工神经网络数据挖掘技术实现了风荷载的拓展应用，编制了相应的软件平台实现储罐风荷载的智能预测。本部分内容见本书第4章。

1.4.2 港口大型石化储罐结构风灾效应分析评估方法及系统

引进数字图像相关无接触测量技术，在国际上首次开展了港口大型石化储罐结构气弹模型全场测振风洞试验，测量储罐迎风区域最不利位置的风致响应，置信度普遍高于95%。将识别结果所占储罐迎风面（1/4圆柱）百分比定义为采样率，对试验结果统计分析发现，精准采样率可达97%，克服了单点采样对最不利位置识别的局限性，可对屈曲失效模态进行有效识别。

基于上述风洞试验结果和有限元参数分析，研究了港口大型石化储罐结构风致振动及屈曲效应特性，在此基础上提出了港口大型石化储罐风效应简化分析方法，对储罐结构的动力风致屈曲承载力预测误差在5%以内。以圆筒形储罐为例，采用传统方法进行风致响应分析，每工况需要 $1.45h \times 8$ 核。采用本书分析方法，能够将分析时长缩减为 $0.54h \times 8$ 核，计算效率为传统方法的2.6倍。在屈曲承载力估计中，假设传统动力增量法每个工况需要进行5次动力分析，计算效率为 $2.70h \times 8$ 核，采用等效静力分析方法（含数据处理过程计算量）为 $0.37h \times 8$ 核，较传统算法提升约6.3倍。

基于上述方法开展了大量储罐风效应不确定性参数分析，探究了储罐结构参数及风荷载不确定性对储罐风效应不确定性的影响，发现除风荷载以外，对无抗风圈储罐结构风效应影响最大的参数为结构的几何缺陷,灵敏度贡献值可达40%以上。随着抗风圈的加强,几何缺陷对风效应不确定性的影响降至16%,此时风荷载的不确定性成为储罐结构风效应的主要控制因素,从而揭示了储罐结构风效应不确定性的传播机制。进一步,提出了储罐结构风灾易损性评估方法,对储罐结构进行易损性分析。结果表明,圆筒形储罐结构当 $H/D<1.0$ 时风致损毁主要是迎风面正压引起的屈曲凹瘪,在抗风圈加强作用下,当 $H/D \geqslant 1.0$ 时风致破坏主要是由脉动风引起的罐壁振动所导致的,长期作用下还会引起疲劳效应。球形储罐结构的风致破坏主要是由脉动风动力效应引起的风致振动导致基底反力过大引起的破坏。因此,对低矮型大跨度储罐应着重关注屈曲效应,对于高径比大于1的圆筒形储罐和球形储罐,应重点对储罐结构风致振动进行有效控制来减小风致灾害效应。本部分内容见本书第3章。

将上述风效应分析方法集成,结合风荷载数据库,编制了港口大型石化储罐风效应分析评估软件系统,便于工程人员使用。本部分内容见本书第4章。

1.4.3 港口大型石化储罐结构抗风设计优化方法

针对港口大型石化储罐的抗风设计问题,结合风洞试验结果与风效应分析方法,提出了港口大型石化储罐等效静风荷载的阵风响应包络法,形成了等效风振系数计算方法,探讨了储罐群风荷载干扰因子、港口非定常风效应因子的变化规律,为结构抗风设计提供依据。结合港口大型石化储罐的抗风设计流程形成了抗风设计软件,为港口大型石化储罐结构抗风设计提供了实用工具。采用的风效应计算方法提升计算效率2.6倍以上,以风效应分析占整个抗风设计时长的50%计,抗风设计周期可缩短30%以上。本部分内容见本书第4章。

为提高港口大型石化储罐结构抗风承载力,针对港口大型石化储罐结构抗风优化设计问题,本书提出了一种深度神经网络改进的遗传算法(DNN-GA)。在所提出的方法中,DNN与遗传算法在优化过程中紧密耦合。DNN模型在优化过程中通过在线训练过程生成,无须预先采集样本。其次,生成的DNN模型不仅是结构分析的有效工具,还可用于发现更多优化结果。此外,在所提出的方法中使用了遗传算法优化过程中生成的样本,提出了一种基于新采集样本的两步训练过程来逐步更新DNN模型以提高其精度。对圆筒形储罐结构进行抗风圈优化设计、迭代,对比分析发现,与标准遗传算法相比,该方法能够更快速收敛到全局最优解,计算成本更低,但可以获得更多优化设计。优化设计结果与单抗风圈设计相比,屈曲系数分别增加了242.7%(两圈)、409.9%(三圈)和556.5%(四圈),该结果较传统算法提升2倍以上。本部分内容见本书第4章。

在上述算法的基础上,总结储罐抗风圈对储罐屈曲影响的规律,结合气动减载措施,进一步形成了港口大型圆筒形储罐结构抗风圈实用优化设计方法,能够快速有效地得到储罐钢结构抗风圈的最经济设计方案,在同等材料用量的情况下,可将抗风圈数量增加至 4 个,使抗风承载力提高 2 倍。在相同抗风承载力的情况下也可缩减抗风圈材料用量降低 30% 以上。可见,合理分配材料用量,可使抗风屈曲性能有效发挥出来。本部分内容见本书第 5 章。

1.4.4 港口大型石化储罐结构气动-机械联合风振控制减灾技术

结合港口大型石化储罐的钝体空气动力学性能,提出采用在储罐外采用疏透覆面的气动控制措施。该措施无须外加能量供给装置,能够自适应地对各种来流条件的风致响应进行控制;结合抗风圈进行安装,也可作为爬梯的安全防护,具有一定的实用性;作为一种防风装置减缓迎风面的正压冲击,并将风荷载作用传递给抗风圈,提高屈曲承载力;除了作为气动减载装置之外,还可以作为吸振质量与机械减振装置结合在一起,对风致振动效应进一步控制。开展了不同覆面疏透率及高度比疏透覆面的减载效果风洞试验研究。结果表明,覆面疏透率在 30% ~ 40%,覆面高度比为 40% ~ 60% 时,对最不利风压的减载率为 10% ~ 15%,结合抗风圈的安装,可有效提升圆筒形储罐的抗屈曲承载力。

提出了港口大型储罐结构的气动-机械联合风灾控制技术解决方案,研发了广义变式调谐惯质阻尼器对港口大型石化储罐风振效应进行控制,针对平稳风随机风振效应的控制,基于解析 H_∞ 和半解析 H_2 优化解,提出了等效质量比的概念,用于表示吸振器优化参数的经验公式,并给出了相应的选型准则。针对具有脉冲特性的突发阵风灾变风振效应的控制,提出稳定性最大化准则进行 VTMDI(TVMD)的参数优化,提升阻尼器的抗冲击吸振性能,并给出了相应的经验公式。通过港口石化储罐结构平稳风和突发阵风作用下的风振响应分析发现,采用 TMDI/V-TMDI 对大型储罐结构最不利风振响应控制时,综合最不利极值风致响应控制率约为 30%,在同等振动控制效果时,相比传统 TMD,调谐质量可降低 24%。采用 TVMD,对具有脉冲特性的突发风效应(突发阵风、雷暴风)最不利响应的控制率达到 20%以上。而根据突发阵风致灾机理的研究,考虑阵风突发性的冲击放大效应可达17%。由此可见,利用本研究基于稳定性最大化的参数联合优化算法确定阻尼器参数,能够有效控制储罐风致振动灾害效应。本部分内容见本书第 5 章。

2 考虑高雷诺数效应的港口大型石化储罐结构风荷载模型

风荷载是结构抗风设计的必要输入数据,港口大型石化储罐结构为典型的曲面钝体,风荷载特性受雷诺数影响较为复杂,在这方面目前缺乏系统的研究和建模。本章基于大量风洞试验研究了圆筒形和球形储罐结构风荷载随风场参数、结构形状、表面粗糙度等的变化规律,系统分析了雷诺数对气动力和风压分布的影响,建立了考虑高雷诺数效应的港口大型石化储罐结构风荷载模型,为后文的港口大型石化储罐结构精细化抗风分析研究奠定了基础。

2.1 港口大型石化储罐风荷载测压风洞试验

2.1.1 试验设备

1)大气边界层风洞

本试验在交通运输部天津水运工程科学研究院的 TKS-1 大气边界层风洞(图 2.1-1)中进行。该风洞是一座水平直流吹出式单试验段风洞,风洞试验段尺寸为宽 4.4m×高 2.5m×长 15.0m,为了减小试验段内的轴向静压梯度,试验段两侧壁设置了 0.195°的当量扩散角,试验段设计空风洞最大风速为 30m/s,在距试验段进口 10.9m 处设置一台直径 3.8m 的 360°转盘。风洞动力由一台功率 400kW、额定转速 540r/min 的直流电动机驱动由 10 片叶片组成的风扇提供。风洞风速的调节功能由以德国西门子公司 6RA70 系列调速器为核心的直流调速装置实现,并由安装于试验段入口处的压力传感器、温度传感器,通过计算机控制电机转速,实现风速闭环控制。风洞测试截面核心区技术参数见表 2.1-1。

2)测试仪器

本试验所使用主要的测量仪器如下:

①澳大利亚 Turbulent Flow Instrumentation 公司的三维脉动风速测量仪 Cobra 探头;

②美国 PSI 公司生产的 ESP 系列 64 通道高精度微型电子压差扫描阀;

③美国 ATI 公司生产的 Delta 系列高频动态测力天平。

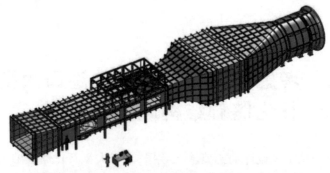

a)风洞效果图

b)风洞照片

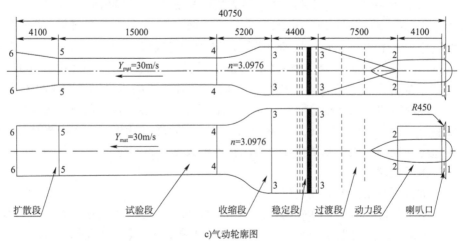

c)气动轮廓图

图2.1-1 交通运输部天津水运工程科学研究院的TKS-1大气边界层风洞(尺寸单位:mm)

2 考虑高雷诺数效应的港口大型石化储罐结构风荷载模型

风洞测试截面核心区技术参数 表 2.1-1

模型核心区技术参数	$V = 25 \text{m/s}$	$V = 15 \text{m/s}$
试验段尺寸	$4.4\text{m} \times 2.5\text{m} \times 15.0\text{m}$	
最大风速	$\geq 30.0\text{m/s}$	
动压稳定系数	≤ 0.01	≤ 0.015
速度场不均匀性	≤ 0.01	≤ 0.015
方向场不均匀性	$\Delta\alpha < 1.0°, \Delta\beta < 1.0°$	$\Delta\alpha < 1.0°, \Delta\beta < 1.0°$
湍流度	$\leq 0.8\%$	$\leq 1.0\%$
轴向静压梯度	$\leq 0.001/\text{m}$	$\leq 0.001/\text{m}$

(1) 流场测试仪器。

流场测试采用澳大利亚 Turbulent Flow Instrumentation 公司的三维脉动风速测量仪(图 2.1-2)。其中的 Cobra 探头是一个四孔压力探头,能够测量三分量脉动风速和静压,能够测量 ±45°锥形范围内的 1000Hz 以上脉动风速。Cobra 探头能够探索方向未知的流场信息,是一种比传统热线探头更为稳健的测量仪器。

图 2.1-2 三维脉动风速仪

(2) 风压测试仪器。

风压数据测量与采集采用美国 PSI 公司生产的 ESP 系列 64 通道高精度微型电子压差扫描阀,如图 2.1-3a) 所示;压力扫描数据采集系统 DTC Initium,如图 2.1-3b) 所示。本试验采用 9 个 ESP-64HD 电子压力扫描阀和 DTC Initium 压力扫描数据采集系统进行数据的测量与采集,采样频率可达 330Hz 以上。

(3) 风力测试仪器。

风力测试采用美国 ATI 公司生产的 Delta 系列高频动态测力天平(图 2.1-4)对脉动风作用下的结构基底的六分力进行测量。该天平采用高强度航空铝精密加工,强度特别高,最高单轴过载为额定量程的 4.1～18.8 倍。此外,硅应变片信号强于传统应变片75倍,信号放大后,可到达接近零的噪声失真。本试验采用的SI-330-30天平,量程F_x、F_y方向±330N,F_z方向990N,T_x、T_y、T_z方向30N·m;采用网络/采集模式进行数据传输,分辨率为F_x、F_y方向1/16N,F_z方向1/8N,T_x、T_y、T_z方向5/1333N·m,采样频率超过1000Hz。

 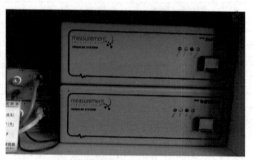

a)ESP-64HD扫描阀　　　　　b)压力扫描数据采集系统DTC Initium

图2.1-3　风压数据测量与采集系统

图2.1-4　Delta系列高频动态测力天平

2.1.2　大气边界层风场模拟

根据港口所处场地条件,一般为《建筑结构荷载规范》(GB 50009—2012)中A类地貌,其平均风速和湍流度剖面分别为:

$$\overline{V}(z) = V(z/10)^{\alpha} \qquad (2.1\text{-}1)$$

$$I(z) = I_{10} \cdot (z/10)^{-\alpha} \qquad (2.1\text{-}2)$$

式中:V——10m高度处的基本风速;

$\overline{V}(z)$——z高度(m)处平均风速(m/s);

$I(z)$——z高度(m)处的湍流强度;

α——风剖面指数;

I_{10}——10m 高度处名义湍流强度,对于 A 类地貌,$\alpha = 0.12$,$I_{10} = 0.12$。当高度 z 小于 5m 时,取 z 为 5m。

为确保风洞试验来流的相似性,须对大气边界层风场进行模拟,使其满足上述风剖面。风洞试验一般通过在流场中设置障碍物减小风速,同时分离来流增大湍流度的方法,采用尖劈、粗糙元、锯齿挡板、地毯等粗糙装置对大气边界层的风剖面进行模拟,调整粗糙装置的位置和间距使风剖面满足目标要求,该方法被称为风场的被动模拟。

通过上述风场被动模拟方法,对风场进行反复测定,并根据测试结果对粗糙装置进行调整,得到满足《建筑结构荷载规范》(GB 50009—2012)风场(A 类)条件的粗糙装置布置,如图 2.1-5 所示。

a)1∶50边界层布置　　　　　　　　b)1∶75边界层布置

图 2.1-5　港口 A 类地貌边界层流场布置

采用澳大利亚 TFI 公司的三维脉动风速测量仪 Cobra 探头,对不同高度的大气边界层风场进行测定,采样时间取为 60s,采样频率为 1250Hz。绘制风速剖面与湍流度剖面如图 2.1-6 所示,其中纵坐标为风洞中的实际高度(离地高度),横坐标为风剖面(平均风速比和湍流强度),平均风速比定义为不同高度的来流平均风速与 1m 高度处的来流风速之比。

图 2.1-7 给出了参考位置(1m)处的风速时程、概率分布及风速谱,由图中可以看出,来流湍流风速近似服从正态分布,风速谱服从卡门谱,如式(2.1-3)所示。

$$\frac{f \cdot S_u(f)}{\sigma_u^2} = 4 \cdot \frac{f \cdot L_u}{U} \bigg/ \left[1 + 70.8 \left(\frac{f \cdot L_u}{U}\right)^2 \right]^{5/6} \qquad (2.1\text{-}3)$$

式中:f——频率(Hz);

$S_u(f)$——参考高度处风速功率谱;

U——风速(m/s);

σ_u^2——风速的方差;

L_u——参考高度处的积分长度尺度,在本次试验中,参考高度处为0.28m。

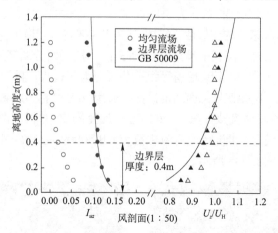

图2.1-6 模拟的大气边界层风剖面

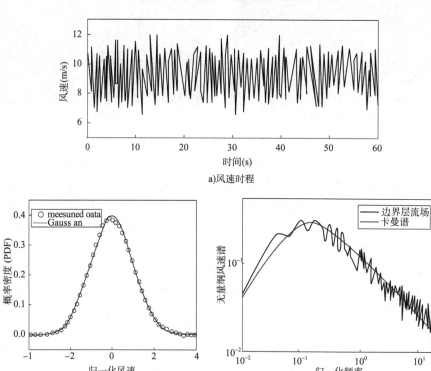

图2.1-7 参考位置(1m)处的风速

2.1.3 试验模型及工况

1) 圆筒形储罐试验模型及工况

将 4 个不同高径比($H/D=1.5$、1.0、0.5、0.2，分别对应模型 A~D)的圆柱储罐作为研究对象，其具体尺寸见表 2.1-2。模型尺寸满足风洞阻塞率的要求，试验数据无须进行修正。采用 ABS 板材制作模型且圆柱壁面较厚，保证模型具有足够刚度。

圆筒形储罐风洞试验模型尺寸及测点数　　　　　表 2.1-2

模型号	高度 H(mm)	直径 D(mm)	壁厚 t(mm)	高径比 H/D	测点总数 N
A	700	467	11	1.5	563
B	568	568	11	1.0	543
C	284	568	11	0.5	331
D	300	1500	11	0.2	567

储罐 A 外表面沿高度布置有 16 层测点，为了更加准确地测量周向风压分布的变化规律，在储罐第 8、9、11、12 层高度处布置加密的测点，即每层 30 个测点，其余高度处测点为每层 20 个；A 储罐内表面布置 8 层测点，每层 18 个测点；浮顶表面布置有 5 圈测点，由内向外测点数量分别为每圈 1、6、12、20、20 个；A 储罐总共设置 563 个测点。浮顶高度位置设置为 H、$0.8H$、$0.5H$、$0.2H$ 和空罐 5 种情况。储罐 A 测点布置图如图 2.1-8 所示。

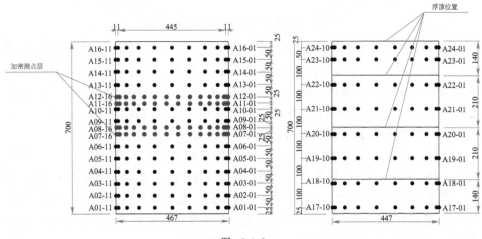

图 2.1-8

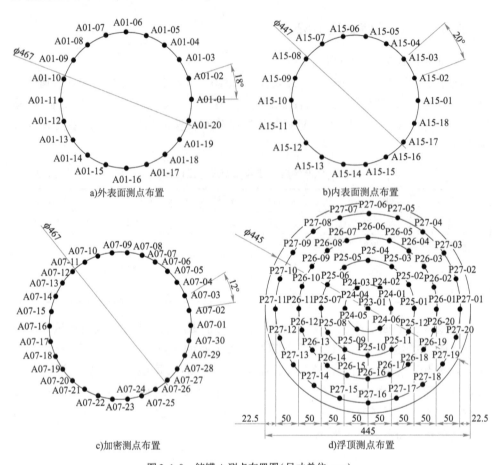

图 2.1-8　储罐 A 测点布置图(尺寸单位:mm)

储罐 B 外表面沿高度布置 14 层测点,在储罐第 2、4、6、8、10、12 层高度处布置加密的测点,即每层 30 个测点,其余高度处测点为每层 20 个;内表面布置 8 层测点,每层 18 个测点;浮顶表面布置 5 圈测点,由内向外测点数量分别为每圈 1、6、12、20、20 个;B 储罐总共设置 543 个测点。浮顶高度位置设置为 H、$0.8H$、$0.5H$、$0.2H$ 和空罐 5 种情况。储罐 B 测点布置图如图 2.1-9 所示。

储罐 C 外表面沿高度布置 8 层测点,在储罐第 3、4、5、6 层高度处布置加密的测点,即每层 30 个测点,其余高度处测点为每层 20 个;内表面布置 4 层测点,每层 18 个测点;浮顶表面布置 5 圈测点,由内向外测点数量分别为每圈 1、6、12、20、20 个;C 储罐总共设置 331 个测点。浮顶高度位置设置为 H、$0.8H$、$0.5H$、$0.2H$ 和空罐 5 种情况。储罐 C 测点布置图如图 2.1-10 所示。

2 考虑高雷诺数效应的港口大型石化储罐结构风荷载模型

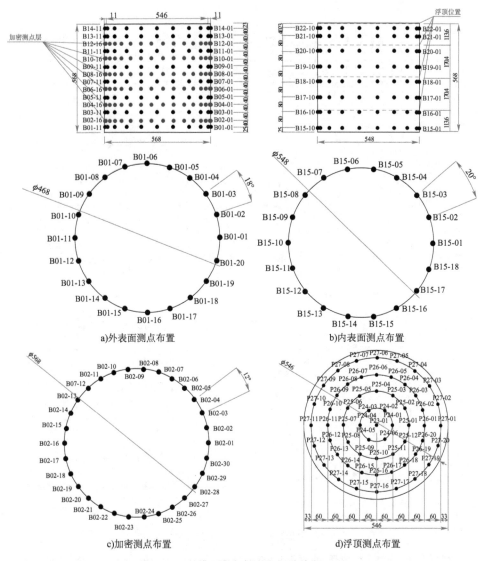

图 2.1-9 储罐 B 测点布置图(尺寸单位:mm)

储罐 D 外表面沿高度布置 11 层测点,在储罐第 2、4、6、8、10 层高度处布置加密的测点,即每层 30 个测点,其余高度处测点为每层 20 个;内表面布置 6 层测点,每层 18 个测点;浮顶表面布置 12 圈测点,由内向外测点数量分别为 1、6、12、18×5、20×4;D 储罐总共设置 567 个测点。浮顶高度位置设置为 H、$0.8H$、$0.5H$、$0.2H$ 和空罐 5 种情况。储罐 D 测点布置图如图 2.1-11 所示。

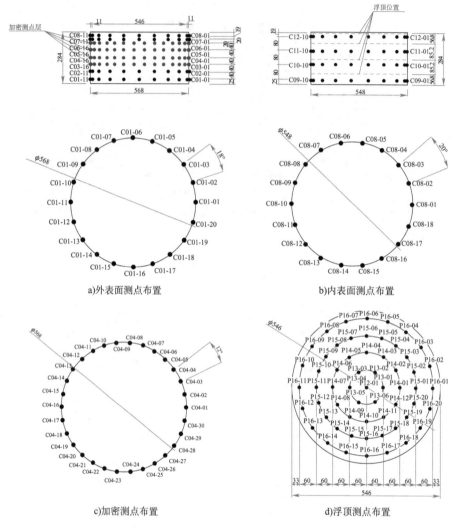

图 2.1-10　储罐 C 测点布置图(尺寸单位:mm)

在均匀流场试验,由于底面附近的风场不是均匀的,故本试验将模型安装在高 0.5m 的承台上。该承台采用钢板焊接而成,包括上下两个承台面、四个边缘撑杆和中间承台柱,其中上承台面可以通过 4 个插销与模型底部连接,下承台面与风洞地面利用螺钉连接,4 个撑杆直径为 20mm,主要为了保证承台刚度;为便于测压管通过与风洞底部扫描阀相连,中间承台柱为空心圆管,其内直径为 200mm。承台构造及连接示意图如图 2.1-12 所示。

2 考虑高雷诺数效应的港口大型石化储罐结构风荷载模型

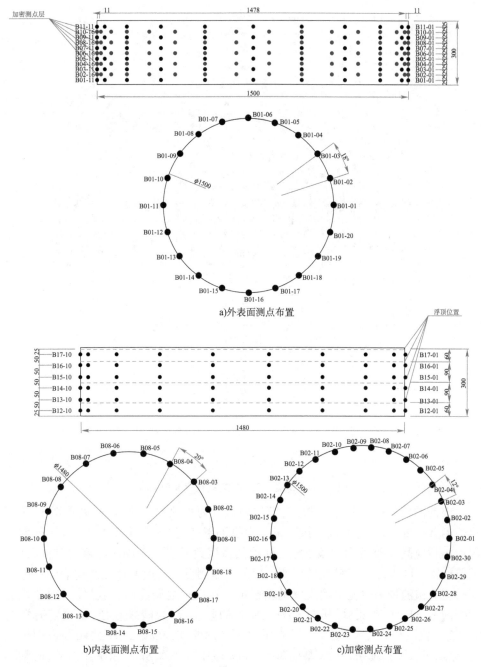

图 2.1-11

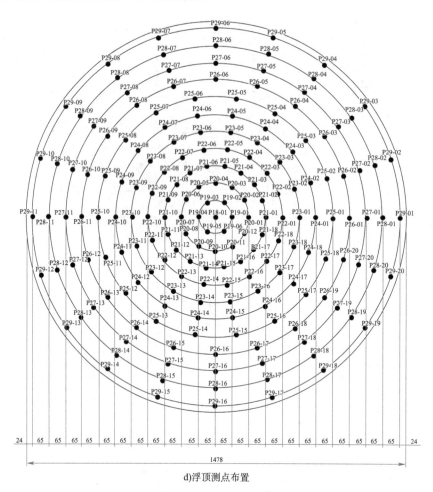

d) 浮顶测点布置

图 2.1-11 储罐 D 测点布置图(尺寸单位:mm)

  根据圆筒形储罐的常见形式,模型顶盖分为平顶和曲顶两种,如图 2.1-13 所示。测点布置方式相同,其中拱顶采用扁拱的形式,矢跨比小于 1/7。为了研究均匀流场和规范 A 类流场中圆形截面储罐的雷诺数效应及表面粗糙度对其的影响,需要设置不同表面的粗糙度进行变风速的风压测量。一般通过在结构表面粘贴不同高度的粗糙条来改变结构表面的粗糙度。在以往的研究中,粗糙度一般采用无量纲的 $k_s = h_s/D$ 来表示,其中 h_s 为粗糙条的厚度,D 为储罐直径,粗糙度通常由 0.002 变化至 0.02。本试验设置光滑表面、0.4%、0.8%、1.6% 共四种表面粗糙度,分别对应无粗糙条、2mm 厚粗糙条、4mm 厚粗糙条和 8mm 粗糙条。此外,粘贴粗糙条的疏密程度也会影响到结构表面的粗糙情况,通过计算粗糙条的净间距比

$\varphi=(s-b)/s$ 来衡量粗糙条的疏密程度,其中 s 为两粗糙条在曲面上的中心间距,b 为粗糙条的宽度。刘欣鹏发现当 $\varphi>0.9$ 时,风压分布能和实测结果吻合较好,因此,在本试验中也采用与之相同的参数,在储罐表面总共粘贴 20 根粗糙条。其中 A 储罐 $s=73\mathrm{mm}$,$b=7\mathrm{mm}$,B 储罐 $s=89\mathrm{mm}$,$b=7\mathrm{mm}$,C 储罐 $s=89\mathrm{mm}$,$b=7\mathrm{mm}$,D 储罐 $s=236\mathrm{mm}$,$b=7\mathrm{mm}$。试验工况见表 2.1-3,共计 1920 个测试工况。

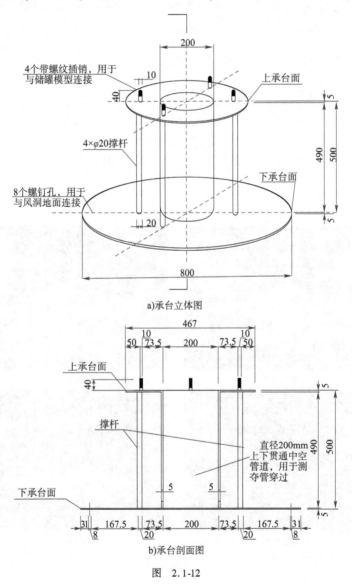

图 2.1-12

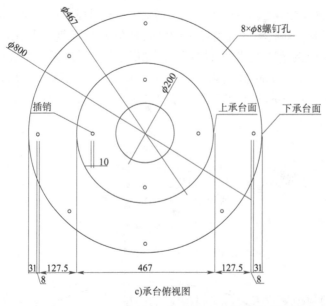

c)承台俯视图

图 2.1-12　承台构造及连接示意图(尺寸单位:mm)

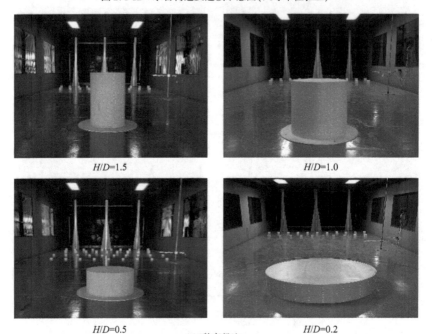

a)4种高径比

图　2.1-13

2 考虑高雷诺数效应的港口大型石化储罐结构风荷载模型

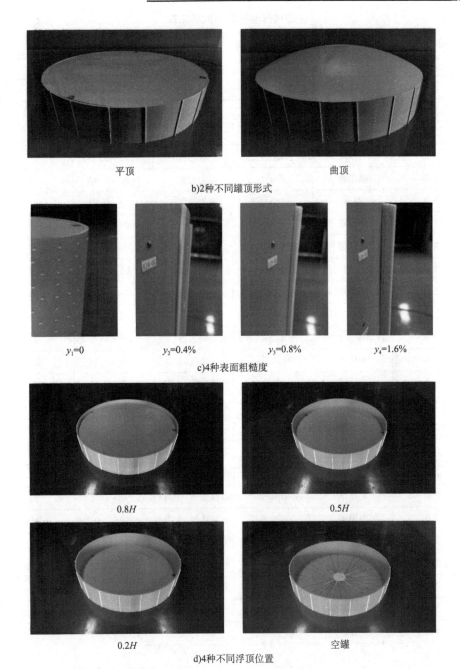

b) 2种不同罐顶形式

$y_1=0$ $y_2=0.4\%$ $y_3=0.8\%$ $y_4=1.6\%$

c) 4种表面粗糙度

$0.8H$ $0.5H$

$0.2H$ 空罐

d) 4种不同浮顶位置

图 2.1-13 风洞试验工况设置

圆筒形储罐风洞试验工况   表2.1-3

高跨比 (H/D)	罐顶形式	粗糙度系数	湍流形式	雷诺数范围 ($\times 10^5$)	工况数
2.0	平顶罐	0(光滑)	均匀流	1.03~9.88	23
2.0	曲顶罐	0(光滑)	均匀流	0.98~8.92	22
2.0	空罐	0(光滑)	均匀流	1.05~9.23	24
2.0	平顶罐	0.004	均匀流	1.03~9.88	18
2.0	曲顶罐	0.004	均匀流	0.98~8.92	20
2.0	空罐	0.004	均匀流	1.05~9.23	21
2.0	平顶罐	0.008	均匀流	1.03~9.88	22
2.0	曲顶罐	0.008	均匀流	0.98~8.92	23
2.0	空罐	0.008	均匀流	1.01~9.00	19
2.0	浮顶罐(0.8H)	0.004	均匀流	1.18~9.07	19
2.0	浮顶罐(0.5H)	0.004	均匀流	1.12~9.22	19
2.0	浮顶罐(0.2H)	0.004	均匀流	1.05~9.23	22
2.0	平顶罐	0(光滑)	港口地貌(A类)	0.92~7.25	21
2.0	曲顶罐	0(光滑)	港口地貌(A类)	0.89~7.25	20
2.0	空罐	0(光滑)	港口地貌(A类)	0.93~7.06	22
2.0	平顶罐	0.004	港口地貌(A类)	0.88~7.03	16
2.0	曲顶罐	0.004	港口地貌(A类)	0.92~7.25	18
2.0	空罐	0.004	港口地貌(A类)	0.89~7.25	19
2.0	平顶罐	0.008	港口地貌(A类)	0.93~7.06	20
2.0	曲顶罐	0.008	港口地貌(A类)	0.88~7.03	21
2.0	空罐	0.008	港口地貌(A类)	0.92~7.25	17
2.0	浮顶罐(0.8H)	0.004	港口地貌(A类)	0.89~7.25	17
2.0	浮顶罐(0.5H)	0.004	港口地貌(A类)	0.93~7.06	17
2.0	浮顶罐(0.2H)	0.004	港口地貌(A类)	0.88~7.03	20
1.0	平顶罐	0(光滑)	均匀流	1.03~9.88	23
1.0	曲顶罐	0(光滑)	均匀流	0.98~8.92	22
1.0	空罐	0(光滑)	均匀流	1.05~9.23	24

续上表

高跨比(H/D)	罐顶形式	粗糙度系数	湍流形式	雷诺数范围($\times 10^5$)	工况数
1.0	平顶罐	0.004	均匀流	1.03~9.88	18
1.0	曲顶罐	0.004	均匀流	0.98~8.92	20
1.0	空罐	0.004	均匀流	1.05~9.23	21
1.0	平顶罐	0.008	均匀流	1.03~9.88	22
1.0	曲顶罐	0.008	均匀流	0.98~8.92	23
1.0	空罐	0.008	均匀流	1.01~9.00	19
1.0	浮顶罐(0.8H)	0.004	均匀流	1.18~9.07	19
1.0	浮顶罐(0.5H)	0.004	均匀流	1.12~9.22	19
1.0	浮顶罐(0.2H)	0.004	均匀流	1.05~9.23	22
1.0	平顶罐	0(光滑)	港口地貌(A类)	0.92~7.25	21
1.0	曲顶罐	0(光滑)	港口地貌(A类)	0.89~7.25	20
1.0	空罐	0(光滑)	港口地貌(A类)	0.93~7.06	22
1.0	平顶罐	0.004	港口地貌(A类)	0.88~7.03	16
1.0	曲顶罐	0.004	港口地貌(A类)	0.92~7.25	18
1.0	空罐	0.004	港口地貌(A类)	0.89~7.25	19
1.0	平顶罐	0.008	港口地貌(A类)	0.93~7.06	20
1.0	曲顶罐	0.008	港口地貌(A类)	0.88~7.03	21
1.0	空罐	0.008	港口地貌(A类)	0.92~7.25	17
1.0	浮顶罐(0.8H)	0.004	港口地貌(A类)	0.89~7.25	17
1.0	浮顶罐(0.5H)	0.004	港口地貌(A类)	0.93~7.06	17
1.0	浮顶罐(0.2H)	0.004	港口地貌(A类)	0.88~7.03	20
0.5	平顶罐	0(光滑)	均匀流	1.03~9.88	23
0.5	曲顶罐	0(光滑)	均匀流	0.98~8.92	22
0.5	空罐	0(光滑)	均匀流	1.05~9.23	24
0.5	平顶罐	0.004	均匀流	1.03~9.88	18
0.5	曲顶罐	0.004	均匀流	0.98~8.92	20
0.5	空罐	0.004	均匀流	1.05~9.23	21

续上表

高跨比 (H/D)	罐顶形式	粗糙度系数	湍流形式	雷诺数范围 $(\times 10^5)$	工况数
0.5	平顶罐	0.008	均匀流	1.03~9.88	22
0.5	曲顶罐	0.008	均匀流	0.98~8.92	23
0.5	空罐	0.008	均匀流	1.01~9.00	19
0.5	浮顶罐(0.8H)	0.004	均匀流	1.18~9.07	19
0.5	浮顶罐(0.5H)	0.004	均匀流	1.12~9.22	19
0.5	浮顶罐(0.2H)	0.004	均匀流	1.05~9.23	22
0.5	平顶罐	0(光滑)	港口地貌(A类)	0.92~7.25	21
0.5	曲顶罐	0(光滑)	港口地貌(A类)	0.89~7.25	20
0.5	空罐	0(光滑)	港口地貌(A类)	0.93~7.06	22
0.5	平顶罐	0.004	港口地貌(A类)	0.88~7.03	16
0.5	曲顶罐	0.004	港口地貌(A类)	0.92~7.25	18
0.5	空罐	0.004	港口地貌(A类)	0.89~7.25	19
0.5	平顶罐	0.008	港口地貌(A类)	0.93~7.06	20
0.5	曲顶罐	0.008	港口地貌(A类)	0.88~7.03	21
0.5	空罐	0.008	港口地貌(A类)	0.92~7.25	17
0.5	浮顶罐(0.8H)	0.004	港口地貌(A类)	0.89~7.25	17
0.5	浮顶罐(0.5H)	0.004	港口地貌(A类)	0.93~7.06	17
0.5	浮顶罐(0.2H)	0.004	港口地貌(A类)	0.88~7.03	20
0.2	平顶罐	0(光滑)	均匀流	1.03~9.88	23
0.2	曲顶罐	0(光滑)	均匀流	0.98~8.92	22
0.2	空罐	0(光滑)	均匀流	1.05~9.23	24
0.2	平顶罐	0.004	均匀流	1.03~9.88	18
0.2	曲顶罐	0.004	均匀流	0.98~8.92	20
0.2	空罐	0.004	均匀流	1.05~9.23	21
0.2	平顶罐	0.008	均匀流	1.03~9.88	22
0.2	曲顶罐	0.008	均匀流	0.98~8.92	23
0.2	空罐	0.008	均匀流	1.01~9.00	19

续上表

高跨比 (H/D)	罐顶形式	粗糙度系数	湍流形式	雷诺数范围 (×10⁵)	工况数
0.2	浮顶罐(0.8H)	0.004	均匀流	1.18~9.07	19
0.2	浮顶罐(0.5H)	0.004	均匀流	1.12~9.22	19
0.2	浮顶罐(0.2H)	0.004	均匀流	1.05~9.23	22
0.2	平顶罐	0(光滑)	港口地貌(A类)	0.92~7.25	21
0.2	曲顶罐	0(光滑)	港口地貌(A类)	0.89~7.25	20
0.2	空罐	0(光滑)	港口地貌(A类)	0.93~7.06	22
0.2	平顶罐	0.004	港口地貌(A类)	0.88~7.03	16
0.2	曲顶罐	0.004	港口地貌(A类)	0.92~7.25	18
0.2	空罐	0.004	港口地貌(A类)	0.89~7.25	19
0.2	平顶罐	0.008	港口地貌(A类)	0.93~7.06	20
0.2	曲顶罐	0.008	港口地貌(A类)	0.88~7.03	21
0.2	空罐	0.008	港口地貌(A类)	0.92~7.25	17
0.2	浮顶罐(0.8H)	0.004	港口地貌(A类)	0.89~7.25	17
0.2	浮顶罐(0.5H)	0.004	港口地貌(A类)	0.93~7.06	17
0.2	浮顶罐(0.2H)	0.004	港口地貌(A类)	0.88~7.03	20
合计					1920

2)球形储罐试验模型及工况

球形储罐风洞试验模型以容积为 25000m³ 的球罐为例,根据钢制球形储罐类型和尺寸数据库《T 钢制球形储罐型式与基本参数》(GB/T 17261—2011)进行建模。原型储罐的直径为 $D=36.3$m,赤道的高度为 $H=20.2$m。储罐模型的示意图以及其原点在球体中心的坐标系如图 2.1-14a)所示。模型上的测压点的位置可以通过经度 α(角度为 $0°\sim360°$ 或弧度为 $0\sim2\pi$)和纬度 β(角度为 $-90°\sim90°$ 或弧度为 $-0.5\pi\sim0.5\pi$)来描述。面向迎风面气流的子午线设置为 $\alpha=0°$。假设球形储罐由不同数量的柱(4、8、16 和 20)支撑。

球形储罐刚性模型几何缩尺比为 1∶50,此次风洞测压试验在球形储罐刚性模型结构表面共布置了 508 个测点,测点示意图如图 2.1-14b)所示。

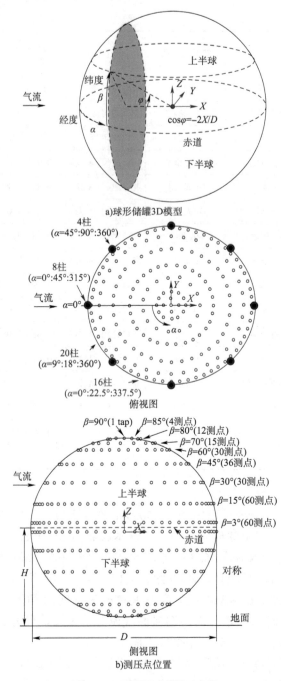

图 2.1-14 风洞试验模型示意图

2 考虑高雷诺数效应的港口大型石化储罐结构风荷载模型

球形储罐罐体采用 ABS 板材料制成。上下半球分开制作。502 个测压点对称布置在球形储罐模型上。α = 45°、α = 90°、α = 180°、α = 360° 的 4 个支撑柱由 φ30mm 钢柱组成，连接钢制底板和下半球，其余柱由 φ25mmUPVC 管分组组成，在试验中便于组装和拆卸[图2.1-15a)]。此外，考虑球形储罐的 3 种表面粗糙度为 $k_s/D = 0$(光滑)、0.002 和 0.004，其中 k_s 是由 ABS 材料制成的半球形粗糙度颗粒的高度(半径)。将 ABS 半球粗糙度颗粒均匀粘在罐模型表面，确保附着牢固。粗糙度颗粒的排列几乎是均匀的，在经度和纬度方向上的平均投影网格距离约为 $0.15D$[图2.1-15b)]。试验工况表见表2.1-4，共计 480 个测试工况。

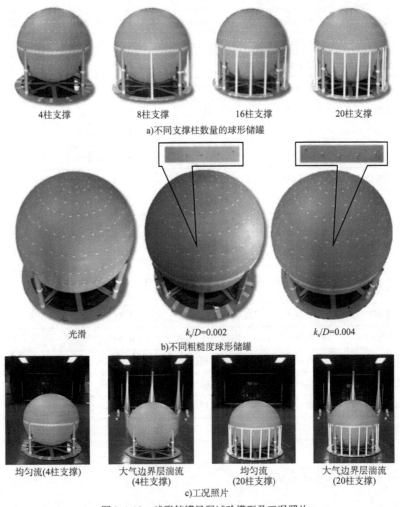

图 2.1-15 球形储罐风洞试验模型及工况照片

球形储罐工况的详细信息　　　　　　　表2.1-4

支撑形式	粗糙度系数	湍流形式	雷诺数范围($\times 10^5$)	工况数
4柱支撑	0(光滑)	均匀流	1.03~9.88	19
8柱支撑	0(光滑)	均匀流	0.98~8.92	22
16柱支撑	0(光滑)	均匀流	1.01~9.00	21
20柱支撑	0(光滑)	均匀流	1.18~9.07	22
4柱支撑	0.002	均匀流	1.03~9.88	19
8柱支撑	0.002	均匀流	0.98~8.92	22
16柱支撑	0.002	均匀流	1.01~9.00	21
20柱支撑	0.002	均匀流	1.18~9.07	22
4柱支撑	0.004	均匀流	1.03~9.88	19
8柱支撑	0.004	均匀流	0.98~8.92	22
16柱支撑	0.004	均匀流	1.01~9.00	21
20柱支撑	0.004	均匀流	1.18~9.07	22
4柱支撑	0(光滑)	港口地貌(A类)	0.92~7.25	17
8柱支撑	0(光滑)	港口地貌(A类)	0.89~7.25	20
16柱支撑	0(光滑)	港口地貌(A类)	0.93~7.06	19
20柱支撑	0(光滑)	港口地貌(A类)	0.88~7.03	20
4柱支撑	0.002	港口地貌(A类)	0.92~7.25	17
8柱支撑	0.002	港口地貌(A类)	0.89~7.25	20
16柱支撑	0.002	港口地貌(A类)	0.93~7.06	19
20柱支撑	0.002	港口地貌(A类)	0.88~7.03	20
4柱支撑	0.004	港口地貌(A类)	0.92~7.25	17
8柱支撑	0.004	港口地貌(A类)	0.89~7.25	20
16柱支撑	0.004	港口地貌(A类)	0.93~7.06	19
20柱支撑	0.004	港口地貌(A类)	0.88~7.03	20
合计				480

2.1.4 数据处理方法

在储罐模型风洞测压试验中,脉动压力信号在PVC管路中传输会发生不同程度的信号畸变,因此,需要通过管路频响函数对其进行修正。图2.1-16给出了管长为0.3m、0.5m、1.0m、1.5m时的管路频响函数。在测压数据处理时,对原始脉动风压力时程 $P_{0i}(t_k)$ 进行管路修正,得到脉动风压力时程 $P_i(t_k)$,用于后续数据处理。

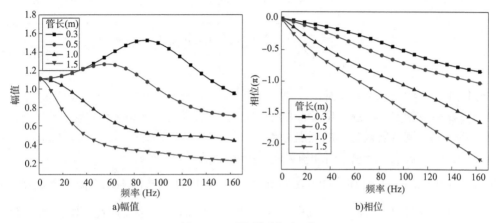

图2.1-16 测压管路频响函数

在储罐模型风洞测压试验中,电子压力扫描器同步采集各测点风压时程 $P_{0i}(t_k)$,$i=1,2,\cdots,N$(N为测点数,A、B、C、D储罐及球罐的N分别为563、543、331、567和508),$k=1,2,\cdots,30000$(样本长度),$t_k=k\Delta t$,$\Delta t=1/f_s$,f_s为采样频率,本试验为330Hz。原始风压时程经过管路修正后,计算风压系数。

将管路修正后的风压时程 $P_i(t_k)$ 无量纲化,得到风压系数时程 $C_{P_i}(t_k)$,如式(2.1-4)所示:

$$C_{P_i}(t_k) = \frac{P_i(t_k)}{0.5\rho U_H^2} \qquad (2.1\text{-}4)$$

式中:ρ——空气密度;

U_H——来流在参考高度处的风速,参考高度H为储罐模型罐壁顶端高度。

对风压系数进行统计,通过式(2.1-5)计算平均风压系数 C_{P_i},通过式(2.1-6)计算脉动风压系数 C'_{P_i}:

$$C_{P_i} = \frac{1}{N}\sum_{k=1}^{N} C_{P_i}(t_k) \qquad (2.1\text{-}5)$$

$$C'_{P_i} = \sqrt{\frac{1}{N-1}\sum_{k=1}^{N}\left[C_{P_i}(t_k) - C_{P_i}\right]^2} \qquad (2.1\text{-}6)$$

式中:N——采样点数,其值为30000。

通常,在分析结构的风荷载时,还会关注沿顺风向(x向)的阻力系数$C_D(t_k)$和横风向(y向)的升力系数$C_L(t_k)$,其通过表面风压系数$C_{P_i}(t_k)$的积分计算得到:

$$C_D(t_k) = \frac{\sum\limits_i^n C_{P_i}(t_k) A_i \cos\alpha_i}{\sum\limits_i^n A_{xi}} \qquad (2.1\text{-}7)$$

$$C_L(t_k) = \frac{\sum\limits_i^n C_{P_i}(t_k) A_i \sin\alpha_i}{\sum\limits_i^n A_{yi}} \qquad (2.1\text{-}8)$$

式中:A_i——测点i的附属面积;
  α_i——测点i与迎风驻点的夹角;
  n——测点层或整体的测点总数;
  A_{xi}、A_{yi}——测点i沿顺风向和横风向的投影面积。

利用与式(2.1-5)和式(2.1-6)相同的方法可以计算壁面平均升阻力系数$\overline{C}_D$、$\overline{C}_L$和脉动升阻力系数$\widetilde{C}_D$、$\widetilde{C}_L$。进一步地,对于模型基底,有考虑高度影响的基底阻力系数$C_{DB}(t_k)$和基底升力系数$C_{LB}(t_k)$:

$$C_{DB}(t_k) = \frac{\sum\limits_j^m C_{Dj}(t_k) h_j}{H} \qquad (2.1\text{-}9)$$

$$C_{LB}(t_k) = \frac{\sum\limits_j^m C_{Lj}(t_k) h_j}{H} \qquad (2.1\text{-}10)$$

式中:$C_{Dj}(t_k)$、$C_{Lj}(t_k)$——第j层测点的阻力系数和升力系数;
  h_j——第j层测点的所属高度;
  m——测点层数;
  H——模型总高。

同样地,可计算平均基底升阻力系数$\overline{C}_{DB}$、$\overline{C}_{LB}$和脉动基底升阻力系数$\widetilde{C}_{DB}$、$\widetilde{C}_{LB}$。此外,对于球形储罐,通过式(2.1-11)和式(2.1-12)计算气动力(阻力、升力)系数:

$$C_D = \frac{4}{\pi D^2} \sum_{i \text{ on } \Gamma} C_{P_i} A_i \cos\beta_i \qquad (2.1\text{-}11)$$

$$C_U = \frac{4}{\pi D^2} \sum_{i \text{ on } \Gamma} C_{P_i} A_i \sin\beta_i \qquad (2.1\text{-}12)$$

式中:A_i——测压点i的附属面积;
  β_i——测压点i的圆周角和纬度;

Γ——球上的计算区域,可以是整个球,也可以是上半球或下半球。值得注意的是,全球的 C_D 值为上、下半球的 C_D 值之和,这有助于理解每个半球对整体结构的贡献。

储罐结构表面风荷载体型系数 μ_{si} 计算公式如式(2.1-13)所示,根据高度变化系数式(2.1-14),可知体型系数与风压系数关系如式(2.1-15)所示:

$$\mu_{si} = \frac{P_i(t) - P_\infty}{0.5\rho U_i^2} \quad (2.1\text{-}13)$$

$$U_i = U_H \left(\frac{H_i}{H}\right)^{0.12} \quad (2.1\text{-}14)$$

$$\mu_{si} = C_{P_i} \left(\frac{H}{H_i}\right)^{0.24} \quad (2.1\text{-}15)$$

式中:U_i——测点高度处来流风速;
　　　H_i——测点高度。

2.2　圆筒形储罐风荷载雷诺数效应分析

2.2.1　整体风力系数随雷诺数的变化

在对圆柱雷诺数效应的研究中,利用阻力系数的变化区分不同的雷诺数区间是一种常用的方法。图 2.2-1 给出了储罐模型 A~D 的平均阻力系数随 Re 的变化规律。从图 2.2-1a)中可以看出,除 $H/D=0.2$ 的模型 D 外,均匀流中其余储罐模型的雷诺数效应明显,尤其是表面光滑的情况。对于 A 储罐,平均阻力系数 $\overline{C}_D$ 在 $Re<2.2\times10^5$ 的区域内缓慢降低,对应亚临界雷诺数区,$\overline{C}_D$ 值在 0.7 左右,明显小于二维圆柱的对应值 1.2。这种现象已经被大量学者发现,Sumner 等、Wang 和 Zhou 认为这是由于有限长圆柱自由端形成旋涡在背风区沿展向发展,携带周围气流进入尾流,使得背面负风压值降低,从而降低了阻力系数值。Uematsu 和 Yamada 给出了有限长圆柱在亚临界区的阻力系数经验公式如下:

$$\begin{cases} C_D = 1.2 \times \{0.58 + 0.17[\lg(H/d)]^{1.6}\} & (H/d \leq 57.5) \\ C_D = 1.2 & (H/d > 57.5) \end{cases} \quad (2.2\text{-}1)$$

试验得到的 $\overline{C}_D$ 与之接近。随着 Re 增加,$\overline{C}_D$ 值大幅减小,进入临界雷诺数区,这和二维圆柱类似。当 $Re>3.0\times10^5$ 后,$\overline{C}_D$ 变得稳定,进入了超临界雷诺数区,随后 $\overline{C}_D$ 从 0.4 附近缓慢降低至 0.35,可能是处于由超临界向跨临界雷诺数区的转变状态,这和二维圆柱在该区间内 $\overline{C}_D$ 值逐渐上升的特点不同。因此,对于表面光滑的模型 A,其临界雷诺数区间在 $2.2 \times 10^5 \sim 3.0 \times 10^5$ 之间,比二维圆柱略低。类似地,表面光滑的模型 B 和模型 C 的临界雷诺数区间分别为 $1.8 \times 10^5 \sim 2.6 \times 10^5$ 和 $5.0 \times 10^5 \sim 5.9 \times 10^5$,该区间与 H/D 无明显关系,但均大于 Macdonald 等提出的湍流条件下的临界雷诺数 1.08×10^5。对于模型 B,当 $Re > 6.2 \times 10^5$ 后,$\overline{C}_D$ 再次变得稳定,表明跨临界雷诺数区的出现。模型 D 与 H/D 更大的前几个模型有所不同,由于其模型尺寸更大,试验雷诺数区间更广,但雷诺数效应始终不明显,即使在最小雷诺数 $Re = 2.4 \times 10^5$ 时,也未达到临界雷诺数区。

当模型表面粗糙时,平均阻力系数随 Re 的变化趋于平缓。对于模型 A,当表面粗糙度 $\gamma_2 = 0.4\%$ 时,其 $\overline{C}_D$ 值在 Re 到达 2.8×10^5 前有略微减小,与 $\gamma_1 = 0$ 在亚临界区的阻力系数值相差不大,之后稳定在 0.6 左右,由于降低幅度的减小,该值远大于 $\gamma_1 = 0$ 时模型在超临界雷诺数区的值。随着粗糙度增加,阻力系数的变化趋势接近但数值略有增大,说明当表面粗糙度达到 $\gamma_2 = 0.4\%$ 时,就足以消除圆柱的雷诺数效应。表面粗糙度对其他高径比模型的影响与模型 A 类似。

在大气边界层湍流中,由于湍流度的增加,无论模型表面光滑还是粗糙,其 $\overline{C}_D$ 均不随 Re 发生变化。同时,该稳定值和图 2.2-1a) 中相同粗糙度模型的曲线末端值处于同一水平,说明其均达到了跨临界雷诺数自模区。随着模型 A 到模型 D 高径比的降低,表面粗糙度为 γ_1 和 γ_2 时的阻力系数差距逐渐从 0.25 降至低于 0.1,说明粗糙度的影响正在减弱。

另外,在这两种流场条件下,罐顶类型对 $\overline{C}_D$ 的雷诺数效应影响看起来不太大,除在临界雷诺数区稍有差异,平顶储罐和曲顶储罐的变化曲线都比较接近。但值得注意的是,随着 H/D 的降低,两种罐顶类型模型的阻力系数曲线重合度还是有所降低的,这在下面要分析的升力系数中将更加明显。

对于二维圆柱,在临界雷诺数区由于单侧分离泡的形成和分离剪切层的转捩,使圆柱两侧的流场结构不对称,此时平均升力系数不为 0。但 Schewe 发现在临界区边界层的转捩是随机发生的,可能出现在圆柱任意侧,呈现双稳态,导致升力系数的符号改变,因此,这里用绝对值表示。图 2.2-2a) 中模型 A 表面光滑时的升力系数 $|\overline{C}_L|$ 变化趋势和二维圆柱类似,其在 $2.2 \times 10^5 \sim 3.0 \times 10^5$ 的区间有一个突升降阶段,最大达到 0.5,以此也可进一步验证前面由 $\overline{C}_D$ 得到的临界雷诺数区。当 Re 继续增加,进入超临界区,圆柱另一侧也出现分离泡,流场对称重新建立使得平均升力消失。当表面粗糙度增加或是在边界层湍流中 [图 2.2-2b)],模型 A 的平

均升力系数始终保持在0左右。当罐顶为曲顶时,表面光滑的模型A平均升力在相同雷诺数区间也有突升降过程,但最大升力系数绝对值约为0.3,小于平顶模型的对应值,说明其不对称程度较平顶模型弱。

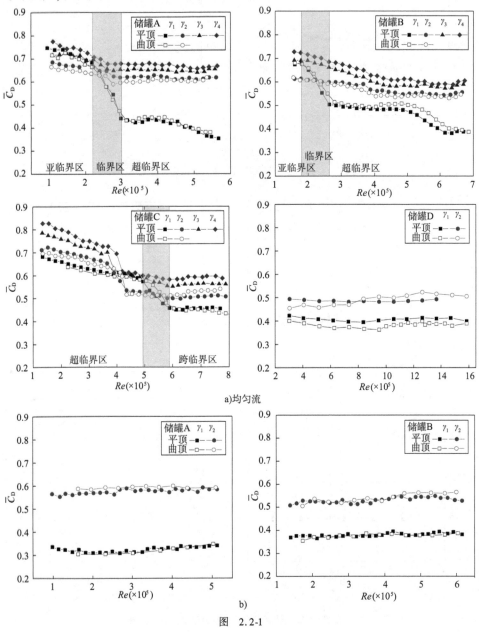

图 2.2-1

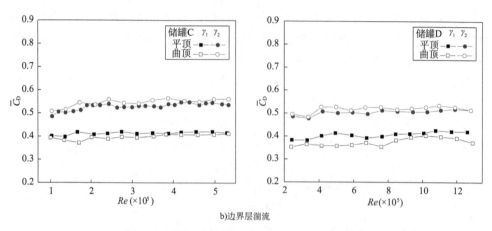

b)边界层湍流

图 2.2-1 圆筒形储罐平均阻力系数随雷诺数变化情况

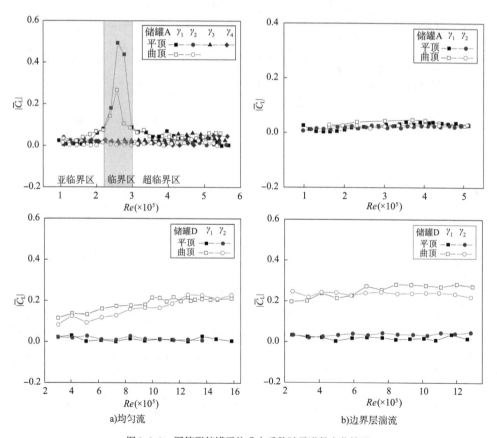

a)均匀流 b)边界层湍流

图 2.2-2 圆筒形储罐平均升力系数随雷诺数变化情况

模型 D 的结果与模型 A 大不相同,无论在均匀流还是边界层湍流中,平顶模型的 $|\overline{C}_L|$ 始终接近 0,这和阻力系数的结果一致,但曲顶模型的 $|\overline{C}_L|$ 在均匀流中随着 Re 不断增大至超过 0.2,在边界层湍流中则始终保持稳定,其流场结构其实是不对称的,和模型 A 完全不一样,而这在 $\overline{C}_D$ 的变化中并不明显,说明迎风面和背风面的风压变化不大。Zdravkovich 等比较了 $H/D=1\sim10$ 的平端面、半球形端面圆柱阻力系数,认为两种有限长圆柱近尾流卷入气体的程度不一样,背风压不同导致后者的阻力系数低于前者,这在本试验结果中体现不明显,可能是由于模型的曲顶矢跨比低于半球形端面,当 H/D 较大时其对尾流的影响较小。但该矢跨比接近模型 D 的 $H/D=0.2$,罐顶气流会对下方圆柱附近的流场结构产生较大影响,尤其是圆柱两侧的风压分布。

根据脉动升力系数的功率谱,可以判断圆柱尾流中旋涡的脱落情况,并以此分析圆柱绕流的雷诺数效应,功率谱的峰值对应的无量纲频率即 S_t 数。对于均匀流中的二维光滑圆柱,其 S_t 随 Re 的变化会先从 0.2 增加至 0.46,然后降至 0.25 并基本稳定。但有限长圆柱则有所不同,图 2.2-3 所示分别为模型 A 和模型 C 在两种流场条件下脉动升力系数功率谱随 Re 的变化情况。从图中可以看出,在均匀流中,两个模型的功率谱均表现为带宽很宽而无明显峰值,仅模型 C 在亚临界雷诺数区有一个较微弱的峰值 $S_t=0.15$,此时尾流中并不是周期性的"Karman"涡,端部气流对对称旋涡产生影响,Zdravkovich 等分析有限长圆柱尾流中的热线信号也发现,偶尔出现的周期信号经常被另一种不同频率的信号打断,导致无法像二维圆柱那样用单个的 S_t 表示旋涡脱落频率。在边界层湍流中,两个模型的 S_t 分别为 0.15 和 0.19,尽管峰值并不特别突出,但不随 Re 发生改变。可以看出,这些 S_t 均较二维圆柱的 S_t 值小,这主要是自由端产生的下冲气流使尾流旋涡拉长、分离剪切层变宽导致的,这在 Etzold 和 Fiedller、Wang 等学者的研究中也有发现。

对于不同 H/D 的有限长圆柱,由于端部气流在尾流中的影响范围不一样,沿圆柱高度方向的旋涡脱落特征也可能不同,在图 2.2-3 中给出的是圆柱中间高度测点层的升力谱结果。图 2.2-4 给出了两种流场条件下模型 A 在 Re 相同时不同高度处的脉动升力系数功率谱,可以看出,即使是在边界层湍流中,沿圆柱高度的功率谱并未见明显改变,因此,采用中间高度测点层的升力谱结果作为代表是合理的。当 $H/D=1.5$ 乃至更小时,自由端后产生的脱落旋涡沿展向延伸,覆盖整个圆柱高度范围。Sumner 等认为,这种沿高度一致的旋涡脱落会发生在 $H/D=3$ 或更短的圆柱中。

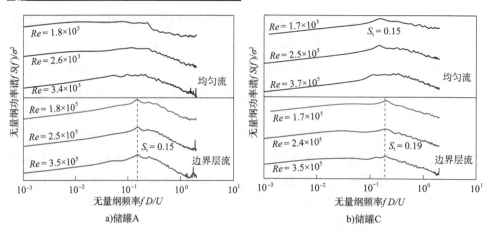

图 2.2-3 圆筒形储罐升力系数功率谱随雷诺数变化情况

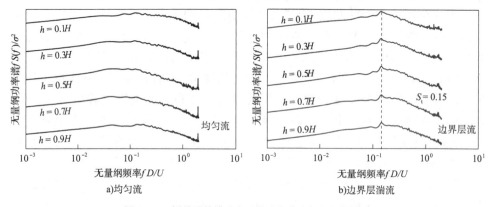

图 2.2-4 圆筒形储罐升力系数功率谱随高度变化情况

2.2.2 风压系数分布规律随雷诺数的变化

绕流情况的不同将导致风压分布形式发生改变,通过讨论表面风压分布随 Re 的变化规律,可以从更微观的层面解释风力系数以及流动特征的变化。图 2.2-5 和图 2.2-6 分别给出了平顶模型 A~D 中间高度环向风压系数随 Re 的变化情况。如图 2.2-5a)所示,当表面光滑的模型 A 位于均匀流中时,±36°范围内迎风正压区的风压系数并不随 Re 发生明显变化。当 $Re<2.2×10^5$ 时,两侧风压系数的对称性仍较好,位于亚临界雷诺数区,负风压值较小,最小负风压 $\overline{C}_{pm}$ 出现在 $\alpha_m \approx ±60°$。当出现 $\partial \overline{C}_p / \partial \alpha \approx 0$ 时,即风压系数沿环向变得稳定时,对应的 α_s 即为分离角,此时约为 ±84°,接近无限长圆柱的结果。随着 Re 增加,侧面负风压值逐渐增大,由于

某一侧先发生转捩,风压系数变得不对称,故进入临界雷诺数区。未发生转捩侧的负风压与亚临界区的分布接近,而转捩侧的最小负风压系数接近 -2.0,这导致平均升力系数的突然增大,同时分离角 α_s 后移至 $132°$ 位置,尾流变窄,背压系数 $\overline{C}_{pb}$ 值减小而导致平均阻力系数急剧减小。当 $Re>3.0\times10^5$ 后,两侧风压逐渐恢复对称,$\overline{C}_{pm}$ 的值逐渐减小,分离角 α_s 向上游移动至 $\pm108°$,导致阻力系数在稳定一段长度后又开始下降,其意味着由超临界区向跨临界区的转变。Van Hinsberg 通过增压风洞的试验发现,低湍流度下二维圆柱达到跨临界区时的分离角 $\alpha_s=95°\sim100°$,模型 A 的结果已经非常接近。

当表面粗糙度达到 $\gamma_2=0.4\%$ 时,如图 2.2-5b)所示,粗糙度的增加使得平均风压分布跨过了临界雷诺数区。粗糙元影响了壁面边界层,分离角 α_s 由 $\pm108°$ 前移至 $\pm96°$,逐渐达到了跨临界雷诺数区,这是由于摩擦作用的耗能使得边界层更容易发生分离和转捩。相较光滑表面的模型 A,平均风压系数在侧风面到背风面的压力梯度降低,即 $\partial\overline{C}_p/\partial\alpha$ 的值更小,侧面的最小负风压值 $\overline{C}_{pm}$ 减小而背压系数 $\overline{C}_{pb}$ 值变大,导致阻力系数明显变大。

在边界层湍流中,如图 2.2-5c)和图 2.2-5d)所示,即使是光滑表面的模型 A,平均风压系数分布随 Re 的变化也不太明显,均达到了雷诺数自模区。来流湍流度增加后,壁面边界层的湍流程度同样增加,剪切层转捩提前发生,分离角 α_s 相对于在均匀流中的后移至 $\pm120°$,背压系数 $\overline{C}_{pb}$ 值升高。当增加表面粗糙度时,其变化与前面的分析类似,平均风压系数沿环向的变化变得平缓,α_m 和 α_s 相对光滑表面分别向上游移动至 $\pm72°$ 和 $\pm96°$,$\overline{C}_{pb}$ 由 -0.3 变为 -0.5。

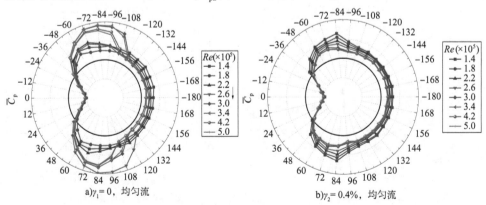

图 2.2-5

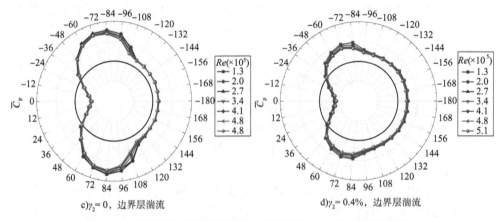

图 2.2-5　环向风压系数随雷诺数变化（平顶模型 A，C_p 为平均风压等级）

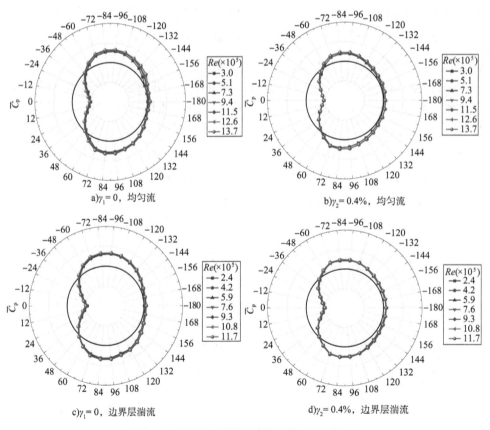

图 2.2-6　环向风压系数随雷诺数变化（平顶模型 D）

模型 B 和 C 与模型 A 的平均风压分布随 Re 的变化规律类似，且临界雷诺数区间与前文中由风力系数得到的区间范围相符。通过增加表面粗糙度和来流湍流程度，均可提前进入跨临界雷诺数自模区，但不同表面粗糙度和来流条件下，平均风压系数稳定后的气动参数，如最小风压系数 $\overline{C}_{pm}$ 及其对应角度 α_m、背压系数 $\overline{C}_{pb}$ 和分离角 α_s 等还是有所差异，这里不再详细展开。对于模型 D，从图 2.2-6 中可以看出，无论处于哪种工况，其平均风压分布曲线几乎完全重合，在试验雷诺数区间内不存在雷诺数效应。当表面粗糙度 $\gamma_1 = 0$ 时，风压系数沿环向的变化梯度较小，$\overline{C}_{pm} \approx -0.6$，$\alpha_m$ 位于 $\pm 84°$ 附近，分离角 α_s 十分靠后，位于 $\pm 156° \sim \pm 168°$ 之间，背压系数值很小，几乎接近 0，这和更大 H/D 的模型有很大差别。而当 $\gamma_2 = 0.4\%$ 时，分离点角度 α_s 相对前移至 $\pm 144°$ 左右，粗糙度从 γ_1 变为 γ_2 时的平均风压分布的变化比来流条件由均匀流变为边界层湍流时的明显。

为进一步观察有限长圆柱绕流的三维特性，图 2.2-7 给出了模型 A 和模型 B 在不同 Re 下风压分布随高度的变化。可以看出，不同于图 2.2-4 中功率谱随高度变化不大的特点，即使在均匀流中，不同高度处的平均风压分布也有比较明显的区别，尤其是在临界雷诺数和超临界雷诺数区。当 Re 较小而处于亚临界雷诺数区时，不同高度截面的风压分布比较接近。然后某一侧发生转捩，分离点向下游移动，端部效应开始体现。转捩侧靠近两端的截面（$h = 0.1H$ 或 $0.9H$，对于模型 B 甚至包括 $0.3H$）最小负风压 $\overline{C}_{pm}$ 明显高于中间高度的截面（$h = 0.5H$ 或 $0.7H$），由于部分气流在到达分离点前向两端流去，壁面边界层中的压力梯度减小，而中间高度截面的影响则不明显。值得一提的是，在 $0.5H \sim 0.7H$ 的截面位置，风压分布比较接近，且有最大的正风压和最小的负风压，结构设计中更为关注，因此，通常选用该区域的环向风压分布作为设计风压。

前面在罐顶类型对风力系数的影响分析中，发现 $H/D = 0.2$ 的平顶和曲顶模型 D 差异很大，尤其是升力系数，这里通过对环向风压系数的比较进一步分析其原因。从图 2.2-8 中可以发现，两种罐顶类型模型 C 的平均风压分布规律并无明显差异，因此，其风力系数也比较接近。对于模型 D，如图 2.2-8b) 所示，平顶模型在 $h = 0.9H$ 的环向风压分布有一个更低的负压区，且位置更靠后，可能是受自由端气流影响，在该处额外产生了局部旋涡。但对于其他高径比的模型，则未见这一较低负压区，其原因有待进一步探究。而对于曲顶模型 D，风压分布情况则完全不一样，其甚至都不关于 $\alpha = 0°$ 对称，圆柱一侧的最低风压从 -0.7 降至 -1.1，而另一侧则转而升至 -0.2，且该侧靠近顶部的局部旋涡也消失了，这导致升力系数不为 0 而阻力系数变化较小。产生这种现象的原因可以从包括罐顶的风压系数分布云图中有所发现。对于平顶模型 D,从图 2.2-9a)中可以看出其罐顶和罐壁的风压分布对称性都较好,在罐顶的迎风前缘由于气流分离产生低于 -1.0 的负压,往下游方向负压值逐渐降低,气流再附后稳定在较低风压水平,罐壁上的最低负压 $\overline{C}_{\mathrm{pm}}$ 位于 $\alpha_{\mathrm{m}} = \pm110°$、$h = 0.9H$ 位置附近,最高正压 $\overline{C}_{\mathrm{ps}}$ 位于 $\alpha = 0°$、$h = 0.7H$ 附近;而从图 2.2-9b)中则可以看出,曲顶模型 D 的罐顶和罐壁的风压分布都不对称,曲顶迎风侧风压值较低,最大负压区向后移至中间位置,由于气流偏向一侧流动,该侧边缘的负压系数低于 -0.7,甚至接近中间位置的风压,而另一侧的值则小得多,背风区的风压也因此发生偏移。这种气流偏向一侧流动的原因可能是由于模型加工偏差导致的,也可能是曲顶自身的气动特性,如 Re 的影响。至于下方圆柱表面,在侧面 $\pm90°$ 附近受来自顶端气流影响,导致负压一侧升高一侧降低,也变得不对称。

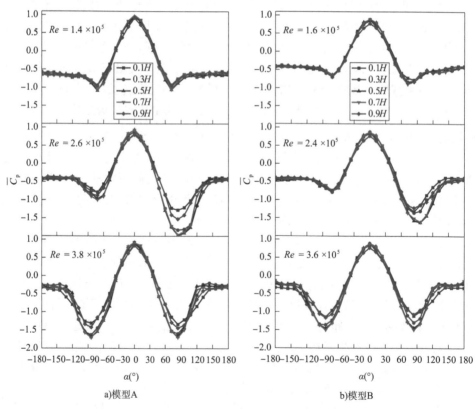

图 2.2-7 不同雷诺数下环向风压系数随高度变化(均匀流,$\gamma_1 = 0$)

2 考虑高雷诺数效应的港口大型石化储罐结构风荷载模型

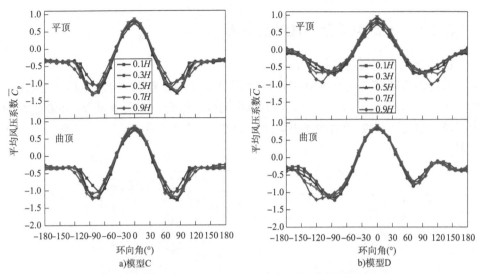

图 2.2-8 不同罐顶类型环向风压系数随高度变化(边界层湍流,$\gamma_1 = 0$)

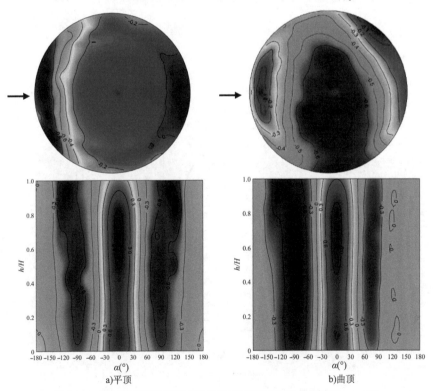

图 2.2-9 不同罐顶类型风压系数分布云图(模型 D,边界层湍流,$\gamma_1 = 0$)

2.2.3 脉动风荷载特性参数分析

1) 储罐内表面风荷载特性分布

为对浮顶高度变化时内外表面的风压分布有更加细致的比较,图 2.2-10 和图 2.2-11 分别给出了内外表面的环向风压的分布情况。与前文类似,外表面在均匀流场中取中间高度,在湍流场中取驻点高度,而内表面则取浮顶上部空间的中间位置。

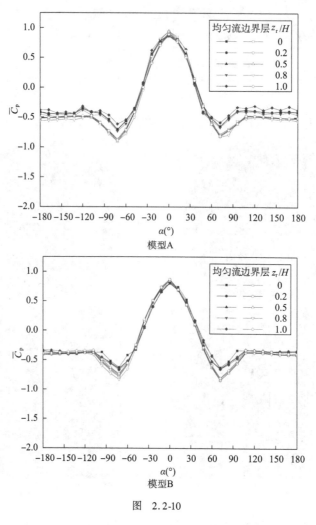

图 2.2-10

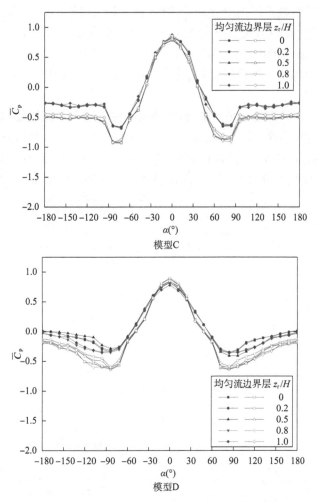

图 2.2-10 储罐外表面环向风压随浮顶高度的变化

从图 2.2-10 中可以看出,浮顶高度的变化对外表面环向风压分布的影响不大,仅 D 储罐的背风区分压有所变化,这可能是内部气流从罐顶流出后,对储罐尾流产生了干扰。浮顶高度增大后,分离点向后移动,背风面负压值降低,而湍流强度的增加,则使侧风面和背风面的负压明显降低,这和对风力系数的分析结果一致。

通过与图 2.2-11 进行比较可以发现,对于高径比较大的 A 储罐,其在均匀流场中的内表面风压沿环向分布均匀,稳定在 -0.5 左右,而在湍流场中则随着浮顶高度的增加,波动性增大,当 $z_r/H = 0.8$ 时,迎风侧和背风侧内表面风压系数约为 -0.6,而在侧风面则达到 -1.0 左右。随着储罐高径比的降低,湍流场中浮顶位置对内表面风压系数沿环向变化的影响也越来越大，内表面风压系数逐渐升高，尤其是背风侧内压，且均匀流场中内表面的风压分布也逐渐变得不均匀。当高径比降至 D 储罐时，湍流场中迎风侧内表面风压系数多高于 -0.5，而背风侧升至 0.4，但风压分布的对称性始终保持较好，这也是内表面阻力系数不为 0，而升力系数始终接近 0 的原因。

低矮圆柱储罐的周围流场复杂，旋涡结构将使不同测点区域的脉动风压相关性产生变化。通过相关性分析，可以对储罐周围空间流场的分布和传播有更清晰的认识。同时，在进行储罐结构计算时，常使用某一特定高度或特定点的风压时程作为代表，作用于整个结构表面，因此，需对内外表面不同位置的脉动风压相关性进行讨论。

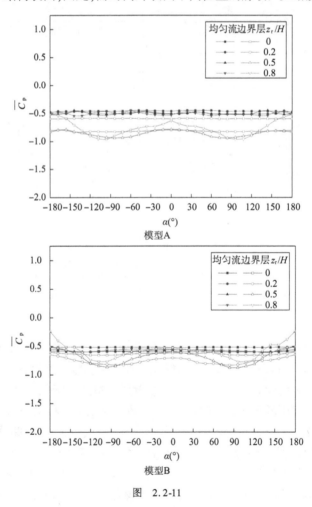

图 2.2-11

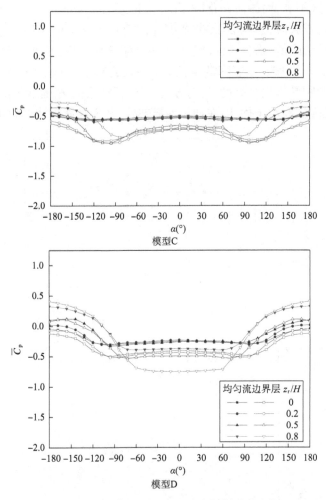

图 2.2-11 储罐内表面环向风压随浮顶高度的变化

图 2.2-12 给出了储罐 A~D 空罐条件下内外表面不同高度测点风压与 $0.7H$ 高度对应圆周角测点风压的相关性。而外表面 $0.7H$ 高度给出的是环向测点与驻点风压的相关系数变化。一般认为相关系数绝对值大于 0.5 时为强相关,小于 0.2 时为弱相关。沿高度方向看,外表面各高度风压与 $0.7H$ 高度的相关系数基本在 0.5 以上。高径比较大时,$0.1H$ 和 $0.3H$ 在迎风 $0°$ 经线和背风 $180°$ 经线附近的相关性稍差,可能是受底部与地面交接处形成的马蹄形回旋涡的局部影响。随着高径比降低,高度方向的正相关性越来越好。而内表面各高度与外表面 $0.7H$ 高度风压的相关系数始终较差,在迎风面表现为负相关,即内外一压一吸,对储罐迎风面

的局部屈曲十分不利,而侧面和背风面以正相关为主,内外风压可相互抵消。沿环向看,在高径比较大时,迎风面±30°范围和侧面60°~90°内风压与驻点的相关性较好,随着高径比降低,强相关区域逐渐缩小,对于D储罐,仅迎风面±15°范围相关性较好,之后相关系数迅速降低至接近0。总的来说,由于结构较低矮,顶部气流向下延伸,影响结构整个高度,这与S_t数的分析结果一致,而沿环向气流从驻点出发。由于发生分离和干扰,除在迎风面局部外,其余区域和驻点的相关性较差。

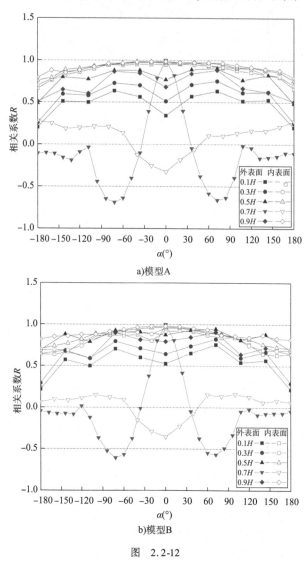

图 2.2-12

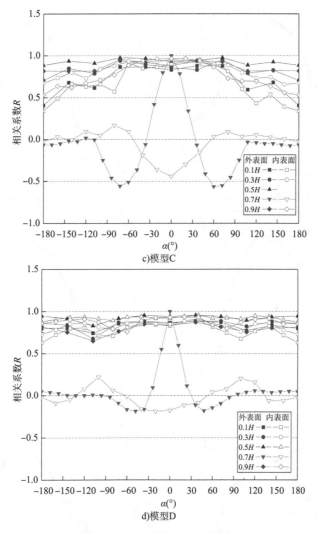

图 2.2-12　不同高度测点风压相关性

2) 脉动风压非高斯特性

在结构设计中,一般认为风荷载符合高斯分布。但对于圆柱这类钝体结构,其周围存在明显的有组织旋涡,从相关性分析中也可以看出,局部风压的相关性较好,此时不再满足中心极限定理,可能表现为非高斯的特点。图 2.2-13 和图 2.2-14 分别给出了储罐 A~D 内外表面典型测点的概率密度分布曲线。

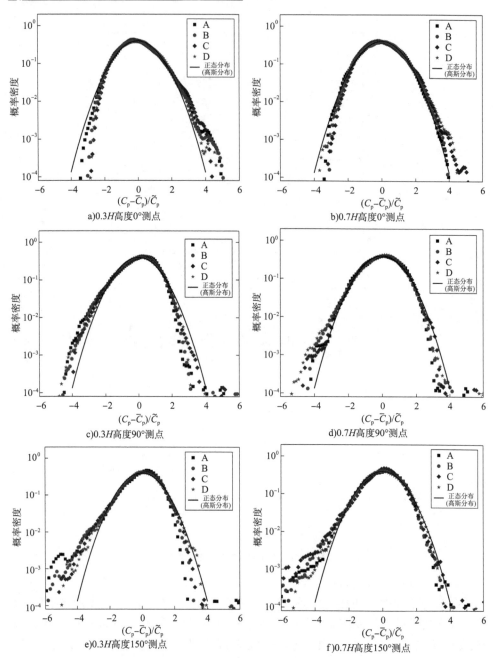

图 2.2-13 外表面典型测点风压概率密度分布

C_p 为归化风压系数;$\bar{C}_p$ 为平均风压系数;$\tilde{C}_p$ 为脉动风压系数

2 考虑高雷诺数效应的港口大型石化储罐结构风荷载模型

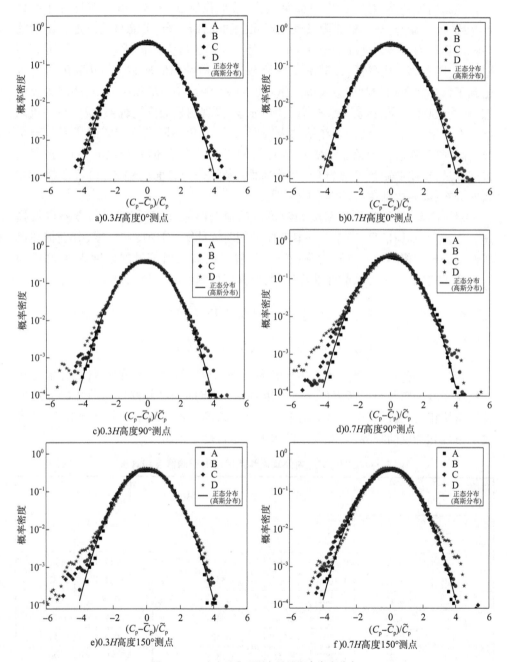

图 2.2-14 内表面典型测点风压概率密度分布

在结构外表面,对于 0°迎风面测点,在较低位置 0.3H 处,概率密度分布明显不对称,为正偏态,与一般无限长圆柱不同,呈非高斯分布,可能是受近地面附近的马蹄形涡影响。当高度增加至 0.7H 时,对于高径比较大的储罐,分布更接近高斯型分布,随着高径比降低,逐渐呈现右偏态,当结构特别低矮时,0.7H 高度可能也受到了该旋涡影响。对于最大负风压附近的 90°测点,0.3H 和 0.7H 均表现为负偏态,而在 150°的尾流区测点,非高斯特性显著,呈现明显的拖尾现象,说明在尾流区域存在有组织的旋涡结构。在结构内表面,0°圆周角不同高度位置的概率分布均接近高斯型,随着周向角逐渐增大,A 储罐的变化不明显,但高径比减小时,拖尾越来越严重,说明储罐越低矮,侧面和背风面(实际是内表面的迎风面)逐渐接近非高斯分布,此时内部主导旋涡影响更明显。

对于高斯信号,其概率密度函数可以由前两阶统计矩,即期望与方差进行描述;而对于非高斯信号,通常关注其三阶和四阶统计矩,即偏度与峰度,分别描述风压概率分布的偏斜(C_{pisk})和尖削(C_{piku})程度。已知高斯信号的偏度为 0,峰度为 3,为便于比较,将风压系数标准化处理,计算偏度和峰度的公式为:

$$C_{pisk} = (n-1)^{-1} \sum_{i=1}^{n} [(C_{pi}(t) - \overline{C}_{pi})/\tilde{C}_{pi}]^3$$
$$C_{piku} = (n-1)^{-1} \sum_{i=1}^{n} [(C_{pi}(t) - \overline{C}_{pi})/\tilde{C}_{pi}]^4$$
(2.2-2)

表 2.2-1 给出了上图中 0.7H 高度内外表面测点风压时程的各阶统计值及根据概率密度分布判断的所属区域。可以看出,测点的偏度和峰度与风压的非高斯特性密切相关,通过每个测点的概率密度分布来确定其类型是十分麻烦的,有必要设定偏度和峰度的临界值,对整个储罐表面进行统一判断。

驻点(0.7H)高度内外表面测点风压时程的偏度和峰度　　表 2.2-1

储罐编号	A 外		A 内		B 外		B 内		C 外		C 内		D 外		D 内	
周向角																
0°	0.03 2.85	G	0.13 3.57	G	0.12 3.10	G	0.05 3.75	G	0.36 3.55	G	0.07 3.62	G	0.34 3.51	NG	0.21 3.32	G
90°	-0.26 3.41	NG	0.17 3.33	G	-0.28 3.67	NG	0.06 3.68	G	-0.31 3.84	NG	-0.23 3.65	NG	-0.40 4.41	NG	-0.61 5.73	NG
150°	-0.40 4.90	NG	0.11 3.22	G	-0.54 4.98	NG	-0.22 3.56	NG	-0.52 5.58	NG	-0.18 3.48	NG	-0.44 3.89	NG	0.27 3.70	NG

注:G 为高斯;NG 为非高斯。

图 2.2-15 给出了储罐 A~D 内外表面所有测点的偏度和峰度相对关系图，从图中可以看出，外表面测点的分布相对离散，而内表面则较为集中。对于外表面，随着高径比降低，分布逐渐向上向右移动，说明偏度和峰度整体呈增大的趋势，小偏斜（$C_{pisk} > -0.2$）、高偏度（$C_{piku} > 3.5$）和大偏斜（$C_{pisk} < -0.2$）、低峰度（$C_{piku} < 3.5$）的情况较少，结合上表中偏度峰度和非高斯区域的关系，将外表面划分高斯与非高斯区域的界限定为：满足 $|C_{pisk}| > 0.2$、$C_{piku} > 3.5$ 的测点位于非高斯区域内。而对于内表面，分布较集中，整体峰度相对外表面稍高，但为保持统一性，类似地，将划分界限也定为：$|C_{pisk}| > 0.2$、$C_{piku} > 3.5$ 的测点风压时程为非高斯分布。

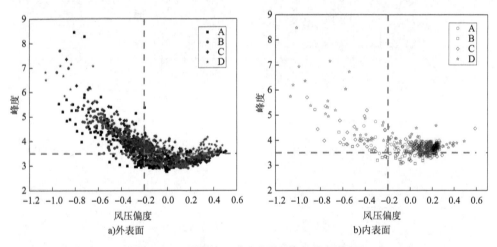

a)外表面   b)内表面

图 2.2-15　储罐 A~D 各测点风压偏度-峰度关系图

根据上述划分依据，得到储罐 A~D 内外表面的高斯与非高斯区域分布，如图 2.2-16 所示。从图中可以看出，随着高径比的降低，储罐内外表面的脉动风压的概率分布都逐渐向非高斯型转变，通常按高斯分布的处理方法是不合理的。对于 A 储罐，外表面迎风侧和内表面大部分为高斯型；而对于 D 储罐，内外表面的大部分区域均为非高斯型，仅内部 0°经线附近有局部高斯型分布。说明气流经过低矮储罐时，在储罐内外前后均形成了比较有组织性的旋涡结构。

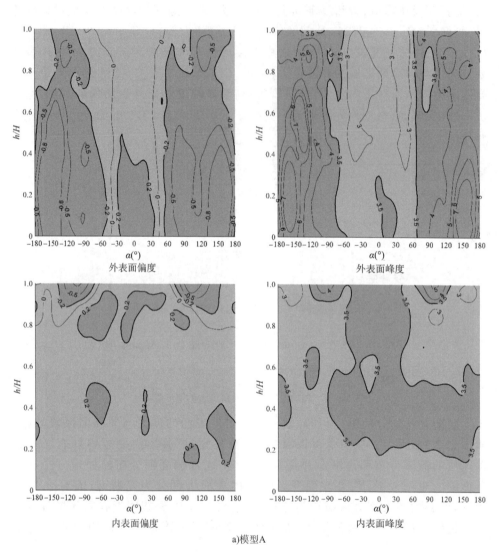

a) 模型A

图 2.2-16

2 考虑高雷诺数效应的港口大型石化储罐结构风荷载模型

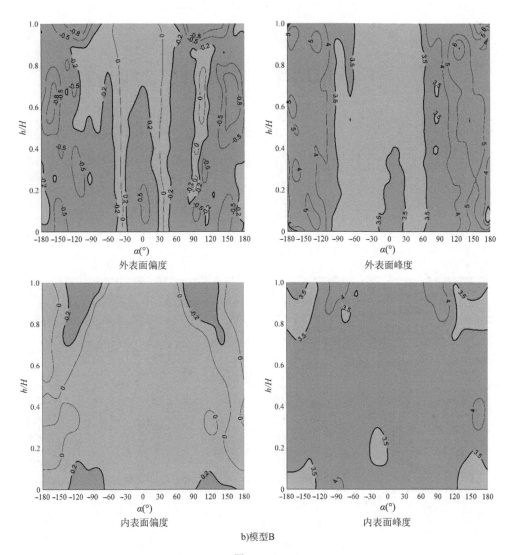

b) 模型B

图 2.2-16

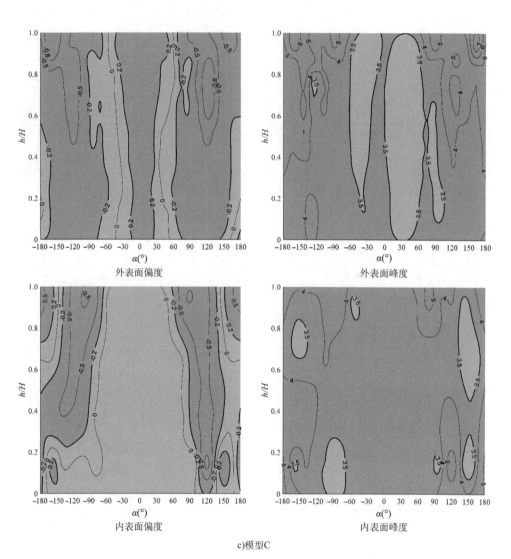

c) 模型C

图 2.2-16

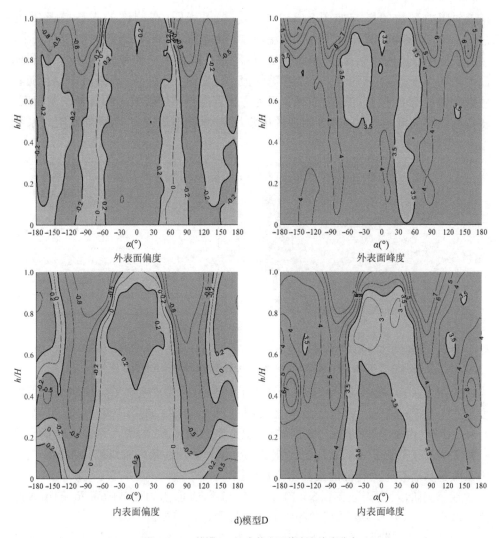

d)模型D

图 2.2-16　储罐 A~D 内外表面偏度和峰度分布

2.3　球形储罐风荷载雷诺数效应分析

2.3.1　整体风力系数随雷诺数的变化情况

1）阻力系数

光滑球形储罐模型的阻力系数随雷诺数的变化情况如图 2.3-1 所示。表面粗糙度对阻力系数的影响如图 2.3-2 所示。结果表明,在测试的雷诺数范围内 ($10^5 \sim 10^6$),在均匀流和大气边界层湍流中,阻力系数均随雷诺数的增加而减小。随着表面粗糙度的增加,阻力系数对 Re 的敏感性降低。一般来说,C_D 由于风洞地面的堵塞作用,下半球的值大于上半球的值。即使是在下半球,该值通常也会随着柱数的增加而增加,这与柱数在减少阻力方面可能提供屏蔽效应的普遍预期相反。支撑柱的屏蔽可能会增强地面附近的堵塞效应,增强迎风压力,从而导致阻力系数增大(见第 2.3.2 节)。

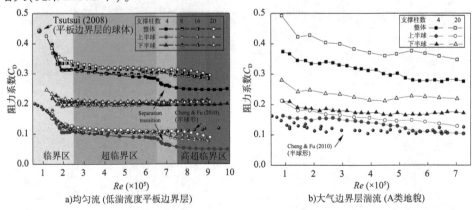

a) 均匀流(低湍流度平板边界层)   b) 大气边界层湍流(A类地貌)

图 2.3-1　光滑球形储罐阻力系数随雷诺数的变化情况

如图 2.3-1a)所示,在均匀流(低湍流的平板边界层)中,在 $C_D\text{-}Re$ 曲线中可以发现三个显著的分段,特别是由 4 柱支撑的球形储罐。在第一个分段,当 $Re < 2.5 \times 10^5$ 时,由于上、下半球分离的转捩,阻力系数随着 Re 的增大而显著减小。这一特征类似于 Cheng and Fu(2010)报道的半球形圆顶。第一阶段被认为是以气动力系数的显著变化为特征的临界雷诺数范围。

在第二阶段,雷诺数在 2.5×10^5 和 6.5×10^5 之间,阻力系数随着 Re 的增大而略有减小,表示为 $C_D\text{-}Re$ 曲线的超临界雷诺数范围的自模区。

此外,在第三阶段,在雷诺数接近 6.5×10^5 时,阻力系数有所下降,这表明了流动的另一个转捩,被认为是跨临界 Re 范围。随着支撑柱数量的增加,阻力系数的下降幅度减小,特别是对于由 4 柱支撑的球形储罐,当 Re 值超过 7.5×10^5 时,阻力系数变得稳定,表明在跨临界 Re 范围内存在最后的自模区。这也可以表明,$Re \approx 6.5 \times 10^5$ 时 C_D 的转变主要受上半球周围流动转捩的影响。此外,当 Re 超过 2.5×10^5 时,在超临界和跨临界范围内的阻力系数约为 0.2,不管支撑柱的数量如何。

随着表面粗糙度的增加,如图 2.3-2 所示,$C_D\text{-}Re$ 曲线的转捩移到较低的 Re 范围。与平滑模型进行比较,$k_s/D = 0.002$ 的超临界自模范围似乎在较低的雷诺数。

$k_s/D = 0.004$ 在测试的 Re 范围内只能观察到跨临界范围($10^5 \sim 10^6$)。对于由更多柱支撑的球形储罐,C_D 的过渡雷诺数之间的范围似乎比较温和。当 $Re > 2.5 \times 10^5$ 时,阻力系数似乎是稳定的,表明在跨临界 Re 范围内的最后的自模区。

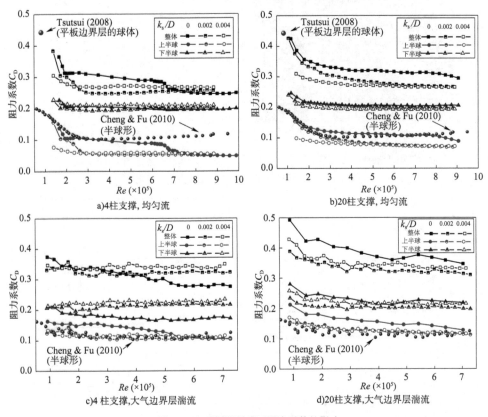

图 2.3-2 表面粗糙度对阻力系数的影响

对于大气边界层湍流,由于湍流效应,过渡转捩现象并不像从 C_D-Re 曲线中发现的那么明显。阻力系数随支撑柱数的增加而增大。随着表面粗糙度的增加,这种趋势变得不那么显著。此外,从图 2.3-2 中也可以明显看出,通过增加表面粗糙度,可以模拟较高雷诺数条件下的阻力系数。一般来说,球体的阻力系数在 ABL 流中的阻力系数约为 0.35,其中约有三分之一由上半球贡献,三分之二由下半球贡献。粗糙的上半球的阻力系数与从固定在地面上的半球圆顶的阻力系数相似。

2)升力系数

光滑球形储罐模型的升力系数如图 2.3-3 所示。表面粗糙度对其的影响如图 2.3-4 所示。结果表明,在测试的雷诺数范围内($10^5 \sim 10^6$),升力系数的变化在均匀流与 ABL 流中有显著差异。

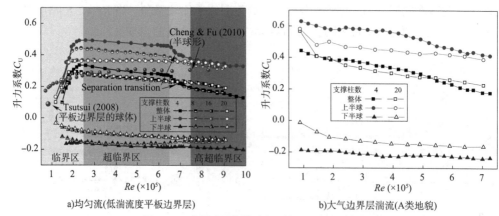

a) 均匀流(低湍流度平板边界层)　　　　b) 大气边界层湍流(A类地貌)

图 2.3-3　光滑球形储罐升力系数随雷诺数的变化

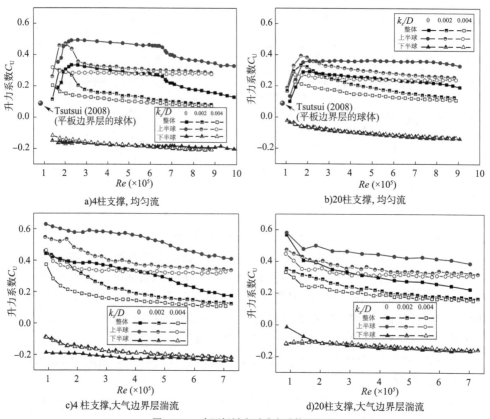

a) 4柱支撑,均匀流　　　　　　　　　b) 20柱支撑,均匀流

c) 4柱支撑,大气边界层湍流　　　　　d) 20柱支撑,大气边界层湍流

图 2.3-4　表面粗糙度对升力系数的影响

在均匀流中，在 C_U-Re 曲线中可以找到上述三个分段[图 2.3-3a)]，特别是由 4 柱支撑的球形储罐。在临界范围内，当 $Re < 2.5 \times 10^5$ 时，升力系数随着雷诺数的超临界范围而增大，其中 Re 在 2.5×10^5 和 6.5×10^5 之间，升力系数随着 Re 的升高而略有降低，表明在临界雷诺数后，处于超临界自模区。升力系数在 $Re \approx 6.5 \times 10^5$ 时下降，当 $Re > 6.5 \times 10^5$ 时，在跨临界范围内保持下降。这种变化被认为是由上半球上流动分离点的转变引起的。支持支撑数量的增加就会促进这种转换。当储罐由 16 或 20 柱支撑时，超临界和跨临界范围之间的隆起下降几乎消失。此外，下半球面上的负升力系数的绝对值对 Re 不敏感，但随着支撑柱堵塞的增加而减小。

图 2.3-4a) 和图 2.3-4b) 进一步增强了上述事实，即表面粗糙度 $k_s/D = 0.002$ 促进了超临界 Re 范围内的自模区提前出现。当 $k_s/D = 0.004$ 时，仅在测试的 Re 范围内发现跨临界范围。根据自模区推测，该范围内的升力系数可能收敛到 0.1 左右，这意味着表面粗糙度可以促进流动转变，以等效地模拟在较大雷诺数下的风荷载和钝体周围的流动。

在 ABL 流中，升力系数一般随 Re 的增大而减小[图 2.3-3b)]。整体升力系数对支撑柱的数量不敏感。在表面粗糙度的帮助下，湍流中球形储罐的流动转变如图 2.3-4c) 和图 2.3-4d) 所示。结果表明，雷诺数也影响 ABL 流的升力系数。由于表面粗糙度促进了流动的转变，建议在风洞试验中，表面粗糙度至少为 $k_s/D = 0.004$，以模拟跨临界范围内的空气动力荷载特性。在跨临界范围内，球罐的升力系数约为 0.15，可在结构设计中计算整体基底抗拔设计时得到参考。

2.3.2 风压系数分布规律随雷诺数的变化

1）周向风压系数分布

均匀流动下光滑球形储罐沿平行风向剖面周向（$\alpha = 0°$ 和 $180°$）的风压系数分布如图 2.3-5 所示。表面粗糙度对其分布的影响如图 2.3-6 所示。可以明显看出，从上半球上分离角的转变可以看出从超临界范围到跨临界范围的转变。分离角可以通过 $\partial C_p/\partial \beta \approx 0$ 的出现来识别。从图中可以看出，在超临界自模范围内，分离角约为 $135°$，与 Schewe（1983）和 Qiu（2014）报道的经典圆柱体为 $140°$ 非常相似。在跨临界自建模范围内，分离角转至 $120°$ 左右，类似于 Schewe（1983）和 Qiu（2014）报道的分离角从 $135°$（超临界）到 $120°$（高超临界）的转变是造成阻力和升力系数下降的主要原因。

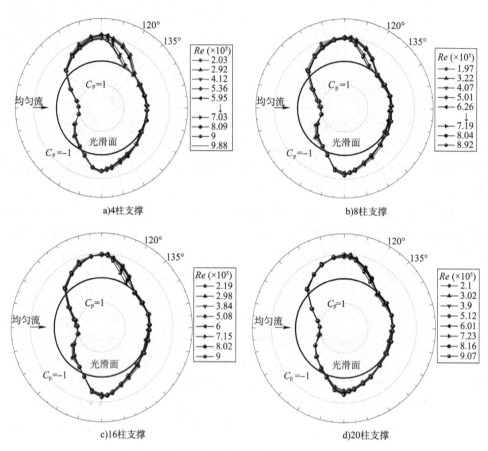

图2.3-5 均匀流下光滑储罐的周向风压系数分布

从图2.3-5a)和图2.3-5b)中可以看出,对于由4柱支撑的光滑储罐,在$Re \approx 8 \times 10^5$时,分离角与Re的转变已经完全完成。从图2.3-5c)和图2.3-5d)中看出,对于20柱支撑的光滑储罐,转捩直到$Re \approx 9 \times 10^5$还没有完成到。可以推断,支撑柱堵塞的增加将推迟流动从超临界范围向跨临界范围的过渡。在带有粗糙度的球形储罐$k_s/D = 0.002$中可以观察到这种现象。此外,当$k_s/D = 0.004$时,转捩似乎在测试的Re范围前完成。

在ABL流中,如图2.3-7所示,我们发现流动从超临界范围过渡到高超临界范围的变化特征与上述均匀流动中的变化特征相似。在超临界和跨临界范围内的分离角分别为135°和120°。然而,引起流动转变的Re值要小于均匀流动中的值。此外,在高超临界Re范围内,平均风压系数分布对Re的敏感性较低,该模型见第2.4.2节,可作为工程参考。

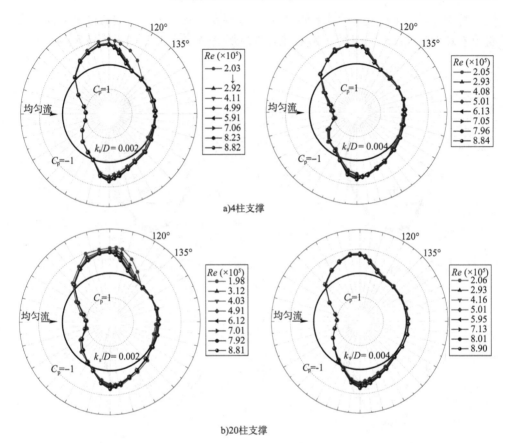

图 2.3-6　表面粗糙度对周向风压系数分布的影响

2）平均及脉动系数分布

均匀流作用下,光滑球形储罐平均和脉动风压系数（C_p 和 C'_p）的等值线图如图 2.3-8 所示。结果表明,上半球面平均风压值主要依赖于 X 坐标。由于平板边界层和支撑柱的影响,平均风压较低的半球的负压绝对值似乎不那么大,特别是在赤道附近的区域,平均风压似乎对雷诺数很不敏感。一般来说,在均匀流中,脉动风压在迎风区的值很小。由于迎风的平板边界层中的湍流,下四分之一球的脉动风压系数值大于上风四分之一球的值。发现下游四分之一球的尾流区的脉动风压较大。

上下四分之一球具有流动分离和瞬变的特征。在临界雷诺数范围内,流动分离不稳定,分离流变为湍流,使得在超临界雷诺数范围内具有更大的脉动风压值,而脉动风压系数的值低于临界雷诺数范围内的值。在跨临界雷诺数范围内,尾流区的流动再次稳定,脉动风压系数值较低,而脉动风压系数在分离线附近的值仍然相对较大。特别是对于4柱支撑的球形储罐，从超临界范围到跨临界范围的过渡分离线附近具有较大脉动风压。但对于20柱支撑的球形储罐，这种现象并不明显。

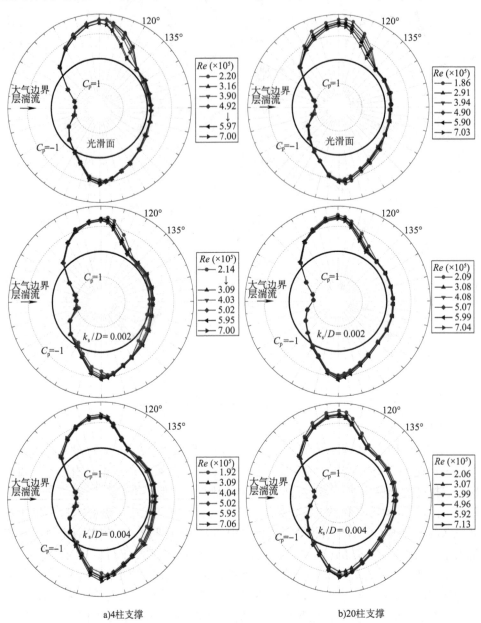

a) 4柱支撑　　　　　　　　　　　　b) 20柱支撑

图 2.3-7　大气边界层湍流中的周向风压系数分布

2 考虑高雷诺数效应的港口大型石化储罐结构风荷载模型

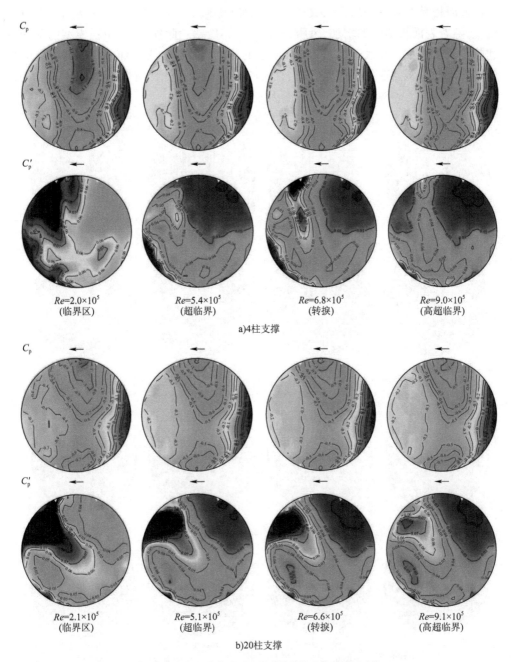

图2.3-8 均匀流作用下光滑球罐平均及脉动风压系数

表面粗糙度对平均风压系数和均方根风压系数的影响如图 2.3-9 所示。可以发现，随着表面粗糙度的增加，风压分布对 Re 不敏感。此外，表面粗糙模型的平均和脉动风压系数分布接近于图 2.3-8 所示的跨临界范围。带表面粗糙度和光滑的球形储罐的风压分布的相似性表明，在跨临界雷诺数范围内、高超临界自模区内，球形储罐的气动风载荷与表面粗糙度无关。

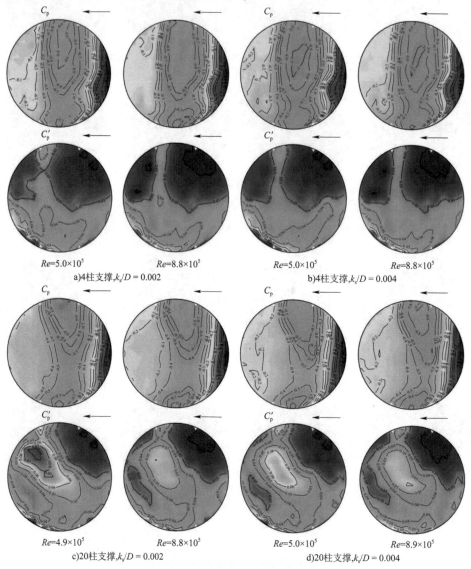

图 2.3-9　均匀流作用下表面粗糙球罐的平均及脉动风压系数

大气边界层湍流的结果如图 2.3-10 所示。可以发现，其与均匀流具有类似的平均风压分布，但脉动风压分布显著不同，由于迎面而来的湍流成分，脉动风压系数在迎风部分的值最大，大约是湍流强度 I_{uH} 的两倍，脉动风压系数的最低值位于下半球的背风区。此外，粗糙储罐上的平均和脉动风压系数分布不太敏感，接近跨临界雷诺数范围内的光滑储罐，这进一步表明，跨临界雷诺数自模区范围内球形储罐的气动力风载荷与表面粗糙度无关，但依赖于湍流强度，特别是迎风区域。

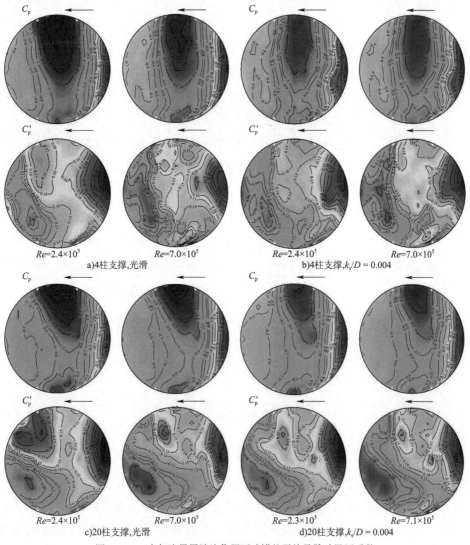

图 2.3-10　大气边界层湍流作用下球罐的平均及脉动风压系数

2.3.3 风压分布相似性分析

为了确定最终自模区范围的标准,分别定义由两个相似系数 C_S 和 C_K 来定量描述风压系数(C_p 和 C_p')在不同 Re 的分布模式的相似性,其定义如下:

$$C_S = \sqrt{R_\mu \cdot R_\sigma} \quad (2.3\text{-}1)$$

$$C_K = \sqrt{K_\mu \cdot K_\sigma} \quad (2.3\text{-}2)$$

式中: R_μ —— 平均风压系数向量 $\boldsymbol{\mu}^t = [C_{p1}^t, C_{p2}^t, \cdots, C_{pn}^t]^T$ 之间的皮尔逊相关系数(上标"t"表示不同 Re 和表面粗糙度下的目标情况)和 $\boldsymbol{\mu}^r = [C_{p1}^r, C_{p2}^r, \cdots, C_{pn}^r]^T$(上标"r"为参考高超临界 Re 情况),由式(2.3-3)计算。R_σ 是均方根风压系数向量 $\boldsymbol{\sigma}^t = [C_{p1}'^t, C_{p2}'^t, \cdots, C_{pn}'^t]^T$ 和 $\boldsymbol{\sigma}^r = [C_{p1}'^r, C_{p2}'^r, \cdots, C_{pn}'^r]^T$ 之间的皮尔逊相关系数,由式(2.3-4)计算。K_μ 是线性方程 $\boldsymbol{\mu}^r = K_\mu \cdot \boldsymbol{\mu}^t$ 的最小二乘解,和 K_σ 对应于 $\boldsymbol{\sigma}^r = K_\sigma \cdot \boldsymbol{\sigma}^t$。根据 Moore-Penrose 广义逆矩阵理论,K_μ 和 K_σ 可以按式(2.3-5)和式(2.3-6)计算:

$$R_\mu = \frac{\sum_{i=1}^{n}\left(C_{pi}^t - \frac{1}{n}\sum_{i=1}^{n}C_{pi}^t\right)\left(C_{pi}^r - \frac{1}{n}\sum_{i=1}^{n}C_{pi}^r\right)}{\sqrt{\sum_{i=1}^{n}\left(C_{pi}^t - \frac{1}{n}\sum_{i=1}^{n}C_{pi}^t\right)^2}\sqrt{\sum_{i=1}^{n}\left(C_{pi}^r - \frac{1}{n}\sum_{i=1}^{n}C_{pi}^r\right)^2}} \quad (2.3\text{-}3)$$

$$R_\sigma = \frac{\sum_{i=1}^{n}\left(C_{pi}'^t - \frac{1}{n}\sum_{i=1}^{n}C_{pi}'^t\right)\left(C_{pi}'^r - \frac{1}{n}\sum_{i=1}^{n}C_{pi}'^r\right)}{\sqrt{\sum_{i=1}^{n}\left(C_{pi}'^t - \frac{1}{n}\sum_{i=1}^{n}C_{pi}'^t\right)^2}\sqrt{\sum_{i=1}^{n}\left(C_{pi}'^r - \frac{1}{n}\sum_{i=1}^{n}C_{pi}'^r\right)^2}} \quad (2.3\text{-}4)$$

$$K_\mu = \sum_{i=1}^{n} C_{pi}^r C_{pi}^t \Big/ \sum_{i=1}^{n} C_{pi}^{t2} \quad (2.3\text{-}5)$$

$$K_\sigma = \sum_{i=1}^{n} C_{pi}'^r C_{pi}'^t \Big/ \sum_{i=1}^{n} C_{pi}'^{t2} \quad (2.3\text{-}6)$$

式中: C_{pi}^t、C_{pi}^r —— 目标案例和参考工况的测点 i($i = 1, 2, \cdots, n$)处的平均风压系数,$C_{pi}'^t$ 和 $C_{pi}'^r$ 分别为目标情况和参考情况下的测点 i($i = 1, 2, \cdots, n$)的脉动风压系数。平均和脉动风压系数的参考工况为 $k_s/D = 0.004$ 时,雷诺数最大的实验工况。

因此，C_S表示目标与参考（高超临界Re）工况之间风压统计（平均和脉动）的综合线性相关性，表示风压分布模式的相似性。当平均和脉动风压分布接近于跨临界情况时，C_S接近1。C_K表示一个综合修正因子来模拟参考（高超临界Re）情况的平均或脉动风压系数分布，也是描述幅值相似性的参数。如果平均风压系数和均方根风压系数一般接近于跨临界情况，则C_K接近1。当平均和均方根风压分布接近参考（跨临界Re）情况时，两者均为C_S和C_K应该趋于1。如果C_S接近1，而C_K不是，则可以很好地模拟跨临界Re的平均和脉动风压分布模式，但平均和脉动风压系数值应该通过乘以C_K得到通过计算得到的目标情况下的均值和均方根风压系数。

将相似系数C_S和C_K应用于球形储罐，如图2.3-11所示。由图中可知，均匀流中，对于由4柱支撑的光滑球罐[图2.3-11a)]，当Re和粗糙度的值（k_s/D）增大时，相似度系数为C_S和C_K收敛到1。当Re在$6.5\times10^5\sim7.5\times10^5$范围内，可以发现相似系数显著下降，这表明了从超临界范围到高超临界范围的转变。20柱支撑的光滑球罐现象不明显[图2.3-11b)]。在ABL流中的任何模型工况中都不能观察到该现象[图2.3-11c)和图2.3-11d)]。当Re接近约10^6时，可以实现球罐的雷诺数自模。通过增加表面粗糙度到$k_s/D=0.004$，当Re仅超过4.0×10^5时，可以模拟高超临界自模范围内的平均和脉动风压分布，此时，$C_S>0.95$，$|C_K-1|<0.05$。

有了这样的模拟准则，在ABL流中，在雷诺数大于6.5×10^5的光滑球罐下，可以模拟高超临界自模范围内的平均和脉动风压分布。然而，对于粗糙储罐，当$k_s/D\geqslant0.002$时，雷诺数仅超过2.0×10^5即可实现模拟。

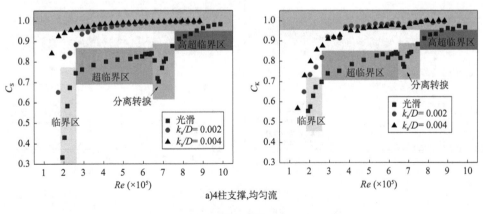

a) 4柱支撑，均匀流

图 2.3-11

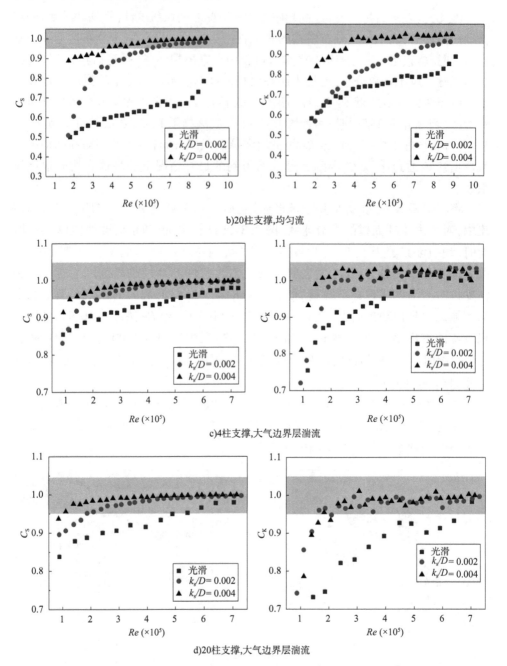

图 2.3-11 球形储罐风压分布相似系数分析

2.4 考虑三维高雷诺数效应的风荷载模型

2.4.1 圆筒形储罐风荷载统计模型

为便于风压分布试验结果的实际工程应用,需给出平均风压系数在跨临界雷诺数区的简化模型。出于保守考虑,取驻点高度截面(处于 $0.5H \sim 0.7H$ 之间)的环向风压分布代表整个圆柱高度的风压分布。首先,需要将试验结果与其他实测结果进行对比,如图 2.4-1 所示,这里只对平顶储罐模型的结果进行分析。由于较难掌握现实中结构的表面粗糙度,故给出了边界层中 γ_1 和 γ_2 两种粗糙度表面的模型结果。实测结果来源于各种圆柱结构,Cook 和 Redfearn 是对一 $H/D=1.14$ 的筒仓进行实测,Chen 等是对一高 245m 的烟囱进行实测,Cheng 等是对一高 167m 的冷却塔进行实测,后两者可能更接近于二维圆柱。从对比结果中可以看出,在迎风正压区,风压分布结果差异不大,在侧面负压区,风压分布情况相对离散,表面粗糙,结构越低矮,最低负压 $\overline{C}_{pm}$ 值越偏小,受端部进气流的影响,背风面的背压系数 $\overline{C}_{pb}$ 也大多高于实测结果。由于结构的 H/D、表面粗糙度及来流条件等多种因素不同,与实测结果存在一定差异是合理的。在建立圆柱平均风荷载模型时,通常根据变化趋势的不同将其分为 3 个区域,如图 2.4-2 所示。图 2.4-3 给出了相关特征参数随 H/D 的变化趋势,可以看出,驻点风压 $\overline{C}_{ps}$ 随 H/D 不发生明显变化,而最小负压 $\overline{C}_{pm}$ 和背压 $\overline{C}_{pb}$ 均随着 H/D 增加而降低,且两种粗糙度圆柱的 $\overline{C}_{pm}$ 变化趋势差异明显,因此给出了相对 H/D 变化的线性拟合函数。对于角度参数,一方面不同表面粗糙度模型的 α_m 和 α_s 差异较大,另一方面 $H/D=0.2$ 的模型 D 与其他模型也有所不同,因此,需分别给出拟合公式。

对于圆柱风压分布 $\overline{C}_p$ 随 α 变化的表达式,以有限的傅里叶级数形式偏多。而 Yeung 基于重新缩放后的势流理论,提出了三维圆柱结构的风压分布模型如下:

$$\overline{C}_p = \begin{cases} \overline{C}_{pm} + (\overline{C}_{ps} - \overline{C}_{pm})\sin^2[0.5\pi(\alpha - \alpha_m)/\alpha_m] & (0 \leqslant \alpha < \alpha_m) \\ \overline{C}_{pm} + (\overline{C}_{pb} - \overline{C}_{pm})\sin^2[-0.5\pi(\alpha - \alpha_m)/(\alpha_s - \alpha_m)] & (\alpha_m \leqslant \alpha < \alpha_s) \\ \overline{C}_{pb} & (\alpha_s \leqslant \alpha \leqslant \pi) \end{cases}$$

(2.4-1)

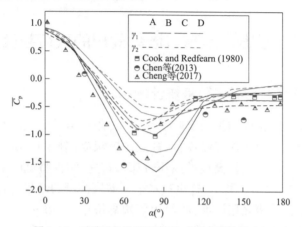

图 2.4-1 试验平均外表面风压与文献实测结果对比

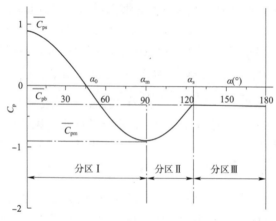

图 2.4-2 风压系数分区示意图

式中相关参数的含义已在图 2.4-2 中给出。根据图 2.4-3 中各参数随 H/D 的变化规律并取一定近似,给出了各模型的平均风压系数分布公式如下。需要注意的是,若 $H/D=0.2$ 采用和其他高径比相同的风压模型,其结果会产生较大偏差,因此,式(2.4-2)、式(2.4-3)适用于 $H/D=0.5\sim1.5$ 的圆柱储罐模型,式(2.4-4)、式(2.4-5)适用于 $H/D=0.2$ 附近的圆柱储罐模型。当圆柱的 H/D 从 0.5 降至 0.2 时,角度参数发生突变,对于两高径比之间的圆柱,可近似插值处理。

$$\overline{C}_{p1} = \begin{cases} 0.9 - (0.7\kappa + 1.5)\sin^2(15\alpha/14) & (0 \leqslant \alpha < 7\pi/15) \\ -(0.7\kappa + 0.6) + (0.5\kappa + 0.5)\sin^2(15\alpha/7) & (7\pi/15 \leqslant \alpha < 7\pi/10) \\ -(0.2\kappa + 0.1) & (7\pi/10 \leqslant \alpha \leqslant \pi) \end{cases}$$

(2.4-2)

2 考虑高雷诺数效应的港口大型石化储罐结构风荷载模型

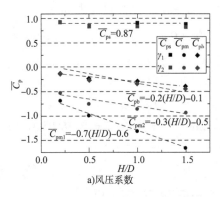
a) 风压系数

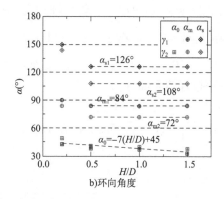
b) 环向角度

图 2.4-3 不同模型外表面风压特征参数随高径比的变化规律

$$\overline{C}_{p2} = \begin{cases} 0.9 - (0.3\kappa + 1.4)\sin^2(5\alpha/4) & (0 \leqslant \alpha < 2\pi/5) \\ -(0.3\kappa + 0.5) + (0.1\kappa + 0.4)\sin^2(5\alpha/2) & (2\pi/5 \leqslant \alpha < 3\pi/5) \\ -(0.2\kappa + 0.1) & (3\pi/5 \leqslant \alpha \leqslant \pi) \end{cases}$$

(2.4-3)

$$\overline{C}_{p1} = \begin{cases} 0.9 - (0.7\kappa + 1.5)\sin^2\alpha & (0 \leqslant \alpha < \pi/2) \\ -(0.7\kappa + 0.6) + (0.5\kappa + 0.5)\sin^2(3\alpha/2 - 3\pi/4) & (\pi/2 \leqslant \alpha < 5\pi/6) \\ -(0.2\kappa + 0.1) & (5\pi/6 \leqslant \alpha \leqslant \pi) \end{cases}$$

(2.4-4)

$$\overline{C}_{p2} = \begin{cases} 0.9 - (0.3\kappa + 1.4)\sin^2(15\alpha/14) & (0 \leqslant \alpha < 7\pi/15) \\ -(0.3\kappa + 0.5) + (0.1\kappa + 0.4)\sin^2(3\alpha/2 - 7\pi/10) & (7\pi/15 \leqslant \alpha < 4\pi/5) \\ -(0.2\kappa + 0.1) & (4\pi/5 \leqslant \alpha \leqslant \pi) \end{cases}$$

(2.4-5)

为便于表达,式中 $\kappa = H/D$,$\overline{C}_{p1}$ 和 $\overline{C}_{p2}$ 分别代表表面粗糙度为 γ_1 和 γ_2 时的平均风压系数。

将式(2.4-2)、式(2.4-5)的平均风荷载模型与跨临界雷诺数自模区的试验结果进行比较,结果如图 2.4-4 所示。可以看出,局部风压系数值会有一定程度的偏差,但总体上试验测量数据与模型吻合较好。

以空罐为例,对于内部风压,其受表面粗糙度的影响较小。根据试验数据结果,对于 $H/D \geqslant 1.0$ 的情况,可认为整个储罐内部风压是均匀分布的:

$$\overline{C}_{pi} = -(0.3\kappa + 0.4), H/D \geqslant 1.0 \quad (2.4-6)$$

对于 $H/D \leqslant 0.5$ 的情况,考虑环向的风压分布变化,将内部的环向角对换,根

97

据试验数据,利用最小二乘线性拟合,但此时将 $\alpha = 180°$ 位置视为内部气流进入的迎风经线,在此处有最大驻点风压 $\overline{C}_{ps} = -0.9\kappa + 0.04$,最小风压角 $\alpha_m = 90°$ 处有 $\overline{C}_{pm} = -(0.4\kappa + 0.5)$,$\alpha_m = 45°$ 之前有稳定的背压系数 $\overline{C}_{pb} = -(0.3\kappa + 0.4)$,可以得到拟合结果如下:

$$\overline{C}_{pi} = \begin{cases} -(0.3\kappa + 0.4) & (0 \leq \alpha < \pi/4) \\ -(0.4\kappa + 0.5) + (0.1\kappa + 0.1)\sin^2(2\alpha) & (\pi/4 \leq \alpha < \pi/2, H/D \leq 0.5) \\ -(0.9\kappa - 0.04) + (0.5\kappa - 0.54)\sin^2\alpha & (\pi/2 \leq \alpha \leq \pi) \end{cases}$$

(2.4-7)

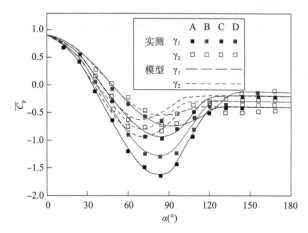

图 2.4-4　试验平均外表面风压与拟合模型比较

从图 2.4-5 中可以看出,不同高径比的环向平均风压分布拟合结果均较好。对于 H/D 在 $0.5 \sim 1.0$ 之间的圆柱内压,考虑到迎风侧内压始终较均匀,可利用式(2.4-6)按均压处理。综上,根据式(2.4-2)～式(2.4-7)的平均风压分布拟合经验公式,可在储罐结构风致响应计算中用于估算表面风荷载,指导结构设计。另外,此处的拟合公式相对傅里叶级数的拟合形式项数更少,表达更简练,同时,公式中包含风压分布的特征参数,相对傅里叶系数具有更加实际的物理意义。

将平均风荷载模型与跨临界雷诺数自模区的试验结果进行比较,局部风压系数值有一定程度的偏差,但其他主要部分模型结果与试验测量数据吻合较好,见表 2.4-1。Yeung、Portela 和 Godoy 等学者也采用了傅里叶级数的形式进行拟合,但本文风荷载模型相对其包含更多气动参数信息,该经验公式可在储罐结构风致响应计算中用于估算表面风荷载。

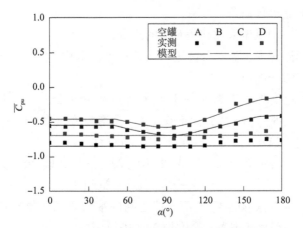

图 2.4-5 试验平均内表面风压与拟合模型比较

风荷载模型与风洞试验数据计算的风力系数比较 表 2.4-1

模型号	阻力系数 $\bar{C}_D$			基底力矩系数 $\bar{C}_{MD}$		
	模型	实测	误差	模型	实测	误差
A	0.451	0.366	23.2%	0.226	0.216	4.6%
B	0.446	0.380	17.4%	0.224	0.222	0.9%
C	0.442	0.413	7.0%	0.223	0.217	2.8%
D	0.475	0.508	-6.5%	0.237	0.260	-8.8%

2.4.2 球形储罐风荷载统计模型

为简化风荷载统计数据,以供后续研究参考,以 Yeun 提出的圆柱体和球体通用风压模型为基础,建立球形储罐平均风压模型。分别模拟上半球和下半球的平均风压系数,上半球的平均风压系数 $C_{P,上}$ 分布模式用 Yeung 的分段模式表示,公式如下:

$$C_{P,上}(\phi) = \begin{cases} C_{pm} + (1 - C_{pm}) \sin^2\left(\dfrac{\pi}{2} \cdot \dfrac{\phi - \phi_m}{\phi_m}\right) & (0 \leqslant \phi < \phi_m) \\ C_{pm} + (C_{ps} - C_{pm}) \sin^2\left(-\dfrac{\pi}{2} \cdot \dfrac{\phi - \phi_m}{\phi_s - \phi_m}\right) & (\phi_m \leqslant \phi < \phi_s) \\ C_{ps} & (\phi_s \leqslant \phi < \pi) \end{cases}$$

(2.4-8)

式中：ϕ——球形储罐环向角；

C_{pm}、ϕ_m——最小平均风压系数和相对应的角度；

C_{ps}、ϕ_s——球形储罐发生流动分离进入高超临界雷诺数后的平均风压系数以及相对应的分离角。

通过拟合高超临界雷诺数时的平均风压系数分布公式，可以获得参数 C_{pm}、ϕ_m、C_{ps} 和 ϕ_s，其中，ϕ_m 为 85°，ϕ_s 为 120°。C_{pm} 在均匀流中为 -0.9，在 A 类风场中为 -1.5；C_{ps} 在均匀流中为 -0.15，在 A 类风场中为 -0.4。

下半球的平均风压模型通过对式(2.4-9)修正进行建模，公式为：

$$C_{P,\text{下}}(\phi) = C_{P,\text{上}}(\phi) - \Delta C_P(\phi) \quad (2.4\text{-}9)$$

式中：$\Delta C_P(\phi)$——由球形储罐上、下半球之间的平均风压系数分布差异确定的分段修正函数，可由式(2.4-10)得到：

$$\Delta C_P(\phi) = \begin{cases} 0.3 \cdot \left[\cos\left(\dfrac{\phi}{3}\right) - 1\right] & \left(0 \leq \phi < \dfrac{\pi}{3}\right) \\ -0.45 \cdot \cos\left(\phi - \dfrac{\pi}{3}\right) - 0.15 & \left(\dfrac{\pi}{3} \leq \phi < \dfrac{2\pi}{3}\right) \\ 0.15 \cdot \left[\cos\left(\phi - \dfrac{2\pi}{3}\right) + 1\right] & \left(\dfrac{2\pi}{3} \leq \phi < \pi\right) \end{cases} \quad (2.4\text{-}10)$$

高超临界雷诺数范围内球形储罐的平均风压模型如图 2.4-6 所示。与风洞试验数据相比较，两者数据吻合程度较高，故该公式可用于工程中球形储罐局部分压的估算。

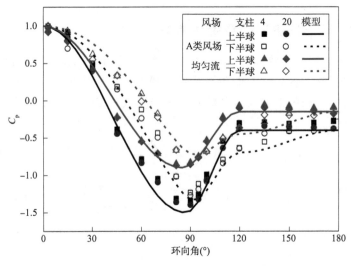

图 2.4-6　高超临界雷诺数范围内球形储罐的平均风压模型

2 考虑高雷诺数效应的港口大型石化储罐结构风荷载模型

为方便结构设计师设计和使用,将球形储罐结构分为6个区域(图2.4-7)。表2.4-2给出了高超临界雷诺数下4支柱、20支柱球形储罐结构在A类风场不同表面粗糙度下的分区体型系数,以便可以更好地观察到结构表面不同区域的风荷载体型系数。

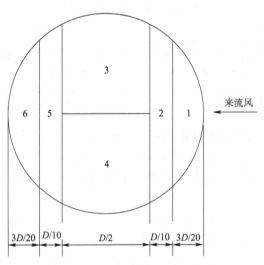

图2.4-7 球形储罐结构分区示意图

球形储罐分区体型系数 表2.4-2

工况		分区					
		1	2	3	4	5	6
4支柱球形储罐	光滑球形储罐	0.39	-0.48	-1.14	-0.92	-0.38	-0.33
	$k_S/D=0.002$	0.45	-0.36	-1.00	-0.84	-0.35	-0.32
	$k_S/D=0.004$	0.44	0.40	-1.03	-0.90	-0.40	-0.37
20支柱球形储罐	光滑球形储罐	0.40	-0.39	-1.04	-0.78	-0.44	-0.40
	$k_S/D=0.002$	0.40	-0.39	-1.04	-0.78	-0.44	-0.40
	$k_S/D=0.004$	0.40	-0.40	-1.00	-0.82	-0.45	-0.41

可以看出:从整体上而言,在任何工况下,球形储罐结构只有1号分区体型系数为正值,其他分区体型系数皆为负值。球形储罐结构的3、4号分区体型系数的绝对值都较大,表明球形储罐的中部区域在实际应用中会受到较大风荷载。从局部上看,对于4支柱球形储罐,在3、4号分区,光滑球形储罐比粗糙球形储罐体型系数大,且表面粗糙度为0.002的球形储罐分区体型系数比粗糙度为0.004的球

形储罐小,说明光滑球形储罐在实际应用情况下会受到更大不利风荷载。对于20支柱球形储罐,不同粗糙度球形储罐3、4号分区体型系数差异较小。这可为后续球形储罐设计提供依据。

2.5 本章小结

本章基于大量风洞试验,研究了港口大型圆筒形、球形石化储罐结构风荷载随风场参数、结构形状、表面粗糙度等的变化规律,系统分析了雷诺数对气动力和风压分布的影响,建立了考虑高雷诺数效应的港口大型石化储罐结构风荷载模型,得到如下结论:

(1)在均匀流中,圆筒形储罐表面光滑的模型 A~C 的临界雷诺数区间分别为 $2.2 \times 10^5 \sim 3.0 \times 10^5$、$1.8 \times 10^5 \sim 2.6 \times 10^5$ 和 $5.0 \times 10^5 \sim 5.9 \times 10^5$,其平均阻力系数低于二维圆柱,平均升力系数在临界区突然增大至不为0。模型 D 的平均阻力系数的雷诺数效应不明显,但平均升力系数始终不为0。表面粗糙度的增大消除了临界雷诺数区,且使平均阻力系数逐渐增大。在边界层湍流中,模型进入跨临界雷诺数自模区,风力系数不发生明显改变。

(2)球形储罐结构,可通过以相似系数 $C_S > 0.95$ 和 $|C_K - 1| < 0.05$ 以判断依据,表明在均匀流中,20支柱光滑球罐在当雷诺数 Re 接近约 10^6 时,可实现对高超临界雷诺数下风荷载分布的模拟。当其结构表面粗糙度为 0.004 时,当雷诺数 $Re = 4.0 \times 10^5$ 时,即可以模拟高超临界雷诺数时的平均风压以及脉动分压分布。在 A 类风场中,20支柱表面光滑、粗糙度为 0.002 球形储罐分别在 $Re = 6.5 \times 10^5$、$Re = 1.87 \times 10^5$ 下可模拟高超临界雷诺数球形储罐风压分布。

(3)在均匀流中,端部气流对尾流旋涡产生影响,脉动升力系数功率谱无明显峰值,在边界层湍流中,存在较微弱的峰值,是自由端产生的下冲气流使尾流旋涡拉长,分离剪切层变宽导致的,且不随 Re 发生改变。同时,自由端的旋涡覆盖整个高度范围,不同高度处的脉动升力系数功率谱并未见明显改变。

(4)圆筒形储罐由环向平均风压系数分布得到的临界雷诺数区间和由阻力系数得到的吻合,Re 对模型 D 风压分布的影响仍不明显。随着 Re 增加,风压分布逐渐稳定,会发生由超临界区向跨临界区的转变。表面粗糙度和湍流度的增加均使转捩提前发生,分离角前移,背压系数值升高。球形储罐在均匀流中,当雷诺数为 7.38×10^5 时,4支柱光滑球形储罐模型分离角转变为120°,表明其开始进入超高临界。随支撑柱数目的增多,球形储罐模型需要在更高雷诺数下才能完成分离角转变现象。而增加表面粗糙度和 A 类风场可以使球形储罐在较低 Re 下完成转变。

(5) 考虑港口实际的 A 类地貌边界层, 以圆柱体和球体通用风压模型为基础, 利用多个风压分布气动参数, 建立了考虑表面粗糙度的储罐模型在跨临界雷诺数自模区的风压分模型。针对圆筒形储罐给出了不同 H/D 结构的平均给风荷载模型, 对于球形储罐分别建立上半球和下半球的平均风压模型。通过与高超临界雷诺数下球罐风洞测压数据进行对比分析, 证明所建立模型与试验、实测结果吻合较好, 可供工程参考。

3 港口大型石化储罐结构风致灾变效应及其易损性分析

本章基于风洞试验和有限元分析对港口大型石化储罐结构风效应进行系统分析，通过气弹模型风洞试验的无接触测量，得到港口大型石化储罐结构风效应的作用规律，在有限元分析的基础上考虑动力屈曲效应，形成港口大型石化储罐结构风效应简化分析方法。在此基础上，揭示了港口大型石化储罐结构风致振动和屈曲效应的灾变机理，分析了港口大型石化储罐结构风效应不确定性的影响贡献和传播机理，并提出了港口大型石化储罐风灾易损性分析方法，得到了风致易损性规律，为港口大型石化储罐的抗风设计及灾害风险评估提供了科学支撑。

3.1 港口大型石化储罐风效应气弹测振风洞试验

3.1.1 储罐结构气弹模型设计

结构的气动弹性风洞试验是在保证原型与模型的各物理条件相似的基础上，利用模型在风洞中的多种特征响应，反映原型结构的风振特性，建立理论结果与实际现象的联系。在模型设计的过程中，需保证流场和结构的参数与全尺结构成比例关系。基于物理方程的推导和大量气弹模型设计的经验，这些比例关系主要是通过满足一些无量纲参数（即相似准则）的一致性来保证结果可靠，这些参数见表3.1-1。

气弹模型相似参数　　　　　　　　表3.1-1

无量纲参数	表达式	物理意义
Strouhal 数（时间参数）	$S_t = fD/U$	无量纲频率
Cauchy 数（弹性参数）	$C_a = E/\rho U^2$	结构弹性力/流体惯性力
Froude 数（重力参数）	$F_r = gD/U^2$	结构重力/流体惯性力
Reynolds 数（黏性参数）	$Re = \rho UD/\mu$	流体惯性力/流体黏性力
Scruton 数（惯性参数）	$S_c = 4\pi\rho_s \xi/\rho$	结构惯性力/流体惯性力

表中，ρ_s 和 ρ 分别表示结构材料和空气的密度，E 表示结构材料弹性模量，f 表示结构频率，D 表示结构特征尺度，U 表示来流参考风速，g 表示重力加速度，μ 表示空气黏性系数，ξ 表示阻尼比。

一般条件下，要在风洞试验中满足所有相似条件是不可能的，需要根据试验对象和试验目的放宽某些影响不大相似性要求。如储罐属于自立式结构，不同于斜拉桥、悬索和张力结构等，其受重力的影响较小，一般可不考虑 Froude 数的相似要求。从之前的研究中可以得到，对于高径比较小的圆柱储罐，其在大气边界层湍流中的雷诺数效应并不明显，因此，也可以不必考虑 Reynolds 数的影响。结构的稳定性能受刚度影响较大，Cauchy 数是要重点考虑的参数。根据表 3.1-1 中的主要相似参数和量纲分析，最终得到模型与原型结构需满足的相似比要求，见表 3.1-2。

储罐气弹模型相似比　　　　　　表 3.1-2

名称	符号	单位	相似比
几何尺寸	L	m	$\lambda_L = L_m/L_p = 1/l$
密度	ρ	kg/m³	$\lambda_\rho = \rho_m/\rho_p = 1$
弹性模量	E	N/m²	$\lambda_E = E_m/E_p = 1/k$
速度	U	m/s	$\lambda_U = \sqrt{\lambda_E/\lambda_\rho} = 1/\sqrt{k}$
频率	f	Hz	$\lambda_f = \lambda_U/\lambda_L = l/\sqrt{k}$
加速度	a	m/s²	$\lambda_a = \lambda_U^2/\lambda_L = l/k$
阻尼比	ξ	1	$\lambda_\xi = \xi_m/\xi_p = 1$

注：表中参数的下标 m 和 p 分别表示模型和原型结构参数。

设计气弹模型时，可通过统一流场和结构的几何缩尺比来保证尺寸相似比的一致性，通过选用合适材料实现密度和弹性模量的相似，阻尼比受到选材和制作工艺等多种因素的影响，对结构的动力特性可能产生明显影响，试验过程中需通过观测重点关注。

值得注意的是，储罐作为钢结构，模型应选用相似的金属材料保证完全气弹模型的密度和弹性模量等基本符合相似比要求。但考虑到储罐需要设置抗风圈，若选用钢材制作模型，其屈曲临界风速可能很大，且振动频率比较高，超出风洞设备的正常工作范围。为避免出现此问题，试验还考虑了使用 PVC 膜材来制作模型，此时密度相似比的要求将不满足，即：

$$\lambda_\rho = \rho_m/\rho_p \neq 1 \qquad (3.1\text{-}1)$$

尽管此时模型的振动特性将与原型结构存在显著差别，但采用膜材进行试验的目的主要是分析抗风圈对圆柱壳屈曲承载力的影响程度,与实际结构的风振响应量化结果并不完全一致是可以接受的。

3.1.2 数字图像相关无接触测量技术

1) 测振试验仪器设备

单点位移测试采用日本松下的 HL-C235BE 系列超高速、高精度激光位移传感器,如图3.1-1所示。传感器检测头可产生红色半导体激光,最大输出1mW,投光峰波长658nm,通过线性图像传感器接收反射光,根据反射光角度及激光与接收器角度,计算传感器与被测物体的距离。扩散反射时该传感器测定中心距离350mm,测定范围±50mm,分辨率达0.5μm,可准确非接触测量被测物体位置、位移的变化。

加速度测量采用丹麦B&K公司4507-B-006压电式加速度传感器,如图3.1-2所示。传感器测量频率范围可达0.2~6000Hz,灵敏度500mV/g,最大工作范围14g(g为重力加速度,取10m/s²),侧面安装接头,质量仅约6g。该传感器对射频、电磁辐射敏感性较低,具有低阻抗电压输出信号,对环境要求不高,多用于结构的模态分析测量。

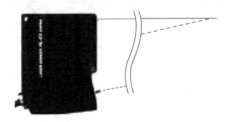 

图3.1-1 激光位移传感器　　图3.1-2 压电式加速度传感器

试验采用两台日本DITECT公司生产的HAS-U2高速相机采集结构变形照片,如图3.1-3a)所示。该相机具有1inCMOS传感器,分辨率可达2592×2048像素,全分辨率下可以拍摄100fps,限制像素区域最高可拍摄7500fps。外形小巧,支持USB3.0传输数据,传输速率高。相机采用日本Computar公司M1224-MPW2型号工业镜头,如图3.1-3b)所示。500万像素高清,固定焦距12mm,可手动调节光圈和焦点,低畸变,成像具有较高对比度和清晰度。

2) 数字图像识别技术

在传统的结构振动试验中,采用机械式引伸计、电阻应变片和加速度传感器等获得结构局部点位的位移或应变信息,但测量时需要与模型接触,不可避免地将对模型产生干扰。一般的非接触式测量方法如采用激光位移计,也只能获取被测物体表面某些点位的数据,测量效率太低,无法测量全场位移信息。因此,基于光学原理的全场变形测量方法在试验中得到越来越多的应用,如云纹干涉法、散斑干涉法、网格法及数字图像相关法(Digital Image Correlation,DIC)等,其中数字图像相关法的测量方法相对简单,在自然光照或白光光源下即可实现,试验限制较少,随着数字图像分辨率的不断提升,测量精度也不断提高,可快速有效识别空间点的三维信息,进而构造物体形貌特征。

a)高速相机

b)定焦镜头

图3.1-3 图像拍摄设备

数字图像相关法也称数字散斑相关法,是利用物体表面的特征灰度梯度信息识别跟踪特征点位置,比较不同图像信息变化进而测量全场位移分布。作为一种光学测量的数值方法,其由Sutton等学者在1983年最早提出,并由最初的面内测量(2D-DIC)逐渐发展出基于双目立体视觉原理的三维测量方法(3D-DIC)。

为便于描述,以二维数字图像相关法为例,由于物体表面存在散斑点,可在图像中提取表面灰度梯度特征。对于没有明显自然散斑的材料,可采用喷漆、涂描等人工方法制作散斑点。分别用 $f(x,y)$ 和 $g(x',y')$ 表示变形前和变形后像素点的图像灰度信息函数,以 $M(x_m,y_m)$ 为中心特征点,选取大小为 $m \times m$ 个像素点的正方形区域作为参考子区,当物体发生位移或变形时,参考子区移动到中心点为 $M'(x'_m,y'_m)$ 的位置,且子区形状发生变化,如图3.1-4所示。

在参考子区内,距离点 $M(x_m,y_m)$ 沿 x 轴和 y 轴的距离分别为 Δx 和 Δy 有任意点 $N(xn,yn)$,其与中心点 M 的位置关系为:

$$x_n = x_m + \Delta x \tag{3.1-2}$$

$$y_n = y_m + \Delta y \tag{3.1-3}$$

参考子区发生位移变形后,中心点 M 沿 x 轴、y 轴方向的位移分别为 u_m、v_m,点 $M'(x'_m,y'_m)$ 的坐标关系为:

$$x'_m = x_m + u_m \quad (3.1\text{-}4)$$

$$y'_m = y_m + v_m \quad (3.1\text{-}5)$$

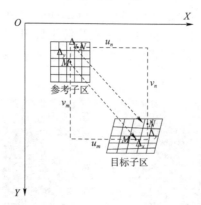

图 3.1-4　数字图像相关 DIC 方法子区域匹配示意图

同时,点 N 沿 x 轴、y 轴方向的位移分别为 u_n、v_n,即:

$$x'_n = x_n + u_n \quad (3.1\text{-}6)$$

$$y'_n = y_n + v_n \quad (3.1\text{-}7)$$

根据变形介质的连续性原理,点 N 与点 M 的位移关系为:

$$u_n = u_m + \frac{\partial u}{\partial x} \cdot \Delta x + \frac{\partial u}{\partial y} \cdot \Delta y \quad (3.1\text{-}8)$$

$$v_n = v_m + \frac{\partial v}{\partial x} \cdot \Delta x + \frac{\partial v}{\partial y} \cdot \Delta y \quad (3.1\text{-}9)$$

即子区内任意点 N 变形后的位置都可由中心点 M 的位移 u_m、v_m 及位移导数 $\frac{\partial u}{\partial x}$、$\frac{\partial u}{\partial y}$、$\frac{\partial v}{\partial x}$ 和 $\frac{\partial v}{\partial y}$ 表示。此外,变形后点 M 与点 N 间的距离由 Δs 变为 $\Delta s'$,即:

$$|MN|^2 = \Delta s^2 = \Delta x^2 + \Delta y^2 \quad (3.1\text{-}10)$$

$$|M'N'|^2 = \Delta s'^2 = \Delta x'^2 + \Delta y'^2 \quad (3.1\text{-}11)$$

由点 M 与点 N 的相对位移关系,$\Delta x'$、$\Delta y'$ 与 Δx、Δy 关系为:

$$\Delta x' = \left(1 + \frac{\partial u}{\partial x}\right) \cdot \Delta x + \frac{\partial u}{\partial y} \cdot \Delta y \quad (3.1\text{-}12)$$

$$\Delta y' = \frac{\partial v}{\partial x} \cdot \Delta x + \left(1 + \frac{\partial v}{\partial y}\right) \cdot \Delta y \quad (3.1\text{-}13)$$

由应变张量方程,可计算各分量为:

$$\varepsilon_{xx} = \frac{\partial u}{\partial x} + \frac{1}{2}\left[\left(\frac{\partial u}{\partial x}\right)^2 + \left(\frac{\partial v}{\partial x}\right)^2\right] \quad (3.1\text{-}14)$$

$$\varepsilon_{yy} = \frac{\partial v}{\partial y} + \frac{1}{2}\left[\left(\frac{\partial u}{\partial y}\right)^2 + \left(\frac{\partial v}{\partial y}\right)^2\right] \quad (3.1\text{-}15)$$

$$\varepsilon_{xy} = \frac{1}{2}\left(\frac{\partial u}{\partial y} + \frac{\partial v}{\partial x}\right) + \frac{1}{2}\left(\frac{\partial u}{\partial x} \cdot \frac{\partial u}{\partial y} + \frac{\partial v}{\partial x} \cdot \frac{\partial v}{\partial y}\right) \quad (3.1\text{-}16)$$

定义矢量 $\boldsymbol{M} = \begin{bmatrix} u & \frac{\partial u}{\partial x} & \frac{\partial u}{\partial y} & v & \frac{\partial v}{\partial x} & \frac{\partial v}{\partial y} \end{bmatrix}^T$，为准确确定位移矢量，需在目标子区中找到和中心特征点 M 对应的点 M'，于是引入灰度函数的相关系数 $C(f,g)$ 来描述变形前后图像的相似程度：

$$C(f,g) = C(x,y,x',y') = C(\boldsymbol{M}) \quad (3.1\text{-}17)$$

相关系数为矢量 $\boldsymbol{M}$ 的函数，其表达形式有多种，当两点相似程度最高，系数达到极大或极小值，即：

$$\frac{\partial C}{\partial \boldsymbol{M}} = 0 \quad (3.1\text{-}18)$$

通过对全场子区进行搜索，确定和参考子区变形后对应的目标子区，则位移矢量也可确定。由位移场进行适当差分计算，或平滑后再进行差分计算即可进一步得到应变场。

三维数字图像相关法基于双目立体视觉原理，与人类的视觉成像原理类似，图 3.1-5 为其原理的简单示意图。有一对位置固定的摄像机，$x_{cl}y_{cl}z_{cl}$ 和 $x_{cr}y_{cr}z_{cr}$ 分别为两摄像机系统的内部坐标系，$x_m y_m z_m$ 为世界坐标系，M_l 和 M_r 是空间某点 M 在两个摄像机成像平面内的投影点，通过直线 $O_{cl}M_l$ 和 $O_{cr}M_r$ 的交点，可确定点 M 在空间坐标系下的位置。

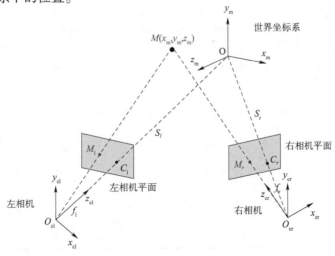

图 3.1-5 双目立体视觉原理示意图

通过两个摄像机在不同方位记录同一时空场景下的图像信息,采用二维方法寻找每幅图像中的对应点,再根据标定得到的摄像机内外部参数,求得每点在某指定空间坐标系下的三维坐标。标定是该测量方法过程中的关键性步骤,可通过拍摄标准标定靶不同的姿态,确定世界坐标系与摄像机坐标系的转换关系、两个摄像机间的相对位置关系和镜头的畸变参数等。

通过该技术,可全面测量储罐迎风区域最不利位置的风致响应,将识别结果所占储罐迎风面(1/4圆柱)百分比定义为采样率,对试验结果进行统计分析发现,精准采样率可达97%,克服了单点采样对最不利位置识别的局限性,可对屈曲失效模态进行有效识别。

3.1.3 试验模型及工况

一般来说,空储罐的抗屈曲承载力低。试验以高径比 $H/D=0.5$ 和 0.2 的圆柱空储罐为研究对象,模型外形尺寸保持和前期刚性模型测压试验相同,详见表3.1-3。为避免模型临界失稳风速超出风洞工作范围,在采用钢材制作模型保证与实际结构用料性质接近的同时,也使用了PVC材料,以便更好地观察多个抗风圈作用下模型的屈曲失稳状态。试验使用钢材的弹性模量 $E_s=193\mathrm{GPa}$,密度 $\rho_s=7.93\times10^3\mathrm{kg/m^3}$,泊松比 $\nu=0.3$,PVC材料的弹性模量 $E_s=3.5\mathrm{GPa}$,密度 $\rho_s=1.35\times10^3\mathrm{kg/m^3}$,泊松比 $\nu=0.38$。为分析罐壁厚度对结构抗屈曲能力的影响,材料适当变化厚度,钢材有0.1mm和0.2mm厚,PVC材料有0.2mm、0.4mm和0.6mm厚,便于参数化比较分析。

气弹模型尺寸表　　　　　表3.1-3

模型编号	高度 H (mm)	直径 D (mm)	高径比 H	缩尺比1	材料	壁厚 t (mm)	抗风圈布置
Ⅰ	284	568	0.5	1/75	钢	0.1	a) 无 b) 中间 $0.5H$ 单抗风圈 c) 顶部 H 单抗风圈 d) $H+0.5H$ 双抗风圈
						0.2	
					PVC	0.2	
						0.4	
Ⅱ	300	1500	0.2	1/75	钢	0.1	
						0.2	
					PVC	0.4	
						0.6	

注:模型编号Ⅰ和Ⅱ各有4种a)、b)、c)、d)抗风圈布置。

现实条件下,储罐一般在顶部其下方布置若干道抗风圈,在侧压下的刚度远大于局部薄柱壳。因此,本试验除无任何加强措施的工况外,分别在中部 $0.5H$ 高度、顶部 H 高度及两位置同时设置抗风圈,使用铝制圆环,采用 L 形截面,两边肢长和厚度分别为 10mm 和 1mm,在保证刚度的同时减小附加质量的影响。对应不同高径比模型的铝环尺寸如图 3.1-6 所示。

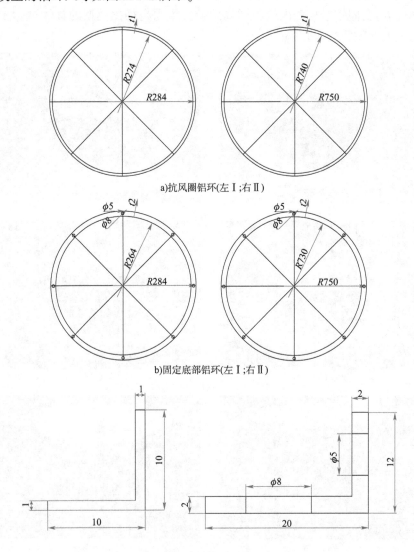

a)抗风圈铝环(左Ⅰ;右Ⅱ)

b)固定底部铝环(左Ⅰ;右Ⅱ)

c)铝环截面(左:抗风圈;右:固定底部环)

图 3.1-6 气弹模型抗风圈尺寸信息(尺寸单位:mm)

将选用材料按周长和高度精确加工,得到对应尺寸的长条形薄膜后,用胶带将两短边粘连,形成特定直径的圆柱壳。胶带十分轻薄,其对壳体刚度和质量的影响可忽略不计。接缝处材料有5~10mm的搭接长度,试验时将其置于背风侧以避免对迎风面的观测结果产生较大影响。柱壳底部固接一个厚2mm的L形铝环,作为基础的同时保证模型圆度,用螺栓固定于风洞底面。空罐的上边缘自由,抗风圈采用黏结的方式,固定于柱壳内侧不同高度处。不同高径比模型的具体试验工况布置如图3.1-7和图3.1-8所示。

无抗风圈　　　　　　　　　中间单抗风圈

顶部单抗风圈　　　　　　　双抗风圈

a)钢材

无抗风圈　　　　　　　　　中间单抗风圈

b)

图 3.1-7

3 港口大型石化储罐结构风致灾变效应及其易损性分析

顶部单抗风圈

双抗风圈

b)PVC材料

图 3.1-7 气弹模型 I 气弹试验布置图

无抗风圈

中间单抗风圈

顶部单抗风圈

双抗风圈

a)钢材

无抗风圈

中间单抗风圈

b)

图 3.1-8

顶部单抗风圈

双抗风圈

b)PVC材料

图3.1-8 气弹模型Ⅱ气弹试验布置图

3.1.4 关键测试步骤

试验前，首先需要组装测试用的硬件系统，由于图像采集系统只能在某一方位拍摄照片，而储罐圆柱壳在风场中的屈曲变形主要发生于迎风面，为便于观察，将两相机置于模型上游2m位置，如图3.1-9所示。相机固定于H形架子的横梁上，为减小对模型风场的干扰，横梁高度为1m，竖柱间隔2m，牢牢支撑于风洞上下壁面。在风机工作过程中，相机不可避免会产生轻微振动，但试验主要通过相机观测屈曲前后变形状态，屈曲时位移值远大于相机微振动幅值，不影响屈曲瞬时的观测。当然，试验风速不能太大，相机支架振动明显时，将影响成像质量，增加变形测量误差，故试验风速均低于12m/s。而使用PVC模型，在低风速下观测模型屈曲，是一个很好的解决办法。

模型选择材料表面色泽均匀，需先用黑色记号笔在迎风一侧表面制作不规则散斑，如图3.1-10所示。散斑太大，可能得到全白或全黑的子区，无法计算该区域内的形变，使结果出现无效孔洞，需要通过增大子集尺寸来避免，但又会使得计算效率大大降低；散斑太小，表面的散斑信息有可能产生混淆，影响计算精度，因此，需选择合适的散斑大小。目前一般认为一个子区域内有100~200个散斑点较合适，散斑点大小以3~5像素最佳，分布变化在80%左右。对于试验模型尺寸较大和变形较大的情况，采用记号笔绘较大散斑较喷漆散斑质量更高。

光源为风洞内自然光源，调节相机相对位置确保模型成像位置在图像平面中心，旋转镜头调节环调整焦点位置和光圈大小，使成像清晰，分辨率采用1920×1080，帧率为120fps，记录时间30s。试验采用圆点标靶对双目成像系统进行标定以确定其内外部参数，如图3.1-11所示，标定靶中不同背景颜色的圆点作为特征标记，平移旋转标定靶，通过重心提取法获得圆点位置，以实现标记点位置的自动提取。

3 港口大型石化储罐结构风致灾变效应及其易损性分析

图 3.1-9 相机固定位置

图 3.1-10 绘制表面散斑

利用 HAS-XViewer 采集软件控制相机进行图形数据的自动采集,再通过 Match ID 实测与仿真优化分析系统,进行图像相关计算,识别 3D 位移场。图像匹配时,识别子区大小为 21×21 像素,步长为 10 像素,置信度普遍高于 95%。识别结果示例如图 3.1-12 所示。由图可见,能较好重现模型迎风侧的三维全貌,颜色变化均匀,无孔洞,但越接近圆柱两侧与相机成像平面的夹角越大,无法进行有效识别。通过测试分析还可以得到储罐结构的初始缺陷状态。通过识别分析可得,该方法对迎风面内测点的有效识别面积比率高达 97%。

图 3.1-11 成像系统标定

图 3.1-12 离面 Z 方向坐标识别

此外,为进一步验证双目成像系统的准确性,采用高精度激光位移计记录 0°迎风轴线上离地约 $2H/3$ 高度位置的位移时程,采样频率 1024Hz,采样时间 60s。激光位移传感器置于圆柱内侧,以减小对风场的干扰。三维脉动风速测量仪 Cobra 探头置于上游位置离地 30mm 高度位置,实时监控来流风速大小。试验测量系统的布置示意图如图 3.1-13 所示。试验过程中要不断增大风速,采集模型响应信息,直至柱面发生较大屈曲或来流风速接近风机允许最大。

115

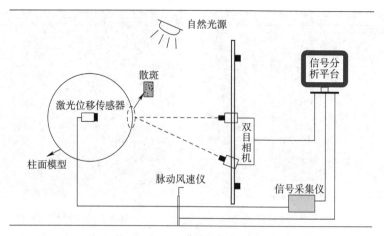

图 3.1-13　气弹试验布置示意图

3.2　港口大型石化储罐动态风效应数值模拟

结构在受到各种作用干扰后可通过自身体系构型和材料抗力来保持平衡状态。随着作用的增强，体系可能会从某一种平衡状态转变为另一种新的平衡状态，即发生屈曲，若屈曲后路径不稳定，变形迅速增大，结构丧失正常工作的能力，则发生失稳。目前对于港口大型石化储罐的风致屈曲尤其是动力屈曲还缺乏全面的认识以及细致的研究，本书将通过特征值分析、非线性静力分析和动力时程分析，对储罐在内外表面风压作用下的屈曲特性进行全面研究。本节中储罐尺寸与风洞试验模型相符，将刚性模型测压结果作为荷载输入，对多种屈曲影响因素进行了分析，并基于储罐的动力屈曲分析，给出考虑屈曲的等效分析方法。

3.2.1　有限元模型及分析工况

本试验结合风洞测压试验的刚性模型以及实际工程中的储罐结构并作适当简化，设计了4种不同高径比的圆柱体储罐模型，其具体尺寸见表3.2-1。罐壁采用等壁厚的钢材，顶部有一圈包边角钢，保持罐顶的圆度。钢材假定为理想线弹性材料，弹性模量取 $2.06 \times 10^{11} \mathrm{N/m^2}$，泊松比取 0.3，密度为 $7.85 \times 10^3 \mathrm{N/m^3}$。钢材采用 Q345 钢。浮顶储罐的浮顶高度有 0（即空罐）、$0.2H$、$0.5H$ 和 $0.8H$，共4种。

3 港口大型石化储罐结构风致灾变效应及其易损性分析

储罐有限元模型结构参数　　　　表 3.2-1

编号	高径比	高度 H(m)	直径 D(m)	壁厚 t(m)	包边角钢(m)
储罐 A	1.5	35	23.3	0.008	$0.1 \times 0.1 \times 0.008$
储罐 B	1.0	28.4	28.4	0.01	$0.1 \times 0.1 \times 0.01$
储罐 C	0.5	28.4	56.8	0.02	$0.1 \times 0.1 \times 0.02$
储罐 D	0.2	22.5	112.5	0.04	$0.1 \times 0.1 \times 0.04$

通过大型有限元计算软件 ABAQUS 对结构进行屈曲分析，对于这类圆柱储罐，利用 S4R5 单元对罐壁进行模拟，截面采用 5 个积分点的辛普森积分法进行计算。S4R5 是一种 4 节点薄壳单元，采用缩减积分，使用时要注意对"沙漏"现象的控制，每个节点有 5 个自由度。4 种不同高径比储罐的有限元模型示意图如图 3.2-1 所示。

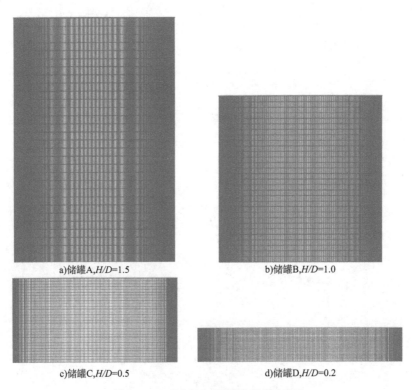

a) 储罐 A, H/D=1.5

b) 储罐 B, H/D=1.0

c) 储罐 C, H/D=0.5

d) 储罐 D, H/D=0.2

图 3.2-1　4 种高径比储罐网格划分示意图

利用风洞试验的测压数据,并经过插值,获得模型上的风荷载,以节点集中力的形式作用于罐壁外表面。作为示例,图 3.2-2 给出了空浮顶罐驻点高度处的环向净风压分布情况,图中平均、Max 和 Min 分别表示净风压平均值、驻点最大瞬时值和最小瞬时值,对于空浮顶储罐,由于内表面主要受负压,导致净风压值几乎均为正压,基本风压取 1kPa,相当于 10m 高度的风速为 40.4m/s,并以此值作为后文结构分析的荷载基数,通过改变荷载系数 λ 的大小,改变输入的风荷载大小。

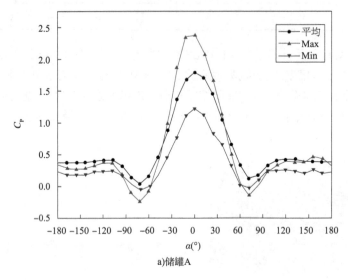

a) 储罐A

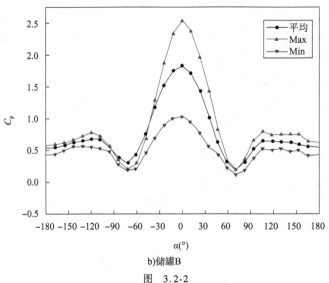

b) 储罐B

图 3.2-2

3 港口大型石化储罐结构风致灾变效应及其易损性分析

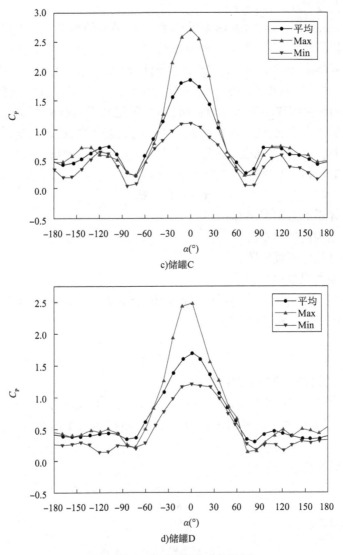

c) 储罐C

d) 储罐D

图 3.2-2 空浮顶储罐环向净风压分布

对于在储液状态下的储罐,罐壁内部会受到液压作用,通过假定储液为理想流体,液面高度 h 在某一工况下始终为定值,忽略液体的动力效应而仅考虑静压力的作用,由阿基米德原理,计算原油作用在罐壁上的液压 P_L 为:

$$P_L = \rho g h \quad (3.2\text{-}1)$$

式中:ρ——原油密度,取 810kg/m³;

g——重力加速度,取 $9.8\mathrm{m/s}^2$。

计算时,将液压作用于储罐罐壁的内表面,将节点的净风荷载作用于储罐的外表面。对于浮顶储罐,由于浮顶边缘与罐壁之间一般为柔性接触,因此,不考虑其对罐壁的约束作用,模型底部为固支边界条件,即 $U_{x,y,z}=0$,$\mathrm{ROT}_{x,y,z}=0$,顶部为自由端。此外,对于处于施工状态,而未安装固定顶的储罐,亦适用于这种边界条件。

对于脉动风荷载作用下的动力分析,结构阻尼是影响结构响应的重要参数之一。由于实际结构复杂,能量耗散的方式和影响因素众多,很难精确确定每个储罐结构的阻尼大小,一般只能近似估计。本文的计算采用瑞利结构阻尼,即假定阻尼矩阵为质量矩阵和刚度矩阵的线性组合,如下式所示:

$$C = \alpha M + \beta K \tag{3.2-2}$$

式中:C——体系的总阻尼矩阵;

M——结构的质量矩阵;

K——结构的刚度矩阵;

α、β——瑞利阻尼中的常量。

α 和 β 无法从实际结构中直接得到,但根据结构的运动方程,可以得到第 i 阶振型的阻尼比 ξ_i 与 α 和 β 的关系为:

$$\xi_i = \frac{\alpha}{2\omega_i} + \frac{\beta\omega_i}{2} \tag{3.2-3}$$

式中:ω_i——结构第 i 阶振型的圆频率。

通常认为在一定结构自振频率范围内,阻尼比 ξ 可取定值,若给定结构的两个自振频率,即可求出两个瑞利阻尼参数 α 和 β,如利用结构前两阶自振频率 ω_1 和 ω_2,可得:

刚度阻尼系数:

$$\beta = \frac{2\xi}{\omega_1 + \omega_2} \tag{3.2-4}$$

质量阻尼系数:

$$\alpha = \omega_1\omega_2\beta \tag{3.2-5}$$

计算的关键在于结构前两阶振型阻尼比的选取。通常钢结构的阻尼比可取 0.02。对于储罐这类钢结构,其阻尼比在 0.02~0.03 之间,根据试验结果,本书取 ξ 为 0.02 进行结构动力计算。

采用等间距的方式划分网格,通过控制圆柱壳环向和高度方向的网格数量(分别用 N_C 和 N_H 表示)的大小来控制网格大小,因此,需要先通过网格无关性验证。利用特征值屈曲分析,计算划分了不同网格数量的各模型的特征值大小,其计算结果见表 3.2-2。模型采用的是平顶储罐,从表中可以看出,对于 $H/D=1.5$ 的储罐 A,网格数量从 90×30 开始,首先增加 N_C 的大小,当 $N_C = 540$ 时,特征值相对 $N_C = 360$ 变化不大,相差仅 0.5%,当 N_H 的大小由 30 增大到 50 时,特征值变化不到 0.2%,说明增加高度方向的网格数量,对计算结果的影响已经很小,最终确定储罐 A 的网格数量为 $N_C \times N_H = 540 \times 30$,即 16200 个网格。同样地,对储罐 B、C、D 进行类似分析,最终确定这 A、B、C 储罐的网格数量均可以为 $N_C \times N_H = 540 \times 30$;D 储罐的网格数量为 $N_C \times N_H = 720 \times 30$,即 21600 个网格。

不同网格数量的模型屈曲特征值 表 3.2-2

编号	$N_C \times N_H$						
	90×30	180×30	360×30	540×30	720×30	540×50	720×50
储罐 A	1.6112	1.4559	1.4204	1.4135	—	1.4094	—
储罐 B	2.7470	2.4074	2.3284	2.3120	—	2.3094	—
储罐 C	5.8604	4.6663	4.4041	4.3568	—	4.3555	—
储罐 D	—	12.071	10.774	10.548	10.490	—	10.463

3.2.2 特征值屈曲分析

1)浮顶储罐

对于储罐 A,其在不同浮顶高度下的前两阶屈曲模态如图 3.2-3 所示。可以看出,结构在风荷载作用下仅表现为迎风面局部屈曲,变形波数 n 维持不变,这也印证了储罐屈曲主要与迎风正压区有关的这一观点。对于同一储液高度,前两阶屈曲特征值相等,但屈曲模态分别为关于 0°迎风子午线的正对称和反对称分布两种形式,现有文献认为圆柱储罐的特征值相等和屈曲模态对称特征总是成对出现的,本书的结果与之相符。当 $z_r = 0.2H$ 时,特征值反而较空罐有所降低,这与一般认为的空罐是最不利受荷状态存在不同,根据前文中关于浮顶罐风压分析可知,浮顶罐外压受浮顶高度的影响不大,而内压在迎风侧为负值,外压内吸的风力联合作用下,迎风面净风压增大,且此时液位较低,对主要发生在储罐的中上部位置的罐壁屈曲影响有限。而随着浮顶高度进一步增加,特征值逐渐增大,$0.8H$ 储液高度储罐的特征值提高了近 3.5 倍,抗屈曲能力得到显著提升。一方面,由于液位的升高,液压抵消了部分迎风面的风压力;另一方面,顶盖位置的提升意味着罐壁内表面风吸力的范围逐渐变小,内外风压联合作用的不利影响得到降低,使得特征值得到大幅增加。另外,屈曲变形范围也逐渐变小,对于 $0.8H$ 储液高度的情况,变形仅发生在靠近顶部的较小区域内,表明内部液压的抵消作用很好地约束了罐壁的变形。因此在实际工程中,遇到台风等极端天气时,可通过增加罐内储液来降低储罐发生风致破坏的可能性。

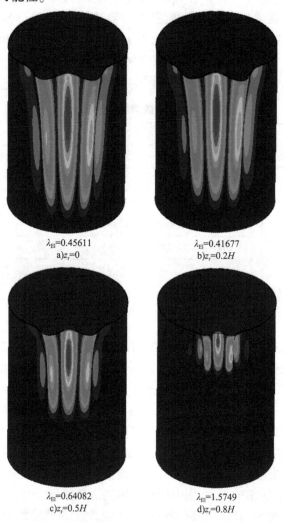

图 3.2-3　储罐 A 不同浮顶高度前两阶特征值屈曲模态(λ_{EI}为 1 阶屈曲系数)

图 3.2-4 给出了储罐 A 不同浮顶高度情况下,最大位移点高度的环向屈曲模态。可以明显看出,位移关于 0°迎风子午线对称,随着浮顶高度的增加,屈曲变形较明显的范围由 ±50°逐渐缩小到 ±30°,但波数始终不变。图 3.2-5 给出了储罐 A 沿竖向的屈曲模态,沿高度的变形形状始终保持一致,形状类似于一端固支一端自

由的压屈杆,随着液位的提升,固支点高度增加,变形范围逐渐减小,最大位移位置在浮顶位置较低时与风压驻点位置接近,之后逐渐升至 $0.9H$ 高度附近,这一方面是液压的抵消作用导致的,另一方面是包边角钢对罐顶边缘变形产生的约束作用导致的。

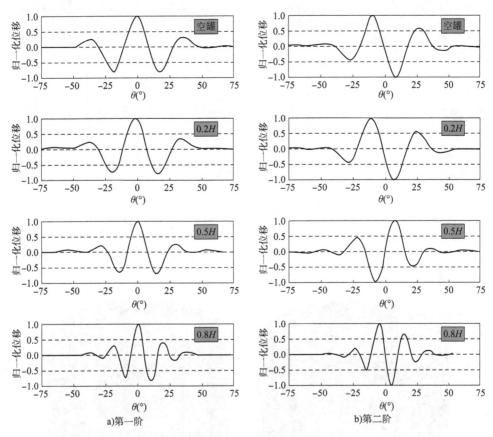

图 3.2-4 储罐 A 环向屈曲模态

图 3.2-6～图 3.2-8 分别为储罐 B、C、D 在不同浮顶高度下的前两阶屈曲模态。可以看出,其变化规律与储罐 A 有很多类似之处,但同时也存在一些差别,如前两阶模态仍是按正对称或反对称分布,但有时第一阶为正对称,有时第二阶为反对称,如储罐 C 空罐和 $0.2H$ 液位高度的屈曲模态,且特征值并不完全相等,可能是计算误差引起的细微差别。随着储液高度增加,特征值逐渐增大,变形范围逐渐缩小,这与储罐 A 表现得有所不同,$z_r = 0.2H$ 浮顶高度的特征值未降低,这可能是因为储罐高径比降低,低液位液压的抵消作用逐渐显现。另外,由于所有储罐的

R/t 接近,而随着 H/D 的降低,同一液位下的屈曲特征值逐渐升高,说明 H/D 越大,储罐的抗屈曲能力越低,这与前文中屈曲临界荷载的理论相符,且相对于低矮储罐,H/D 增加时,迎风正压区逐渐减小,环向变形的波数 n 也逐渐减少。

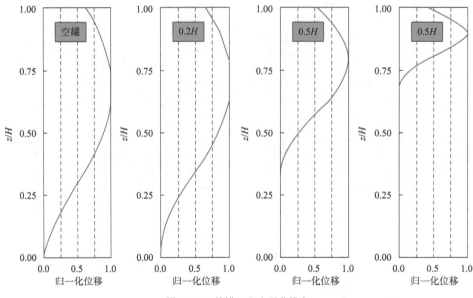

图 3.2-5　储罐 A 竖向屈曲模态

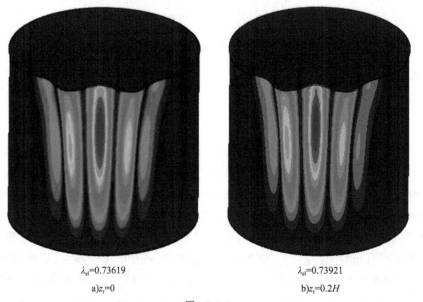

a) $z_r=0$　　　　　　　　　b) $z_r=0.2H$

$\lambda_{el}=0.73619$　　　　　　　$\lambda_{el}=0.73921$

图　3.2-6

3 港口大型石化储罐结构风致灾变效应及其易损性分析

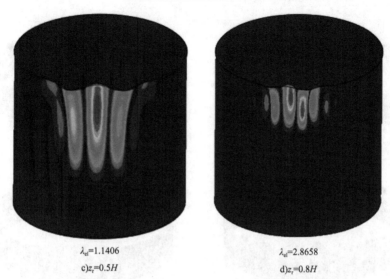

$\lambda_{el}=1.1406$
c) $z_r=0.5H$

$\lambda_{el}=2.8658$
d) $z_r=0.8H$

图 3.2-6 储罐 B 不同浮顶高度前两阶特征值屈曲模态

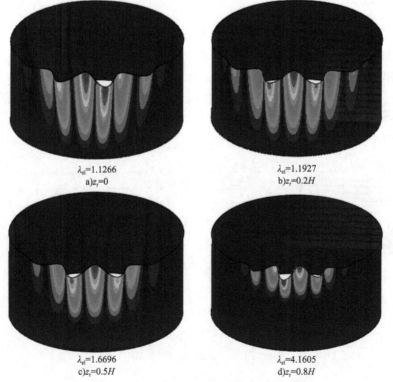

$\lambda_{el}=1.1266$
a) $z_r=0$

$\lambda_{el}=1.1927$
b) $z_r=0.2H$

$\lambda_{el}=1.6696$
c) $z_r=0.5H$

$\lambda_{el}=4.1605$
d) $z_r=0.8H$

图 3.2-7 储罐 C 不同浮顶高度前两阶特征值屈曲模态

125

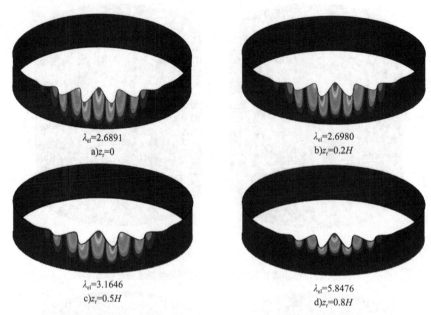

图 3.2-8　储罐 D 不同浮顶高度前两阶特征值屈曲模态

图 3.2-9 给出了储罐 B、C、D 在空罐状态下的前两阶环向屈曲模态。从图中可以看出,随着 H/D 的减小,变形波数 n 由 3 个增至 5 个,单个波的范围明显减小,同时通过图 3.2-10 的竖向屈曲模态可以看出,屈曲点逐渐向上移动,储罐 B 的最大位移点在 $0.65H$ 处,而储罐 D 升至 $0.95H$ 处,说明此时包边角钢的变形限制作用已经很小。

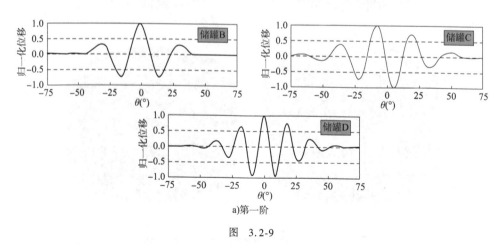

a)第一阶

图　3.2-9

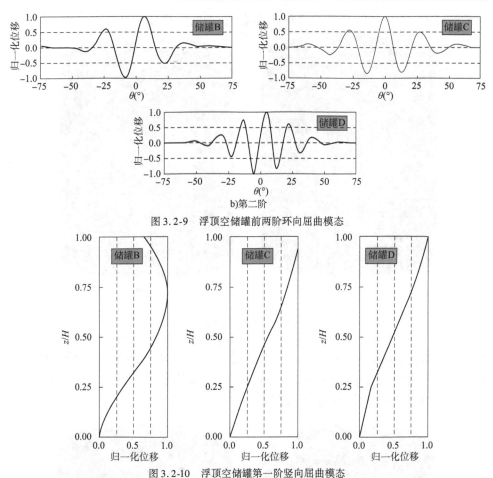

b) 第二阶

图 3.2-9 浮顶空储罐前两阶环向屈曲模态

图 3.2-10 浮顶空储罐第一阶竖向屈曲模态

2) 浮顶储罐

对于固定顶储罐,不存在内部风压的影响,根据前文对浮顶罐的分析可知,当结构处于空罐状态下时,没有液压的抵消作用,结构更容易屈曲。因此,本书对固定顶储罐的分析,仅针对空罐状态。对于储罐 A,其在平顶和曲顶下两种顶盖状态下的前两阶屈曲特征模态如图 3.2-11 所示。从图中可以看出,储罐的前两阶屈曲模态仍分为正对称和反对称两种,特征值相等,但不同于浮顶罐,由于顶盖对罐顶变形的约束作用,屈曲变形最大的部位下移到储罐中间高度位置,且特征值相对于浮顶罐也有很大提升。同时,通过比较平顶和曲顶储罐的特征模态和特征值,发现两者差异并不明显,一阶特征值仅相差 1.5% 左右,说明顶盖形式对储罐罐壁的屈曲影响不是很大。当然,实际工程中固定顶储罐内部在呼吸阀不能正常工作时可能出现真空负压,和浮顶储罐的内表面负风压类似,也会降低储罐的抗屈曲承载力。

λ_{el}=1.4135
a)平顶

λ_{el}=1.4322
b)曲顶

图 3.2-11 储罐 A 不同固定顶形式前两阶特征值屈曲模态

图 3.2-12~图 3.2-14 分别给出了储罐 B、C、D 不同固定顶形式时的前两阶特征值屈曲模态,与储罐 A 类似,屈曲部位均发生在中间高度处,仍符合特征值相等和特征模态对称的规律,且平顶罐和曲顶罐的屈曲特征接近。随着 H/D 的减小,屈曲特征值逐渐升高,沿环向的变形波数 n 也逐渐减小。

λ_{el}=2.3120
a)平顶

λ_{el}=2.3249
b)曲顶

图 3.2-12 储罐 B 不同固定顶形式前两阶特征值屈曲模态

3 港口大型石化储罐结构风致灾变效应及其易损性分析

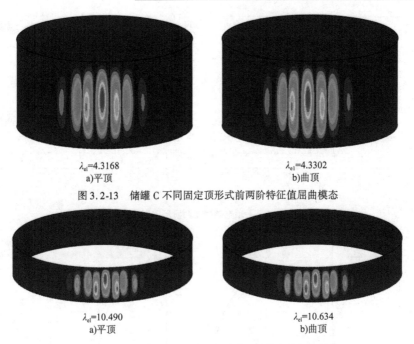

λ_{el}=4.3168
a)平顶

λ_{el}=4.3302
b)曲顶

图 3.2-13　储罐 C 不同固定顶形式前两阶特征值屈曲模态

λ_{el}=10.490
a)平顶

λ_{el}=10.634
b)曲顶

图 3.2-14　储罐 D 不同固定顶形式前两阶特征值屈曲模态

图 3.2-15 和图 3.2-16 分别给出了平顶储罐最大位移点的环向屈曲模态和竖向屈曲模态,可以看出,固定顶储罐相较于浮顶罐的变形波数不变,但变形范围相对浮顶空罐明显变小,如固定顶储罐 D 的变形范围变为 ±30°左右。随着储罐 H/D 降低,变形波数增加,但范围逐渐减小。沿高度方向,4 个储罐的变形形状都比较类似,由于两端的约束作用,最大变形点均在接近 $0.5H$ 的位置。

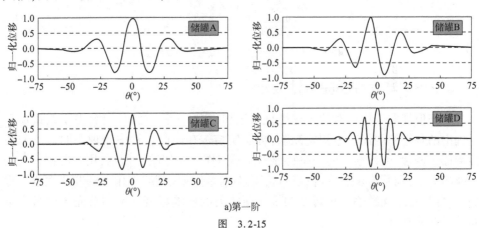

a)第一阶

图 3.2-15

129

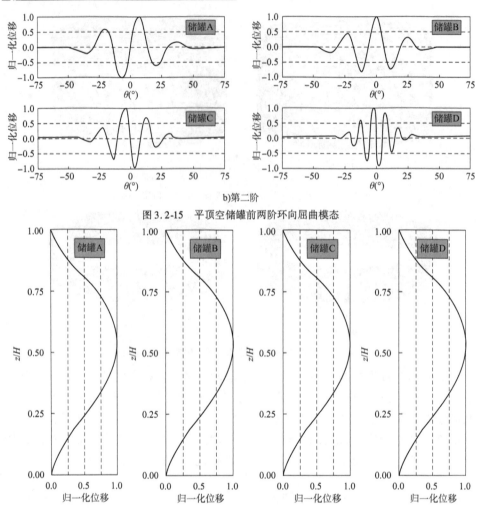

b) 第二阶

图 3.2-15 平顶空储罐前两阶环向屈曲模态

图 3.2-16 平顶空储罐第一阶竖向屈曲模态

3.2.3 非线性屈曲全过程分析

特征值屈曲分析针对的是理想化的结构,实际工程中圆柱壳会由于制造加工过程中的各种原因而产生初始缺陷,可能使结构在屈曲过程中表现出明显的非线性特征。通常,引入结构的一阶特征屈曲模态作为初始缺陷形状,用缺陷幅值 δ 表示缺陷大小,利用弧长法,分析带初始缺陷的储罐在风荷载作用下的非线性全过程响应,并比较不同缺陷大小对结构抗屈曲能力的影响程度。本书首先主要考虑结构的几何非线性。

3 港口大型石化储罐结构风致灾变效应及其易损性分析

1) 浮顶储罐

图 3.2-17 给出了 4 个储罐在空罐状态下,改变缺陷幅值大小 δ 后,结构最大位移点的荷载-位移曲线,其中 w 表示节点位移,λ 为荷载系数,t 表示罐壁厚度,δ 取 $0 \sim 2.0t$,当 $\delta = 0$ 时,即表示储罐为无缺陷的完善结构。根据曲线拐点确定临界屈曲荷载,图 3.2-17 给出了储罐结构在不同缺陷水平下,临界荷载的变化情况。从图中可以看出,对于完善结构,在考虑几何非线性的条件下,λ 与 λ_{el} 的差距很小,如储罐 A 中两者比值为 0.99,说明几何非线性带来的影响十分微小。随着缺陷水平的增加,荷载-位移曲线逐渐向下移动,结构由分岔点失稳转变为极值点失稳,临界荷载逐渐降低,当缺陷幅值达到 $0.5t$ 时,结构承载力普遍下降 10% ~ 20%,当缺陷幅值达到 $2.0t$ 时,荷载-位移曲线下降段不明显,即荷载相同时,位移急剧增大,承载力下降最多超过 40%。通过图 3.2-18 还可以看出,随着缺陷水平增加,临界荷载曲线下降逐渐变缓,且 H/D 大的储罐,其临界荷载曲线几乎总在 H/D 小的储罐上方,说明越是低矮的储罐,其受缺陷的不利影响越明显。

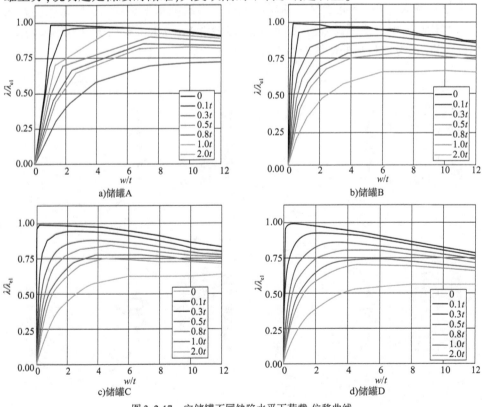

图 3.2-17 空储罐不同缺陷水平下荷载-位移曲线

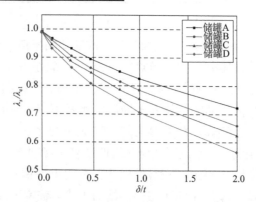

图 3.2-18　最不利空罐不同缺陷水平下临界荷载

由于储罐 D 受缺陷的影响最大,图 3.2-19 给出了储罐 D 在达到临界荷载附近时的变形和应力分布。可以看出,结构的变形形态和特征屈曲模态十分相似,变形波均关于 0°迎风子午线对称。缺陷水平提高后,变形逐渐增大,相应地,应力最大值也越来越大,但始终低于材料的屈服强度。当缺陷水平达到 $2t$ 时,最大应力达到 235MPa,出现于顶部包边角钢,下方主要罐壁的应力水平离屈服点有很大距离,因此,可以不考虑材料的非线性而仅考虑几何非线性。

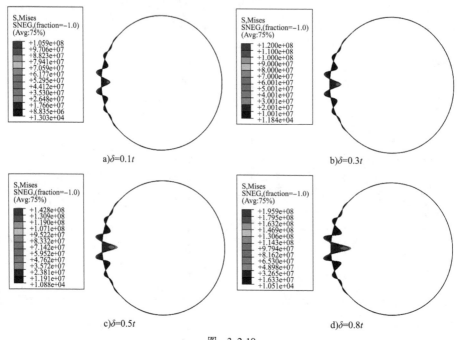

图　3.2-19

3 港口大型石化储罐结构风致灾变效应及其易损性分析

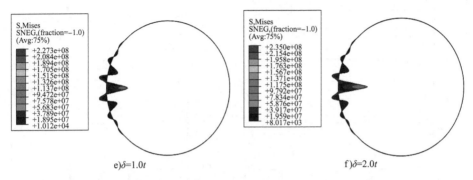

图 3.2-19　不同缺陷水平下的变形及应力(储罐 D,浮顶,空罐)

2)固定顶储罐

图 3.2-20 给出了 4 个储罐在空罐状态下,不同缺陷幅值大小 δ 对应的结构最大位移点的荷载-位移曲线。图 3.2-21 给出了相应的临界荷载的变化情况。与浮顶储罐类似,几何非线性对完善结构影响并不大,储罐 A 的临界点处 λ/λ_{e1} = 0.98。随着缺陷水平的提高,临界荷载逐渐减小,但减小程度逐渐降低,当 $\delta=0.5t$ 时,承载能力最大下降超过 30% ,说明固定顶储罐对缺陷的影响比浮顶罐更为敏感,当缺陷幅值更大时,荷载-位移曲线甚至没有下降段不明显,表明没有发生失稳,但刚度明显降低,相同荷载水平下位移显著增加。从图 3.2-21 中也可以看出,曲线下降幅度明显比图 3.2-16 大,另外,H/D 小的低矮储罐,相同缺陷水平下临界荷载比 H/D 大的储罐小,同样说明初始缺陷对低矮储罐影响更大。对于储罐 D,结构屈曲后很快进入了强化阶段,说明低矮储罐受两端固定边界条件的约束作用更明显,更容易强化,而 H/D 大的储罐曲线则比较平缓,这是由于端部距离中间屈曲点较远,薄膜应力带来的强化作用不明显或发生较晚导致的。

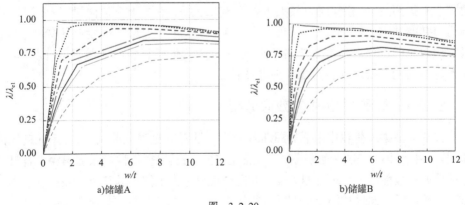

图　3.2-20

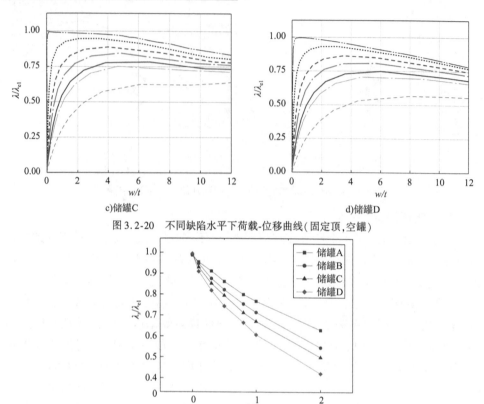

c) 储罐C　　　　　　　　　　　d) 储罐D

图 3.2-20　不同缺陷水平下荷载-位移曲线(固定顶,空罐)

图 3.2-21　不同缺陷水平下临界荷载(固定顶,空罐)

图 3.2-22 给出了储罐 D 在达到临界荷载附近时的变形和应力分布。同样地,结构的变形形态和对称的特征屈曲模态十分相似,屈服发生于罐壁中间高度处。缺陷水平提高后,位移和应力最大值都逐渐增大,但不同于浮顶储罐,虽然固定顶储罐对初始缺陷更敏感,由于罐顶存在约束,位移和应力增加幅度都比较小,即储罐发生较小的位移后便进入屈曲状态,最大应力远低于材料的屈服强度,同样可以不考虑材料的非线性而仅考虑几何非线性。

3.2.4　风致振动-屈曲效应分析

前文对储罐风荷载作用下的屈曲分析主要针对的是静风荷载,未考虑脉动风的作用,而目前针对这类储罐的风振分析还比较少,对其风振特性尚未提出深入且被广泛接受的一般性结论。现有相关设计规范中也仅考虑了储罐的静风荷载,因此,本小节对空罐的浮顶储罐和固定顶储罐进行风振屈曲分析,目前一般采用 B-R 准则进行动力失稳的判定,其本质上与李雅普诺夫的稳定性定义等价,忽略初始缺陷的影响,荷载基数仍取 10m 高度 1000N/m²,通过荷载系数 λ 改变荷载大小,得到节点的荷载-位移曲线,根据位移急剧增加段的中间位置附近的数据点对应的荷载,计算各工况储罐的动力屈曲临界荷载,以研究这类圆柱薄壳的风振屈曲机理。

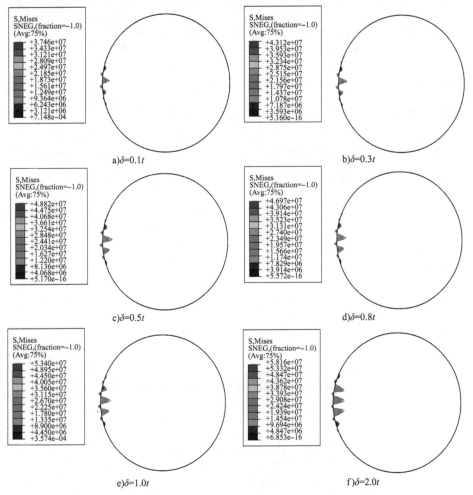

图 3.2-22　不同缺陷水平下的变形及应力(储罐 D,固定顶,空罐)

1)浮顶储罐

图 3.2-23 给出了空浮顶储罐 A 到储罐 D 最大节点位移随荷载的变化曲线。从图中可以看出,储罐 A 到储罐 D 的动力屈曲荷载系数 λ_d 分别为 0.333、0.543、0.82 和 2.26,与前面对特征值屈曲的分析结果类似,随着 H/D 的降低,动力屈曲

临界荷载逐渐变大。其中,最小和最大屈曲荷载分别为 0.333kPa 和 2.26kPa,对应 10m 高度处平均风速分别为 23.3m/s 和 60.7m/s。另外,图 3.2-24 为屈曲发生时最大节点位移,可以看出随着 H/D 的增加,位移与壁厚的比值 w/t 几乎呈线性增长,但 w 的值则在 100~120mm 之间波动。

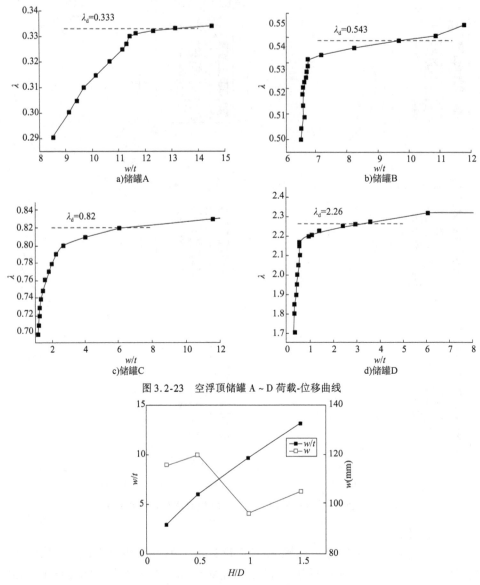

图 3.2-23 空浮顶储罐 A~D 荷载-位移曲线

图 3.2-24 空浮顶储罐 A~D 屈曲点位移

图 3.2-25 给出了空浮顶储罐 D 在不同荷载系数水平下的位移时程曲线,这里仅截取了具有代表性的一段,并与净风压系数时程作比较。从图中可以看出,当荷载系数 $\lambda = 2.17$ 时,罐壁来回振动,位移始终保持在较低水平,未发生屈曲变形;当 λ 达到临界屈曲荷载系数 2.26 时,罐壁在振动一段时间后位移将急剧增加,表明罐壁发生屈曲变形,取位移到达 100mm 左右作为屈曲点,对应时刻 $t_b = 58.5\text{s}$,而在 $t_{max} = 58.4\text{s}$ 的时刻,风荷载出现最大值,屈曲发生与动态荷载最大的时刻十分接近,说明在临界屈曲风荷载作用下,当风荷载达到最大瞬时,储罐迅速进入屈曲状态,此后尽管荷载快速回落,但储罐变形速率并未降低,仍急剧增大。随着荷载系数进一步增加,在 $t_b = 33.9\text{s}$,风荷载还未达到最大值,储罐就发生屈曲,但可以看到该时刻附近风荷载也存在一个波峰,储罐在该荷载峰值下较早发生了屈曲。图 3.2-26 给出了 $\lambda_d = 2.26$ 时不同时刻的变形状态,当 $t = 30\text{s}$ 时,储罐罐壁小幅度振动,是屈曲前阶段;当 $t = 58.5\text{s}$ 时,位移迅速增加,可以看出其变形与静力屈曲的形状相似,最大位移接近迎风面顶部,属于屈曲阶段;当 $t = 90\text{s}$ 时,变形已经很大,位于屈曲后阶段,此时储罐变形最大已有几米,已发生严重破坏。

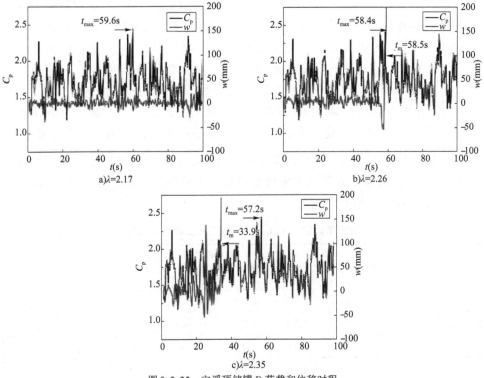

图 3.2-25 空浮顶储罐 D 荷载和位移时程

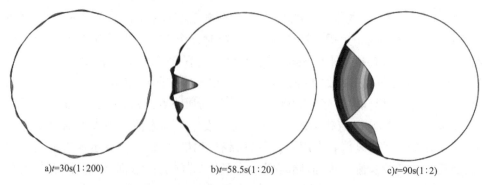

图 3.2-26　空浮顶储罐 D 不同时刻变形状态

表 3.2-3 是在计算储罐屈曲时,空浮顶罐 A~D 的净风压系数与临界屈曲荷载的比较,表中阵风因子 G_{fs} 为驻点风压系数最大值 $\hat{C}_{ps}$ 与平均值 $\overline{C}_{ps}$ 的比值,λ_s 和 $\hat{\lambda_s}$ 分别表示储罐在平均风压分布和驻点风压系数最大的瞬时风压分布两种条件下计算得到的静力屈曲临界值。从表中可以看出,储罐驻点风压系数的阵风因子在 1.37~1.46 之间,其值和对应的 $\lambda_s/\hat{\lambda_s}$ 比较接近,即 $\overline{C}_{ps}\lambda_s \approx \hat{C}_{ps}\hat{\lambda_s}$。在两种荷载分布条件下,储罐的静力屈曲承载力接近,这可能是由于其迎风面最大瞬时风压系数与平均风压系数的比值大部分与 G_{fs} 比较接近,而储罐屈曲主要受迎风面正压影响。此外,$\hat{\lambda_s}/\lambda_d$ 值接近 1,说明储罐屈曲的动力放大效应并不明显,从前面的分析也可知,储罐在风荷载达到最大瞬时易发生屈曲,两者时间间隔很近。并且 $\hat{\lambda_s}/\lambda_d$ 的值大部分都小于 1,主要是由于在脉动风荷载作用下,荷载达到最大值后又迅速下降,导致储罐相对静风荷载作用时不那么容易进入屈曲状态,因而 λ_d 略大于 $\hat{\lambda_s}$。综上分析可知,在进行空浮顶储罐的风振屈曲计算时,可通过平均风压系数 $\overline{C}_p$ 和阵风因子 G_{fs},计算储罐在最大风压系数分布下的静力屈曲荷载因子,以此估计其动力屈曲荷载,其值偏于保守。

空浮顶储罐 A~D 风压系数与屈曲荷载值比较　　表 3.2-3

编号	参数							
	$\overline{C}_{ps}$	$\hat{C}_{ps}$	G_{fs}	λ_s	$\hat{\lambda_s}$	λ_d	$\lambda_s/\hat{\lambda_s}$	$\hat{\lambda_s}/\lambda_d$
储罐 A	1.80	2.47	1.37	0.4517	0.3259	0.333	1.39	0.98
储罐 B	1.82	2.53	1.39	0.7321	0.5407	0.543	1.35	1.00
储罐 C	1.86	2.71	1.45	1.121	0.8020	0.82	1.40	0.98
储罐 D	1.68	2.46	1.46	2.678	2.081	2.26	1.29	0.92

3 港口大型石化储罐结构风致灾变效应及其易损性分析

2）固定顶储罐

图 3.2-27 给出了固定顶储罐 A～D 最大节点位移随荷载的变化曲线。从图中可以看出，储罐 A～D 的动力屈曲荷载系数 λ_d 分别为 1.008、1.57、2.5 和 7.06，与前面对特征值屈曲的分析结果类似，随着 H/D 的减小，动力屈曲临界荷载逐渐增大，且对较于相同 H/D 的浮顶罐，临界值均提高了 3 倍左右。其中，最小和最大屈曲荷载分别为 1.008kPa 和 7.06kPa，对应 10m 高度平均风速分别为 40.6m/s 和 107.4m/s。另外，图 3.2-28 为屈曲发生时最大节点位移，可以看出随着 H/D 的增加，位移相对值 w/t 也逐渐增长，但增长速率低于空浮顶罐，w 的值则在 50～100mm 之间，说明固定顶储罐动力屈曲时的位移绝对值也小于空浮顶储罐。

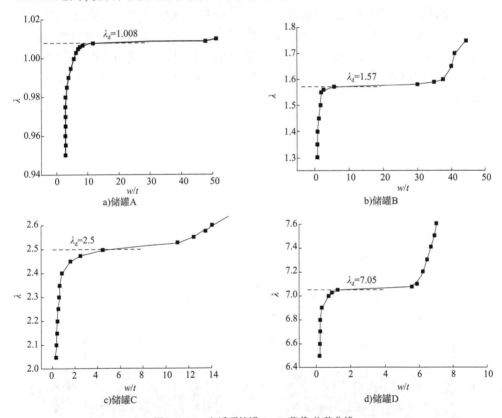

图 3.2-27 空浮顶储罐 A～D 荷载-位移曲线

图 3.2-29 给出了固定顶储罐 D 在不同荷载系数水平下的位移时程曲线。与空浮顶罐类似，当荷载系数 λ 小于临界值时，罐壁来回振动，且位移幅值较浮顶罐更小；当 λ 达到临界荷载系数 7.05 时，罐壁在振动一段时间后位移将急剧增加，罐壁发生

屈曲变形,取位移第一次到达100mm左右作为屈曲点,对应时刻t_b=256.6s,而风荷载在t_{max}=256.0s时出现最大值,两者相差0.6s,说明当风荷载达到最大瞬时,储罐迅速进入屈曲状态,此后与浮顶罐不同,位移有几次较大幅度波动,但最终恢复到低水平振动,主要是因为两端固支的约束条件限制位移无限增大,这从图3.2-27中也可以看出,储罐在屈曲点后的荷载-位移曲线在急剧增长后,其承载力还可以显著增加,存在明显的强化效应。当荷载系数λ增加到7.2,在t_b=253.8s时,储罐发生屈曲,不同于浮顶储罐,由于荷载系数增加幅度较小,储罐未在其他荷载峰值处发生屈曲,风荷载在t_{max}=253.3s达到最大,两者仅相隔0.5s,同样可以说明储罐较早发生了屈曲。图3.2-30给出了λ_d=7.05时不同时刻的变形状态,当t=230s时,储罐罐壁小幅度振动,是屈曲前阶段;当t=256.6s时,位移明显增加,处于屈曲阶段,可以看出其形状与静力屈曲模态的形状相似,最大位移出现在迎风面中间高度位置;在t=290s以后的屈曲后阶段,变形恢复,形状与屈曲前阶段相近,储罐仍可正常使用,但实际条件下罐顶约束并不一定有这么强,可能会在出现较大变形后连接失效,关于罐顶的约束条件设置有待进一步对比研究。

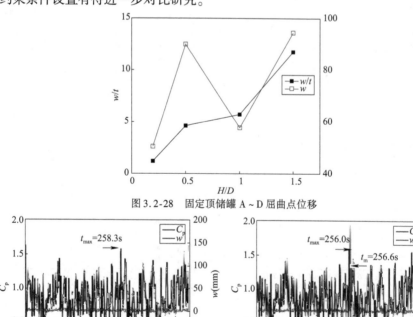

图3.2-28 固定顶储罐A～D屈曲点位移

图 3.2-29

3 港口大型石化储罐结构风致灾变效应及其易损性分析

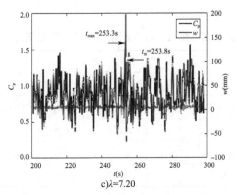

c)$\lambda=7.20$

图 3.2-29　空浮顶储罐 D 荷载和位移时程

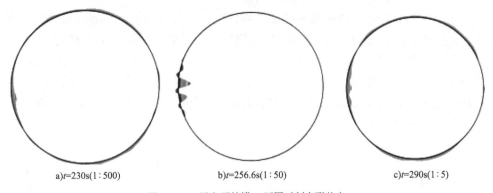

a)$t=230s(1:500)$　　　　b)$t=256.6s(1:50)$　　　　c)$t=290s(1:5)$

图 3.2-30　固定顶储罐 D 不同时刻变形状态

表 3.2-4 是固定顶罐 A～D 的驻点风压系数与临界屈曲荷载的比较。可以看出，储罐驻点风压系数的阵风因子 G_{fs} 在 1.73～2.06 之间，其值大于内外表面风压联合作用的空浮顶储罐，也较对应的 $\lambda_s/\lambda_{\hat{s}}$ 值偏大，即 $\overline{C}_{ps}\lambda_s < \hat{C}_{ps}\lambda_{\hat{s}}$，这可能是因为在两种荷载分系数布条件下，迎风面的差别较空浮顶罐更大。从图中可以看出，该区域内最大瞬时风压系数曲线较平均风压系数下降更快，两者的比值很快便远小于 G_{fs}，导致计算得到的 $\hat{C}_{ps}\lambda_{\hat{s}}$ 更大；当然，也有可能是因为固定顶储罐屈曲位置位于中间高度，与驻点相距较远，两点风压系数并不完全相关，这也是较高的 A、B 储罐比更低矮的 C、D 储罐差别更大的原因。此外，$\lambda_{\hat{s}}/\lambda_d$ 依然接近 1，同样说明固定顶储罐屈曲的动力放大效应并不明显，且 $\lambda_{\hat{s}}/\lambda_d$ 的值大部分也小于 1，储罐在静风荷载作用下比脉动风荷载作用下容易进入屈曲状态。因此，若和空浮顶储罐一样，通过平均风压系数 $\overline{C}_p$ 和阵风因子 G_{fs}，计算储罐在最大风压系数分布下的静力屈曲荷载因子，得到的值是偏低的，再以此估计其动力屈曲荷载，其值将

更加保守。

固定顶储罐 A～D 风压系数与屈曲荷载值比较　　　　表 3.2-4

编号	参数							
	$\overline{C}_{ps}$	$\widehat{C}_{ps}$	G_{fs}	λ_s	$\lambda_{\widehat{s}}$	λ_d	$\lambda_s/\lambda_{\widehat{s}}$	$\lambda_{\widehat{s}}/\lambda_d$
储罐 A	0.90	1.56	1.73	1.400	0.9853	1.008	1.42	0.98
储罐 B	0.86	1.50	1.74	2.270	1.638	1.57	1.39	1.04
储罐 C	0.85	1.75	2.06	4.250	2.092	2.5	2.03	0.84
储罐 D	0.87	1.61	1.85	10.32	6.435	7.06	1.60	0.91

随着储罐容积越大，高径比越小，因此，将储罐 D 作为典型工况分析，图 3.2-31 给出了空浮顶罐和固定顶罐两种储罐 D 在均匀流中最大节点位移随荷载的变化曲线。从图中可以看出，空浮顶罐和固定顶罐的动力屈曲荷载系数 λ_d 分别为 3.52 和 12.15，与相较于湍流中的 2.26 和 7.06，分别提高了 1.6 和 1.7 倍，说明在湍流中储罐更容易发生屈曲，这主要是因为湍流中驻点风压最大瞬时值比平均值大几倍，储罐在最大瞬时风压作用下发生屈曲，而均匀流中两者比较接近，因此，相应的动力屈曲荷载系数更高。

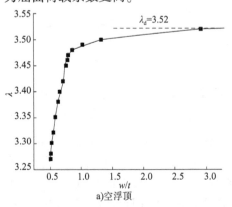
a) 空浮顶

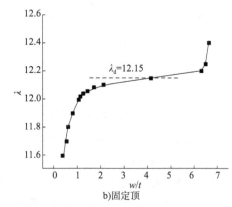
b) 固定顶

图 3.2-31　均匀流中储罐 A 荷载-位移曲线

表 3.2-5 是均匀流中空浮顶和固定顶储罐 D 的风压系数与临界屈曲荷载的比较。从表中可以看出，储罐驻点风压系数的阵风因子分别为 1.13 和 1.15，由于是流场湍流度低，其值显然接近 1，且其值和对应的 $\lambda_s/\lambda_{\widehat{s}}$ 十分接近，$\overline{C}_{ps}\lambda_s \approx \widehat{C}_{ps}\lambda_{\widehat{s}}$，这也是由于均匀流中储罐表面脉动风压系数低，最大瞬时风压系数分布与平均风压系数分布十分相似导致的。另外，$\lambda_{\widehat{s}}/\lambda_d$ 均小于 1 但比湍流中的储罐 D 更接近 1，

在风压系数最大瞬时分布情况相同的情况下，均匀流场中 λ_d 更小，储罐更容易发生屈曲，这同样是由于湍流度低的流场中风荷载与平均静风荷载更相似导致的，而湍流场中脉动风压达到最大值后会迅速下降。

均匀流中储罐 A 风压系数与屈曲荷载值比较　　　　表 3.2-5

罐顶类型	$\overline{C}_{ps}$	$\widehat{C}_{ps}$	G_{fs}	λ_s	$\lambda_{\widehat{s}}$	λ_d	$\lambda_s/\lambda_{\widehat{s}}$	$\lambda_{\widehat{s}}/\lambda_d$
空浮顶	1.46	1.65	1.13	3.678	3.291	3.52	1.12	0.93
固定顶	0.81	0.93	1.15	13.62	11.59	12.15	1.18	0.95

3.3　港口大型石化储罐气弹风振响应特性分析

本节基于第 3.1 节中的风洞试验结果，结合第 3.2 节中的动态风效应分析方法，对港口大型石化储罐结构风效应进行综合分析。由于气弹试验设计复杂，开展成本较高，一般情况下多采用有限元分析方法计算其风振响应。一方面，计算时荷载通过刚性模型测压试验得到，与实际弹性结构受力存在差别，可能会对结果产生影响；另一方面，加工制作气弹模型时由于工艺条件的限制不可避免存在初始缺陷，其余实际结构的振动特性有所差别，可按原型结构和模型结构进行有限元分析，验证模型相似比设计的准确性，并对制作模型的偏差和其对结果带来的影响进行评估，以便提出高效精准的储罐结构风效应计算方法。

3.3.1　气动弹性模态参数识别

1）模态频率识别

利用 ABAQUS 计算软件对气弹模型建模和结构分析，与气弹模型动力特性试验结果比较，检验气弹模型制作是否满足风洞试验要求。图 3.3-1 给出了储罐原型结构的自振频率分布，可以看出，储罐结构的频率分布十分密集，前 200 阶频率在 0.8~3.8Hz 的小范围内变化。由于圆柱结构的对称性，模态总是成对出现，每两阶的频率相等，振型近似，可进行合并分析处理。

采用模型初位移激励法和紊流风场激励法分析其模态参数。首先对模型振动响应时间序列进行功率谱变换，靠近驻点位置的典型测点响应自功率谱如图 3.3-2 所示。得到模型的前 10 阶频率，与设计值比较，结果见表 3.3-1 和表 3.3-2。由于模型较大，振型复杂，试验只在迎风面布置了位移测点，测试模型迎风面的振动特性，而无法得到模型整体振型。

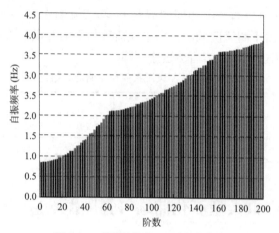

图 3.3-1 储罐结构前 200 阶频率分布

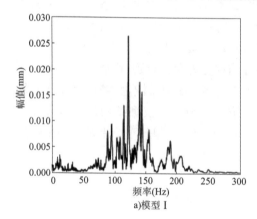
a)模型 I

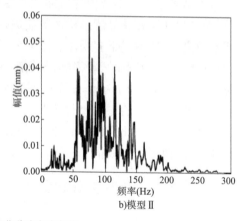
b)模型 II

图 3.3-2 典型测点位移响应功率谱

气弹模型 I 设计参数与实测值 表 3.3-1

阶数	有限元建模				试验实测	
	原型		模型		模型	
	振型	频率(缩尺频率)(Hz)	振型	频率(设计误差)(Hz)	频率(Hz)	实测误差
1/2	11 个环向波	1.31(98.25)	11 个环向波	95.75(2.54%)	90.5	7.9%

续上表

阶数	有限元建模				试验实测	
	原型		模型		模型	
	振型	频率(缩尺频率)(Hz)	振型	频率(设计误差)(Hz)	频率(Hz)	实测误差
3/4	10 个环向波	1.33(99.75)	10 个环向波	96.98(2.78%)	93.0	6.8%
5/6	12 个环向波	1.37(102.75)	12 个环向波	100.47(2.22%)	96.5	6.1%
7/8	9 个环向波	1.41(105.75)	9 个环向波	102.90(2.70%)	101.2	4.6%
9/10	13 个环向波	1.54(115.50)	13 个环向波	112.37(2.71%)	105.2	8.9%

气弹模型 II 设计参数与实测值   表 3.3-2

阶数	有限元建模				试验实测	
	原型		模型		模型	
	振型	频率(缩尺频率)(Hz)	振型	频率(设计误差)(Hz)	频率(Hz)	实测误差
1/2	20 个环向波	0.84(63.55)	20 个环向波	61.41(3.36%)	57.5	9.5%

续上表

阶数	有限元建模				试验实测	
	原型		模型		模型	
	振型	频率(缩尺频率)(Hz)	振型	频率(设计误差)(Hz)	频率(Hz)	实测误差
3/4	 19 个环向波	0.85(63.84)	 19 个环向波	61.83(3.14%)	58.7	8.1%
5/6	 21 个环向波	0.86(64.46)	 21 个环向波	62.09(3.68%)	60.7	5.8%
7/8	 18 个环向波	0.87(65.45)	 18 个环向波	62.95(3.80%)	61.3	6.3%
9/10	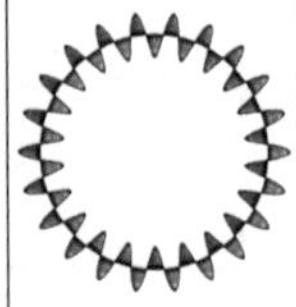 22 个环向波	0.88(66.23)	 22 个环向波	63.78(3.69%)	62.3	5.9%

从表中数据可以看出,仅底部固定的原始圆柱储罐的振型沿环向为多个简谐波,不同模态的波数不同,沿竖向为1个半波,最大变形发生在顶部自由端。经有限元分析得到的原型与模型频率差别较小,其误差来源于模型钢材与原型钢材的材料略有差异,说明模型设计准确,保证了相似性要求。而试验制作的两种钢制气弹模型频率均比设计频率低,最大实测误差在10%以内,基本满足风洞试验要求。

2) 阻尼比识别

试验前需测定模型的固有阻尼比,在无风条件下通过敲击模型测出典型测点的径向自由振动衰减曲线,测量结果如图 3.3-3 所示,通过振幅的对数衰减律公式(3.3-1)计算出振动系统的固有阻尼。其中,模型Ⅰ的阻尼比约为1.5%,模型Ⅱ的阻尼比约为1.9%。一般认为钢结构的阻尼比为2%,储罐由于结构低矮其值可能更大。由于阻尼影响因素复杂,试验模型的阻尼比为1.5%~1.9%。

$$\zeta_s = \frac{1}{2\pi m} \ln \frac{A_n}{A_{n+m}} \qquad (3.3\text{-}1)$$

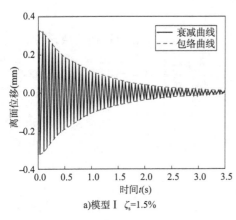 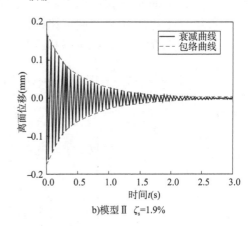

a) 模型Ⅰ $\zeta_s=1.5\%$ b) 模型Ⅱ $\zeta_s=1.9\%$

图 3.3-3　自由振动衰减曲线

结构由于风致振动将产生气动阻尼,使总阻尼值改变。可利用随机减量技术识别出模型的总阻尼比 ζ_t,减去模型在无风条件下得到的结构阻尼比 ζ_s,即可得到气动阻尼比 $\zeta_a = \zeta_t - \zeta_s$。随机减量技术是从线性振动系统的平稳随机振动响应样本中,进行多次采样并使采集到的每一样本具有某种共同的初始条件。对采集到的大量样本进行集合平均,消除或尽量减小响应中的零平均随机量,从而得到在初始条件作用下的自由振动响应序列,在该序列中即可方便地识别出系统的频率及阻尼。

以单自由度系统为例,其动力微分方程可以表示为:

$$m\ddot{x} + c\dot{x} + kx = f(t) \qquad (3.3\text{-}2)$$

式中:m、c、k——系统的质量、阻尼和刚度;
　　　　x——运动响应;
　　　　$f(t)$——平稳随机激励。

对等式两边进行拉普拉斯变换,则有:

$$(ms^2 + cs + k)x(s) = f(s) + m\dot{x}(0) + (ms + c)x(0) \qquad (3.3\text{-}3)$$

整理后得:

$$X(s) = \frac{s + 2\zeta\omega_n}{s^2 + 2\zeta\omega_n s + \omega_n^2} x(0) + \frac{1}{s^2 + 2\zeta\omega_n s + \omega_n^2} \dot{x}(0) + \frac{1}{m(s^2 + 2\zeta\omega_n s + \omega_n^2)} F(s)$$

(3.3-4)

式中：$X(s)$、$F(s)$——响应和激励的拉氏变换；

ω_n——固有频率；

ζ——系统阻尼比；

$x(0)$、$\dot{x}(0)$——初始位移和速度。对上式两边进行拉普拉斯逆变换，得：

$$x(t) = x(0)D(t) + \dot{x}(0)V(t) + \int_0^t \frac{F(\tau)}{m} h(t-\tau) d\tau \quad (3.3-5)$$

式中：

$$\begin{cases} D(t) = \frac{1}{\sqrt{1-\zeta^2}} e^{-\zeta\omega_n t} \cos(\omega_d t - \varphi) \\ V(t) = \frac{1}{\omega_d} e^{-\zeta\omega_n t} \sin\omega_d t \\ \omega_d = \sqrt{1-\zeta^2}\, \omega_n \\ \varphi = \tan^{-1}\left(\frac{\zeta}{\sqrt{1-\zeta^2}}\right) \end{cases} \quad (3.3-6)$$

$D(t)$ 表示初始位移为1、初始速度为0的系统自由衰减（阶跃响应）；$V(t)$ 表示初始位移为0、初始速度为1的系统自由衰减（脉冲响应）；第三项积分项表示由外部激励引起的强迫振动（随机响应），$h(t)$ 表示单位脉冲响应函数。

随机减量法的具体过程如图 3.3-4 所示。选取适当常数 A 截取随机响应信号 $x(t)$，得到若干交点时刻 $t_i(i=1,2,3,\cdots,N)$，自 t_i 开始的响应仍为式(3.3-5)中三部分响应的叠加：

$$x(t-t_i) = x(t_i)D(t-t_i) + \dot{x}(t_i)V(t-t_i) + \int_{t_i}^t \frac{F(\tau)}{m} h(t-\tau) d\tau \quad (3.3-7)$$

时刻 t_i 的选取并不影响响应的随机特性，可将时间起点平移至坐标原点，对 N 个子样本进行算术平均，则有：

$$x(t) = E\left[AD(t) + \dot{x}(t_i)V(t) + \int_0^t \frac{F(\tau+t_i)}{m} h(t-\tau) d\tau\right] \quad (3.3-8)$$

由于激励 $f(t)$ 是各态历经的零均值平稳过程，系统振动响应 $x(t)$ 是平稳响应，

其导出的 $\dot{x}(t)$ 也是平稳的，则：

$$x(t) \approx AD(t) \tag{3.3-9}$$

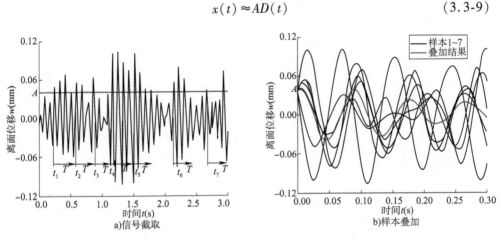

图 3.3-4 随机减量计算过程示意图

即叠加结果为初始位移为 A、初始速度为 0 的自由振动衰减曲线。可根据对数率确定系统总阻尼比 ζ_t。为保证识别结果的稳定性，通常选择响应均方根作为初始幅值，子样本数量应该足够大，以产生可重复的随机减量信号。

通过随机减量法，识别不同风速下的结构总阻尼比 ζ_t，部分衰减曲线如图 3.3-5 和图 3.3-6 所示。图中衰减曲线的包络基本符合对数衰减曲线，识别结果较好。结构产生风致振动时，模型 I 和模型 II 的总阻尼比均有不同程度的增加。

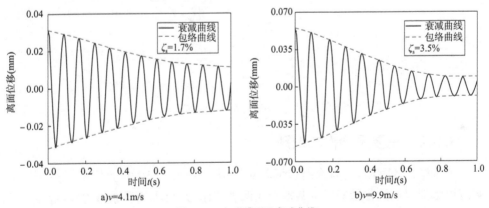

图 3.3-5 气弹模型 I 衰减曲线

已知结构固有阻尼比 ζ_s，可计算气动阻尼比 ζ_a，由此得到模型气动阻尼随来流风速的变化如图 3.3-7 所示。随着风速增大，结构发生不同幅度的振动，气动阻尼比逐渐增大至超过2%。随着风速进一步增大,结构可能发生屈曲变形,进入另一种平衡状态,使得结构动力特性发生改变,计算得到的气动阻尼比反而降低,但未见负气动阻尼。

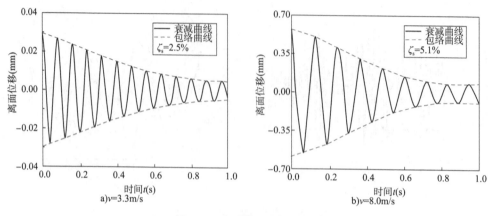

图 3.3-6　气弹模型 II 衰减曲线

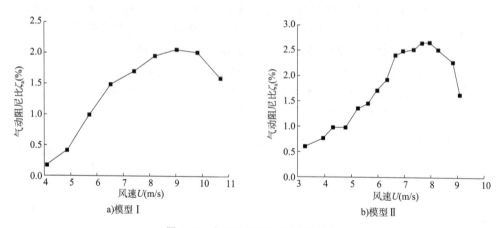

图 3.3-7　气动阻尼随折减风速的变化

3.3.2　主要振动模态识别

由于结构体型较大,高阶模态可能对结构风振响应产生较大影响。由于风振响应可近似表达为背景响应与共振响应两者的组合,可采用背景-共振能量参与系数法分析结构风振响应特点,识别主要贡献模态。

1) 模态贡献计算及识别

结构在脉动风荷载作用下的振动方程为:

$$M\ddot{X}_d + C\dot{X}_d + KX_d = LP_d(t) \qquad (3.3\text{-}10)$$

式中：M、C、K——结构的质量矩阵、阻尼矩阵和刚度矩阵；

　　　$P_d(t)$——测压点处的脉动风压荷载；

　　　L——测压点从属面积上作用单位风压荷载时结点等效力组成的转换矩阵；

　　　X_d、$\dot{X}_d$、$\ddot{X}_d$——脉动风荷载作用下的结点位移、速度和加速度。

设结构的振型矩阵是 $\boldsymbol{\Phi} = [\phi_1, \phi_2, \cdots, \phi_n]$，广义质量矩阵 $M^* = \boldsymbol{\Phi}^T \cdot M\boldsymbol{\Phi} = I$（其中 n 为截断频率的个数，I 为单位矩阵），则广义刚度矩阵 $K^* = \boldsymbol{\Phi}^T \cdot K\boldsymbol{\Phi} = \mathrm{diag}[\omega_{s,1}^2, \omega_{s,2}^2, \cdots, \omega_{s,n}^2]$，$\omega_{s,j}$ 为结构第 j 阶圆频率，采用比例阻尼如瑞利阻尼时，广义阻尼矩阵 $\widetilde{C} = \boldsymbol{\Phi}^T \cdot C\boldsymbol{\Phi} = \mathrm{diag}[2\zeta_{s,1}\omega_{s,1}, 2\zeta_{s,2}\omega_{s,2}, \cdots, 2\zeta_{s,n}\omega_{s,n}]$，$\zeta_{s,j}$ 为结构第 j 阶阻尼比。利用振型矩阵，对运动方程中的 X_d 进行坐标转换，即 $X_d = \boldsymbol{\Phi}Q_d$，将式(3.3-10)两边左乘 $\boldsymbol{\Phi}^T$，得到广义坐标下的运动方程：

$$\widetilde{M}\ddot{Q}_d + \widetilde{C}\dot{Q}_d + \widetilde{K}Q_d = \boldsymbol{\Phi}^T LP_d(t) \qquad (3.3\text{-}11)$$

利用频响函数，结构在脉动风荷载作用下的位移响应方差矩阵为：

$$\sigma^2 = \int_{-\infty}^{+\infty} \boldsymbol{\Phi} H(\omega) \boldsymbol{\Phi}^T L S_{pp}(\omega) L^T \boldsymbol{\Phi} H^{*T}(\omega) \boldsymbol{\Phi}^T \mathrm{d}\omega \qquad (3.3\text{-}12)$$

式中：$S_{pp}(\omega)$——测压点脉动风压时程的互谱矩阵；

　　　$H(\omega)$——频响函数矩阵，且 $H(\omega) = \mathrm{diag}[H_1(\omega), H_2(\omega), \cdots, H_n(\omega)]$，其中，$H_j(\omega) = (\omega^2 + 2\zeta_{s,j}\omega_{s,j}\omega + \omega_{s,j}^2)^{-1}$ 为第 j 阶模态的频响函数；上标"$*$"表示共轭复数。

当不考虑结构的动力效应，将脉动风荷载作用下的结构振动看作静力过程：

$$KX_b = LP_d(t) \qquad (3.3\text{-}13)$$

利用振型分解，得到各阶模态的背景响应。设 $X_b = \boldsymbol{\Phi}Q_b$，类似地，式(3.1-13)可改写为：

$$K^* Q_b = \boldsymbol{\Phi}^T LP_d(t) \qquad (3.3\text{-}14)$$

则有：

$$Q_b = H_0 \boldsymbol{\Phi}^T LP_d(t) \qquad (3.3\text{-}15)$$

其中，$H_0 = K^{*-1} = \mathrm{diag}[1/\omega_{s,1}^2, 1/\omega_{s,2}^2, \cdots, 1/\omega_{s,n}^2]$；下标"b"表示背景响应。第 j 阶模态的背景响应为：

$$q_{b,j} = H_{j,0} \phi_j^T LP_d(t) \qquad (3.3\text{-}16)$$

其中，$H_{j,0} = 1/\omega_{s,j}^2$。则第 j 阶模态在总背景响应中的部分是：

$$X_{b,j} = \phi_j q_{b,j} = \phi_j H_{j,0} \phi_j^T L P_d(t) \quad (3.3\text{-}17)$$

从能量角度出发，反映背景响应对总响应的贡献程度大小。脉动风荷载在背景响应上做的功是：

$$W_b = \frac{1}{2} \sum \text{diag}[L P_d P_d^T L^T K^{-1}] \quad (3.3\text{-}18)$$

其中，$\sum \text{diag}[\cdot]$矩阵对角元素之和。其中，脉动风荷载在第j阶模态背景响应上做的功为：

$$W_{b,j} = \frac{1}{2} \sum \text{diag}[L P_d X_{b,j}^T] = \frac{1}{2} \sum \text{diag}[L P_d P_d^T L^T \phi_j H_{j,0} \phi_j^T] \quad (3.3\text{-}19)$$

总背景响应功的数学期望为：

$$W_{b,m} = \frac{1}{2} \sum \text{diag}\left[L \cdot \int_{-\infty}^{+\infty} S_{pp}(\omega) d\omega \cdot L^T K^{-1}\right] \quad (3.3\text{-}20)$$

第j阶模态背景响应功的数学期望为：

$$W_{b,j,m} = \frac{1}{2} \sum \text{diag}\left[L \cdot \int_{-\infty}^{+\infty} S_{pp}(\omega) d\omega \cdot L^T \phi_j H_{j,0} \phi_j^T\right] \quad (3.3\text{-}21)$$

则第j阶模态背景响应的能量参与系数是：

$$\gamma_{b,j} = \frac{W_{b,j,m}}{W_{b,m}} \quad (3.3\text{-}22)$$

背景响应的模态能量参与系数反映的是模态位移对总背景响应位移的平均贡献率。计算每个模态的背景响应能量参与系数，并按照降序排列，计算主要模态的背景响应累积能量参与系数。

共振响应是指脉动风荷载在共振频率处激起的结构响应，此时，施加在结构上的风荷载等于脉动风荷载在共振频率处的取值。根据式(3.3-11)，第j阶模态的运动方程为：

$$\ddot{q}_j + 2\zeta_{s,j}\omega_{s,j}\dot{q}_j + \omega_{s,j}^2 q_j = \phi_j^T L P_d(t) \quad (3.3\text{-}23)$$

对方程两侧进行傅里叶变换，通过第j阶频响函数滤波，得到模态响应的频域解：

$$q_j(\omega) = H_j(\omega) \phi_j^T L P_d(\omega) \quad (3.3\text{-}24)$$

第j阶模态的共振响应为：

$$q_{r,j}(\omega) = H_j(\omega) \phi_j^T L P_d(\omega_{s,j}) \quad (3.3\text{-}25)$$

其中，下标"r"表示共振响应；$P_d(\omega_{s,j})$表示第j阶模态频率$\omega_{s,j}$处风压荷载的傅里叶谱值。通过将共振频率附近的荷载激励等效为白噪声，简化频响函数，得到第j阶模态共振响应的位移方差为：

3 港口大型石化储罐结构风致灾变效应及其易损性分析

$$\sigma_{\mathrm{d},\mathrm{r},j}^{2}=\frac{\pi}{2\zeta_{\mathrm{s},j}\omega_{\mathrm{s},j}^{3}}\boldsymbol{\phi}_{j}^{\mathrm{T}}\boldsymbol{L}\boldsymbol{S}_{\mathrm{pp}}(\omega_{\mathrm{s},j})\boldsymbol{L}^{\mathrm{T}}\boldsymbol{\phi}_{j} \qquad (3.3\text{-}26)$$

其中,下标"d"表示位移响应;$\boldsymbol{S}_{\mathrm{pp}}(\omega_{\mathrm{s},j})$表示脉动风压互功率谱在第$j$阶模态频率$\omega_{\mathrm{s},j}$处的取值。第$j$阶模态的共振响应的速度方差为:

$$\sigma_{\mathrm{v},\mathrm{r},j}^{2}=\frac{\pi}{2\zeta_{\mathrm{s},j}\omega_{\mathrm{s},j}}\boldsymbol{\phi}_{j}^{\mathrm{T}}\boldsymbol{L}\boldsymbol{S}_{\mathrm{pp}}(\omega_{\mathrm{s},j})\boldsymbol{L}^{\mathrm{T}}\boldsymbol{\phi}_{j} \qquad (3.3\text{-}27)$$

其中,下标"v"表示速度响应。

脉动风荷载在第j阶模态共振响应上的功等于第j阶模态的动能和弹性能之和,即:

$$W_{\mathrm{r},j}=\frac{1}{2}\dot{q}_{\mathrm{r},j}^{2}+\frac{1}{2}\omega_{\mathrm{s},j}^{2}q_{\mathrm{r},j}^{2} \qquad (3.3\text{-}28)$$

对$W_{\mathrm{r},j}$取数学期望,得到:

$$W_{\mathrm{r},j,\mathrm{m}}=\frac{\pi}{2\zeta_{\mathrm{s},j}\omega_{\mathrm{s},j}}\boldsymbol{\phi}_{j}^{\mathrm{T}}\boldsymbol{L}\boldsymbol{S}_{\mathrm{pp}}(\omega_{\mathrm{s},j})\boldsymbol{L}^{\mathrm{T}}\boldsymbol{\phi}_{j} \qquad (3.3\text{-}29)$$

共振响应的总能量等于全部模态共振响应能量之和,当结构自由度数量十分庞大时,共振响应总能量是很难得到的。因此,共振响应总能量是未知的。为了方便比较,将模态共振响应能量参与系数定义为各阶共振响应能量与背景响应总能量之比:

$$\gamma_{\mathrm{r},j}=\frac{W_{\mathrm{r},j,\mathrm{m}}}{W_{\mathrm{b},\mathrm{m}}} \qquad (3.3\text{-}30)$$

将模态共振响应能量参与系数按照降序排列,并累加得到共振响应累积参与系数并识别主要贡献模态。

2)背景-共振响应参与系数

以无加强措施的储罐Ⅱ为例,其前200阶背景响应能量参与系数如图3.3-8所示。从图中可以看出,背景响应的能量分布比较离散。对背景响应能量参与系数按照降序排列,选取前20阶,如图3.3-9所示。可以看到,最大贡献模态为第170阶,背景能量参与系数为7%,其后几阶的阶数也比较大。考虑到结构每相邻两阶频率相等,振型接近,图中相邻每对模态只标出了其中一阶,如170阶对应的第二大贡献模态169阶未标出。在前10阶主要贡献模态之后,参与系数已经低于2%。图3.3-10给出了第170、118、95、72和45阶的振型,环向波数分别为4~8,可以看出环向波数越少,背景响应的贡献就越大。

储罐Ⅱ的前200阶共振响应能量参与系数如图3.3-11所示。共振响应能量分布在很广的模态范围内且能量贡献也很分散。对共振响应能量参与系数按照降序排列,选取前20阶,如图3.3-12所示。可以看到,最大贡献为第95阶,参与系数约为2.9。结构的模态频率较密集,脉动风压能激起去多阶模态振动,后几阶贡献较大的模态阶数也较大,且和背景能量的主要贡献模态差别不大,因此,这里未给出对应模态振型。在计算共振能量参与系数时,所用归一化系数为背景响应总能量值,由此可知结构风振响应的共振分量影响也很大。

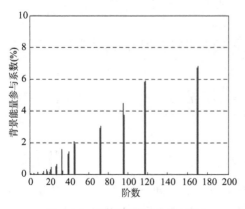

图3.3-8 背景响应能量参与系数

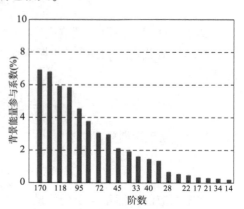

图3.3-9 背景响应主要贡献模态

图3.3-10 主要贡献模态振型

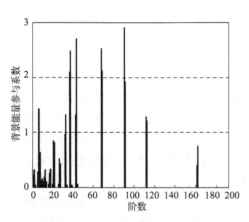

图3.3-11 共振响应能量参与系数

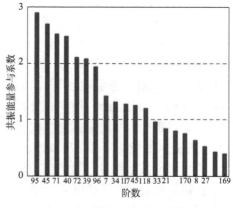

图3.3-12 共振响应主要贡献模态

3.3.3 考虑气弹效应的屈曲特性分析

1) 未加抗风圈

正常工作条件状态下,其在受到较小外界干扰后可通过自身体系的构型和材料的抗力来保持平衡状态。当干扰达到特定大小时,结构的平衡达到极限状态,可能会从目前的平衡状态转变为另一种新的平衡状态,即发生屈曲。若结构的屈曲后平衡路径仍不稳定,微小的扰动将使变形迅速增长,即认为结构发生失稳。

结构屈曲分析的关键在于找到屈曲临界状态,一般通过荷载响应关系,将微小荷载变化引起结构响应突然增大时对应的荷载条件定义为屈曲临界荷载。本试验中不断增大来流风速,观测迎风柱面的位移变化。首先利用特定点的荷载-最大位移曲线识别其屈曲状态,其结果如图 3.3-13 所示。对于原始模型Ⅰ,不同材料和壁厚的结构屈曲承载力有明显差别,除钢制壁厚 0.2mm 的模型外,其余模型均在一定条件下离面径向位移大幅增加至超过 50mm,发生明显失稳,PVC 模型明显弱于钢制模型。而钢制壁厚 0.2mm 的模型约在 10.3m/s 的风速下发生屈曲,位移超过 20.8mm,而后结构进入强化状态,位移随风速平稳增加。模型Ⅰ抗屈曲强度的排序为 0.2mm 厚钢制模型＞0.1mm 厚钢制模型＞0.4mm 厚 PVC 模型＞0.2mm 厚 PVC 模型。原始模型Ⅱ则相对更易失稳,4 种结构均在不同风速下位移迅速增加,同样地,0.4mm 厚的 PVC 模型最先发生屈曲失稳,0.6mm 厚 PVC 模型和 0.1mm 厚钢制模型的荷载位移曲线比较接近。模型Ⅱ抗屈曲强度的排序为 0.2mm 厚钢制模型＞0.1mm 厚钢制模型≈0.6mm 厚 PVC 模型＞0.4mm 厚 PVC 模型。

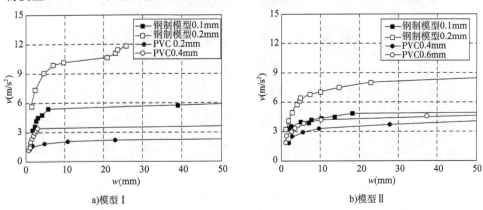

图 3.3-13　各原始模型荷载-位移曲线

图 3.3-14 和图 3.3-15 分别给出了模型 Ⅰ 和模型 Ⅱ 在风速小于和超过临界风速 v_c，即屈曲前和屈曲后迎风面的位移分布云图。从图中可以看出，结构在屈曲前的变形幅值很小，在 1mm 左右，沿环向存在一个或多个变形波，位置比较随机。结构发生屈曲后，会在迎风面某一薄弱处出现明显的 "V" 形变形，位置与屈曲前的变形位置并不重合。一方面模型存在初始缺陷，另一方面风荷载也有较大随机性，屈曲位置可能偏离 0° 迎风经线一定距离，但最大变形始终位于罐顶边缘。不论是钢制模型还是 PVC 模型，结构均在弹性范围内，在风速降低后，结构又将重新恢复屈曲前状态。因此，可以在模型中部或顶部增设抗风圈，以便观察分析其稳定效果。

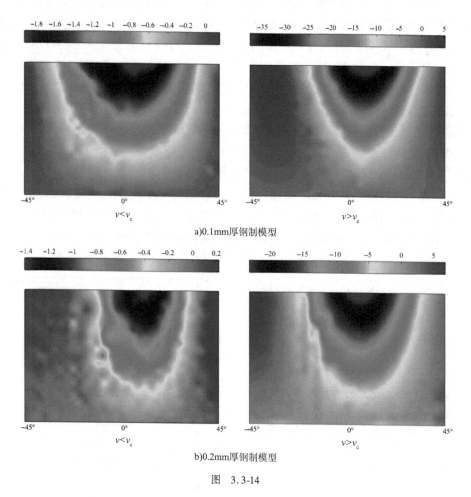

a) 0.1mm 厚钢制模型

b) 0.2mm 厚钢制模型

图 3.3-14

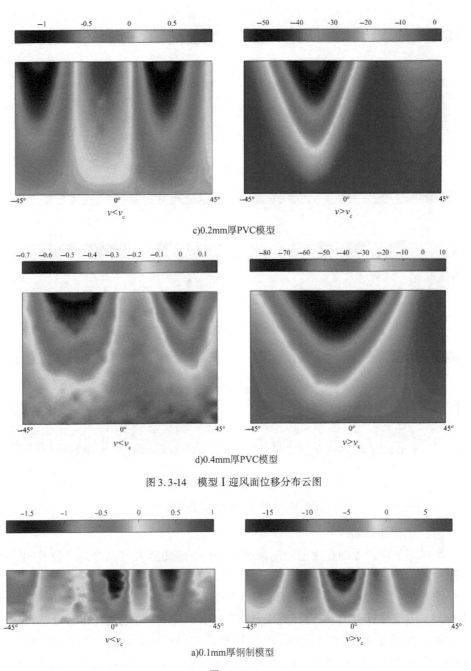

c) 0.2mm厚PVC模型

d) 0.4mm厚PVC模型

图 3.3-14　模型Ⅰ迎风面位移分布云图

a) 0.1mm厚钢制模型

图　3.3-15

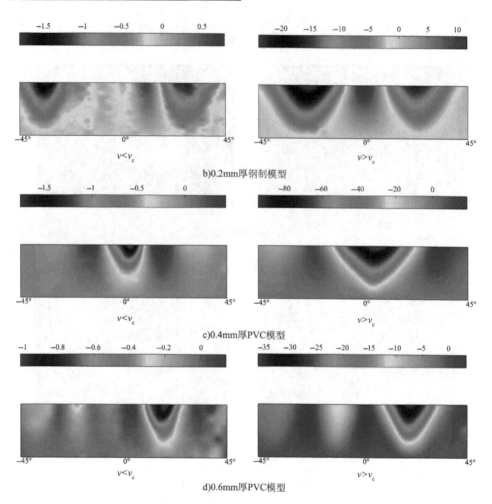

b)0.2mm厚钢制模型

c)0.4mm厚PVC模型

d)0.6mm厚PVC模型

图3.3-15 模型Ⅱ迎风面位移分布云图

2)抗风圈加强储罐

抗风圈加强储罐即在罐壁中间高度$0.5H$、顶部高度H和两个高度位置同时安装近似刚性的抗风圈。

图3.3-16中给出了不同材料和厚度储罐模型Ⅰ采取加强措施后的荷载-位移曲线。从图中可以看出，试验风速条件下，对于钢材制作的模型，在增设抗风圈后位移幅值均迅速减小，仅0.1mm的钢制模型在设中间抗风圈后，最大位移达到10mm，此刻风速10.7m/s，认为已经基本进入屈服状态，而且其他模型未见明显屈服。而对于刚度更小的PVC模型，抗风圈的效果则比较清晰地反映出来。对于

2mm 厚罐壁的情况,在增设中间抗风圈后,结构依然在较大风速 3.4m/s 下迅速发生失稳,若设置顶部抗风圈,罐壁位移突然增加,会进入屈曲后的相对稳定状态,对于设了双抗风圈的结构则更加明显,罐壁位移在 5.7m/s 左右有小幅突增,屈曲后强度较大,位移随荷载增加较缓慢。对于 0.4mm 厚 PVC 模型,中间抗风圈依旧未能避免失稳发生,且试验中未进入加强状态。设顶部抗风圈的罐壁屈曲已经不再明显,只是随着荷载增加位移增幅逐渐加大。设两道抗风圈后,结构始终保持在屈曲前的小幅位移状态,说明抗风圈能很好地避免储罐发生屈曲失稳破坏。就稳定效果来说,无加强 > 中间抗风圈 > 顶部抗风圈 > 双抗风圈,即使发生屈曲,足够强的抗风圈也能防止剧烈变形,而使结构重新进入屈曲后的稳定状态。

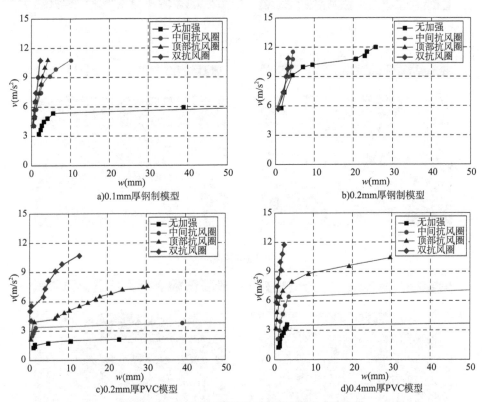

图 3.3-16 抗风圈加强储罐气弹模型 I 荷载-位移曲线

图 3.3-17 和图 3.3-18 分别以 0.1mm 厚钢制和 0.4mm 厚 PVC 模型 I 为例,比较了屈曲前和屈曲后设置不同抗风圈储罐迎风面的位移分布云图。可以看出,钢制模型在设抗风圈后,屈曲前的位移分布并不规则,变形很小,随着风速增加,设置中间抗风圈的罐壁上部位置有局部的屈曲,最大位移为 10.1mm,远不如原始储罐

明显,而其他加强储罐即使在最大试验风速下也未见明显屈曲。

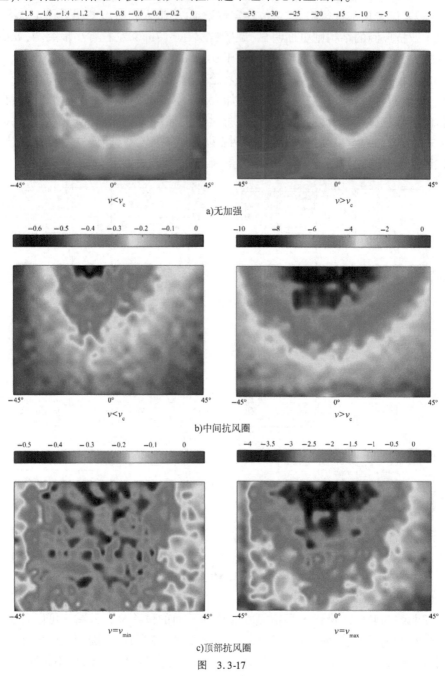

a) 无加强

b) 中间抗风圈

c) 顶部抗风圈

图 3.3-17

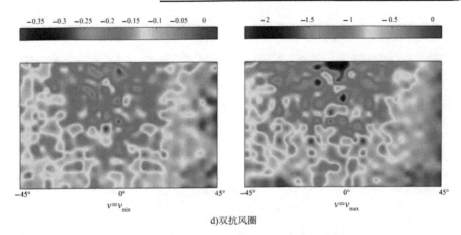

d) 双抗风圈

图 3.3-17 厚度 0.1mm 钢制模型 I 迎风面位移分布云图

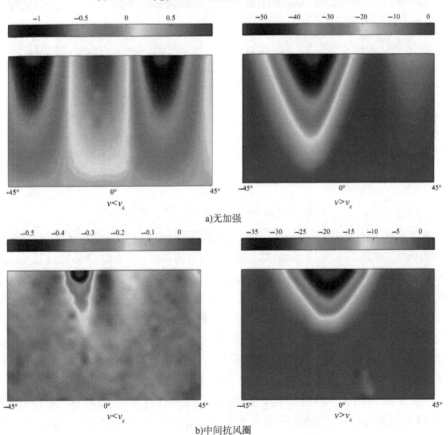

a) 无加强

b) 中间抗风圈

图 3.3-18

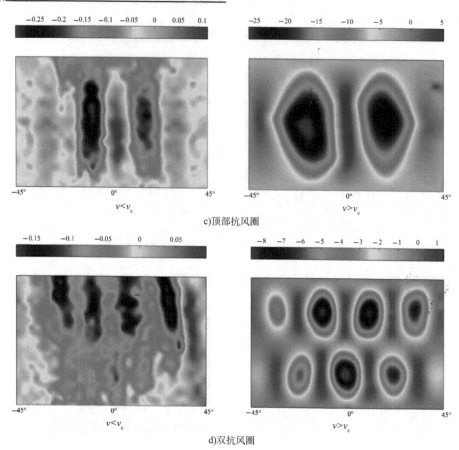

c)顶部抗风圈

d)双抗风圈

图3.3-18 厚度0.2mmPVC模型Ⅰ迎风面位移分布云图

通过PVC制作的模型,则可以更好地观察不同加强措施后结构屈曲后的变形特征。设中间抗风圈后,"V"形变形发生在$0.5H \sim H$高度,中下部位移始终很小,抗风圈限制了变形范围和幅度。设顶部抗风圈后,由于其约束作用,最大位移发生于$0.5H$位置,变形范围接近卵形或椭圆形,与两端固定的圆柱壳屈曲类似。设置双抗风圈后,屈曲变形的范围被进一步减小,$0.5H \sim H$高度范围的罐壁首先进入屈曲,荷载继续增大后,$0 \sim 0.5H$高度的罐壁也会屈曲,变形形状仍是卵形,偶数的变形波一般沿中线两侧排列,奇数的变形波则在中线附近有一个幅值较大的主波。类似用两个抗风圈将罐壁分割成上下两个端部固定的更矮柱壳,抗屈曲承载力进一步提高。

图3.3-19给出了不同材料和厚度储罐模型Ⅱ采取加强措施后的荷载-位移曲线。与圆柱Ⅰ的效果类似,加强储罐的屈曲承载力明显提升,屈曲变形被显著抑制。设单个抗风圈的0.1mm厚钢制模型,屈曲临界风速远大于无加强的原始模型,其余加强

钢制模型均未见屈曲。对于 PVC 模型,设置中间抗风圈后,屈曲变形缩小至小于 35mm,而设置顶部抗风圈或双层抗风圈后,屈曲变形很小,随后进入屈曲后加强状态。图 3.3-19a)和图 3.3-19c)中,虚线表示在结构屈曲后降低风速,罐壁恢复过程中的最大位移轨迹。可以看出,相对于加载过程,其具有明显的滞后性。模型虽然可以回到小变形状态,但风速条件明显低于临界屈曲风速,如图 3.3-19a)中设中间抗风圈的模型在 7.7m/s 的加载风速下屈曲,而降风速时该条件下最大位移仍有 10mm 左右,风速降至 6.5m/s 左右才重新回到屈曲前状态。这可能是由于罐壁屈曲后迎风面凹陷变形,使得局部正风压系数增大导致的,即使风速降低,凹陷变形也更难恢复。

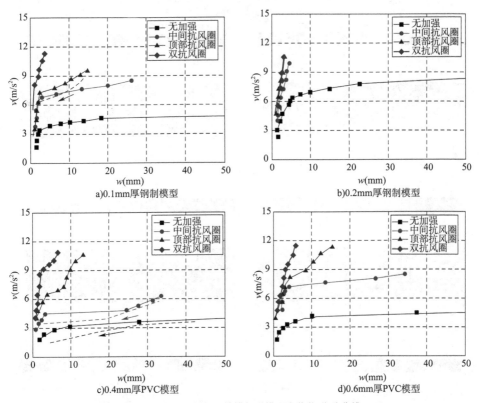

图 3.3-19　抗风圈加强储罐气弹模型 Ⅱ 荷载-位移曲线

图 3.3-20 和图 3.3-21 分别以 0.1mm 厚钢制和 0.4mm 厚 PVC 模型 Ⅱ 为例,比较屈曲前和屈曲后设置不同抗风圈储罐迎风面的位移分布云图。储罐模型在屈曲前的变形很小,在 1mm 左右。设置中间抗风圈的罐壁上部位置有局部"V"形屈曲,设置顶部抗风圈的屈曲最大位移发生在中间高度位置,双抗风圈的中上部分布有小范围的卵形屈曲。由于模型缺陷的存在,屈曲位置和形状并不十分规则,但均

163

发生在迎风面,抗风圈的限制效果显著。

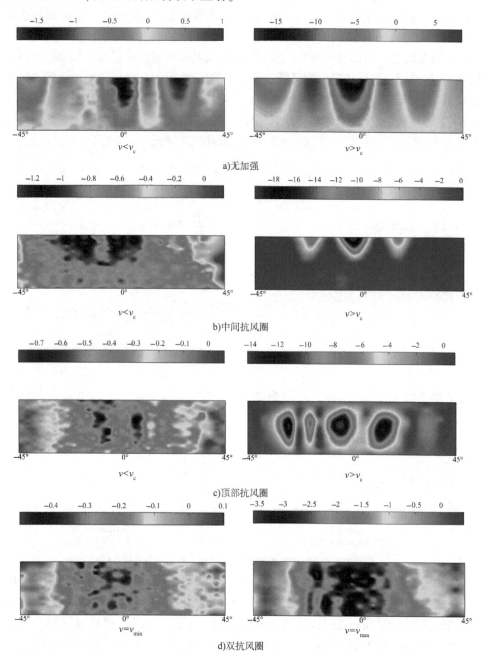

图 3.3-20　厚度 0.1mm 钢制储罐气弹模型 Ⅱ 迎风面位移分布云图

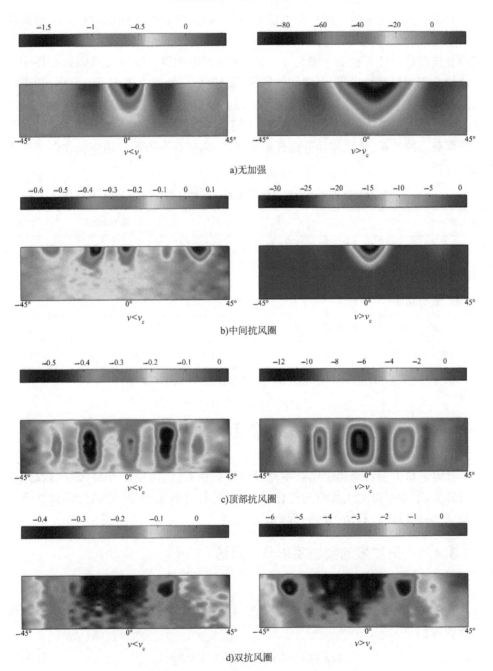

图 3.3-21 厚度 0.4mmPVC 储罐气弹模型 Ⅱ 迎风面位移分布云图

表 3.3-3 总结了各工况结构的临界屈曲风速,对于在达到试验最大风速条件下仍未屈曲的情况,这里只能以大于该最大风速的形式给出。相同壁厚和材质的模型Ⅱ抗风稳定性明显低于模型Ⅰ,这与现有理论相符。设置抗风圈后临界来流风速均有不同程度的提高,设中间抗风圈相对原始模型最大提高了 1.9 倍,顶部抗风圈最大提高了近 2.5 倍,双抗风圈最大提高超过 3.3 倍,即临界屈曲荷载提高超过 10 倍之多,可见抗风圈的作用显著。对于更加定量化地分析抗风圈位置数量与屈曲承载力的关系,确定规律并选择最优设置,需结合有限元和结构优化开展更多工况分析。

储罐气弹模型动力屈曲临界风速 v_c 试验结果(单位:m/s)　　表 3.3-3

模型编号	Ⅰ($H/D=0.5$)				Ⅱ($H/D=0.2$)			
材料	0.1S	0.2S	0.2P	0.4P	0.1S	0.2S	0.4P	0.6P
无抗风圈	5.4	10.3	1.9	3.5	4.3	7.1	3.2	3.7
中间抗风圈	10.3	>11.4	3.4	6.3	7.1	>10	4.7	7.2
顶部抗风圈	>10.8	>10.8	4.0	8.7	7.7	>10.6	6.7	8.5
双抗风圈	>10.7	>10.8	5.7	>11.6	>11.4	>10.6	9.6	>11.4

注:材料中数字表示厚度(mm);字母表示材质,S 为钢材,P 为 PVC 有机膜材。

3.4　港口大型石化储罐风效应简化分析方法

针对港口大型石化储罐风致振动效应和屈曲效应,为便于开展大量参数分析和计算,本节主要研究风效应的简化计算方法,提升分析效率,并结合试验结果进行验证,为抗风设计和易损性分析奠定基础。

3.4.1　风致振动频域简化分析方法

1)频域积分法

实际储罐多自由度体系、自由度数为 N_D 的结构,其在脉动风荷载作用下的运动方程为:

$$\boldsymbol{M}\ddot{\boldsymbol{x}}(t)+\boldsymbol{C}\dot{\boldsymbol{x}}(t)+\boldsymbol{K}\boldsymbol{x}(t)=\boldsymbol{R}\boldsymbol{p}(t) \tag{3.4-1}$$

式中:　$\boldsymbol{M}$、$\boldsymbol{C}$、$\boldsymbol{K}$——结构质量、阻尼和刚度矩阵($N_D \times N_D$);

$p(t)$——各加载节点的脉动风压力时程向量($N_L \times 1$,N_L为风荷载加载的节点数);

R——坐标转换矩阵($N_D \times N_L$);

$x(t)$、$\dot{x}(t)$、$\ddot{x}(t)$——结构各自由度的位移、速度、加速度响应时程向量($N_D \times 1$)。

求得位移后,可根据式(3.4-2)可求得结构的内力响应:

$$r(t) = Ix(t) \quad (3.4-2)$$

式中:$r(t)$——风致响应(内力、反力)时程向量($N_R \times 1$,N_R为所考察的内力或支反力总数);

I——影响面矩阵($N_R \times N_D$)。

对于多自由度体系,需考察位移协方差矩阵Σ_x($N_D \times N_D$)。根据随机振动理论,可表示为:

$$\Sigma_x = \int_0^\infty H(-i\omega) R S_p(\omega) R^T H^T(i\omega) d\omega \quad (3.4-3)$$

$$H(\varpi) = (M\varpi^2 + C\varpi + K)^{-1} \quad (3.4-4)$$

其中,$S_p(\omega) = \begin{bmatrix} S_{P11}(\omega) & S_{P12}(\omega) & \cdots & S_{P1N_L}(\omega) \\ S_{P21}(\omega) & S_{P22}(\omega) & \cdots & S_{P2N_L}(\omega) \\ \vdots & \vdots & \ddots & \vdots \\ S_{PN_L1}(\omega) & S_{PN_L2}(\omega) & \cdots & S_{PN_LN_L}(\omega) \end{bmatrix}$为风压力互功率谱矩阵

($N_L \times N_L$),主对角元素为风压力自功率谱,非主对角元素为两节点间风压力互功率谱;$H(\varpi)$为频响函数矩阵($N_D \times N_D$),^{T}表示转置。

可得根据位移协方差矩阵Σ_x到响应(内力、支反力)协方差矩阵Σ_r($N_R \times N_R$):

$$\Sigma_r = I \Sigma_x I^T = \int_0^\infty I H(-i\omega) R S_p(\omega) R^T H^T(i\omega) I^T d\omega \quad (3.4-5)$$

通过式(3.1-13)求解风振响应的方法称为直接积分法,该方法是频域计算最基本、最传统的方法。该方法能够直接考虑模态耦合效应,需要直接对耦合的频响函数矩阵进行频域积分,通常只能采用数值积分的方法,求解精度可能受频率分辨率、截断频率等因素的影响。

结构动力学中还采用广义特征值分析对运动微分方程组解耦,称为模态(振型)分解法。频率方程为:

$$|K - \omega^2 M| = 0 \quad (3.4-6)$$

式(3.4-6)的 N_D 个正实根 $\omega_{nj}(j=1,2,\cdots,N_D)$ 为刚度矩阵 $\boldsymbol{K}$ 相对于质量矩阵 $\boldsymbol{M}$ 的广义特征值的平方根,称为结构的自振频率。相应地,对于第 j 阶自振频率,有特征方程 $(j=1,2,\cdots,N_D)$:

$$(\boldsymbol{K}-\omega_{nj}^2\boldsymbol{M})\boldsymbol{\varphi}_j=0 \qquad (3.4\text{-}7)$$

可得到广义特征向量 $\boldsymbol{\varphi}_j(j=1,2,\cdots,N_D)$ 即为对应于自振频率 ω_{nj} 的模态(振型)向量 $(N_D\times 1)$。将模态向量按列组装,$\boldsymbol{\Phi}=[\boldsymbol{\varphi}_1 \quad \boldsymbol{\varphi}_2 \quad \cdots \quad \boldsymbol{\varphi}_{N_D}]$ 称为模态(振型)矩阵 $(N_D\times N_D)$。

利用模态矩阵 $\boldsymbol{\Phi}$ 对位移 $\boldsymbol{x}(t)$ 进行坐标转换:

$$\boldsymbol{x}(t)=\boldsymbol{\Phi}\boldsymbol{y}(t) \qquad (3.4\text{-}8)$$

式中,$\boldsymbol{y}(t)=[y_1(t) \quad y_2(t) \quad \cdots \quad y_{N_D}(t)]^T$ 为模态响应时程向量 $(N_D\times 1)$,由各阶模态响应时程 $y_j(t)(j=1,2,\cdots,N_D)$ 组成。

将质量、刚度矩阵对角化,得到广义质量矩阵 $\tilde{\boldsymbol{M}}=\boldsymbol{\Phi}^T\boldsymbol{M}\boldsymbol{\Phi}=\boldsymbol{E}_{N_D}$(这里规定,将广义质量矩阵归一化为 N_D 阶单位矩阵 $\boldsymbol{E}_{N_D}$)和广义刚度矩阵 $\tilde{\boldsymbol{K}}=\boldsymbol{\Phi}^T\boldsymbol{K}\boldsymbol{\Phi}=\text{diag}[\omega_{n1}^2 \quad \omega_{n2}^2 \quad \cdots \quad \omega_{nN_D}^2]$。采用比例阻尼(如 Rayleigh 阻尼)的情况下,广义阻尼矩阵 $\tilde{\boldsymbol{C}}=\boldsymbol{\Phi}^T\boldsymbol{C}\boldsymbol{\Phi}=\text{diag}[2\zeta_{n1}\omega_{n1} \quad 2\zeta_{n2}\omega_{n2} \quad \cdots \quad 2\zeta_{nN_D}\omega_{nN_D}]$ 为与各阶模态的阻尼比 $\zeta_{nj}(j=1,2,\cdots,N_D)$ 有关的对角矩阵。这样,两边左乘矩阵 $\boldsymbol{\Phi}^T$,得到解耦的运动方程:

$$\tilde{\boldsymbol{M}}\ddot{\boldsymbol{y}}(t)+\tilde{\boldsymbol{C}}\dot{\boldsymbol{y}}(t)+\tilde{\boldsymbol{K}}\boldsymbol{y}(t)=\boldsymbol{\Phi}^T\boldsymbol{R}\boldsymbol{p}(t) \qquad (3.4\text{-}9)$$

$$\ddot{y}_j(t)+2\zeta_{nj}\omega_{nj}\dot{y}_j(t)+\omega_{nj}^2 y_j(t)=\tilde{p}_j(t) \qquad (3.4\text{-}10)$$

其中,$\tilde{p}_j(t)=\boldsymbol{\varphi}_j^T\boldsymbol{R}\boldsymbol{p}(t)(j=1,2,\cdots,N_D)$ 为各阶模态的模态荷载。

则频响函数矩阵式(3.4-4)可以对角化为:

$$\boldsymbol{H}(\varpi)=\boldsymbol{\Phi}\boldsymbol{V}(\varpi)\boldsymbol{\Phi}^T \qquad (3.4\text{-}11)$$

其中,$\boldsymbol{V}(\varpi)=\text{diag}[V_1(\varpi) \quad V_2(\varpi) \quad \cdots \quad V_{N_D}(\varpi)]$ 为 N_D 阶对角矩阵函数,称为模态频响函数矩阵,$V_j(\varpi)=(\varpi^2+2\zeta_{nj}\omega_{nj}\varpi+\omega_{nj}^2)^{-1}$ 为第 j 阶模态频响函数,多项式 $V_j^{-1}(\varpi)=\varpi^2+2\zeta_{nj}\omega_{nj}\varpi+\omega_{nj}^2$ 为第 j 阶模态滤波多项式 $(j=1,2,\cdots,N_D)$。

$$\Sigma_r=\int_0^\infty \boldsymbol{I}\boldsymbol{\Phi}\boldsymbol{V}(-i\omega)\boldsymbol{\Phi}^T\boldsymbol{R}\,S_p(\omega)\,\boldsymbol{R}^T\boldsymbol{\Phi}\boldsymbol{V}(i\omega)\boldsymbol{\Phi}^T\boldsymbol{I}^T d\omega \qquad (3.4\text{-}12)$$

3 港口大型石化储罐结构风致灾变效应及其易损性分析

进一步分析式(3.4-12)中被积函数矩阵的意义，位移协方差矩阵 Σ_x、响应协方差矩阵 Σ_r 可表示为：

$$\Sigma_x = \boldsymbol{\Phi} \Sigma_y \boldsymbol{\Phi}^T ; \Sigma_r = \boldsymbol{I\Phi} \Sigma_y \boldsymbol{\Phi}^T \boldsymbol{I}^T = \boldsymbol{\Psi} \Sigma_y \boldsymbol{\Psi}^T \tag{3.4-13}$$

$$\Sigma_y = \int_0^\infty \boldsymbol{V}(-i\omega) \boldsymbol{\Phi}^T \boldsymbol{R} S_p(\omega) \boldsymbol{R}^T \boldsymbol{\Phi} \boldsymbol{V}^T (i\omega) d\omega \tag{3.4-14}$$

其中，$\boldsymbol{\Psi} = \boldsymbol{I\Phi} = [\boldsymbol{I}\boldsymbol{\varphi}_1 \quad \boldsymbol{I}\boldsymbol{\varphi}_2 \quad \cdots \quad \boldsymbol{I}\boldsymbol{\varphi}_{N_D}] = [\boldsymbol{\psi}_1 \quad \boldsymbol{\psi}_2 \quad \cdots \quad \boldsymbol{\psi}_{N_D}]$ 为响应模态矩阵($N_R \times N_D$)，其列向量 $\boldsymbol{\psi}_j = \boldsymbol{I}\boldsymbol{\varphi}_j (j=1,2,\cdots,N_D)$ 为各阶响应模态向量($N_R \times 1$)。

$$\Sigma_y = \begin{bmatrix} \sigma_{y_1 y_1} & \sigma_{y_1 y_2} & \cdots & \sigma_{y_1 y_{N_D}} \\ \sigma_{y_2 y_1} & \sigma_{y_2 y_2} & \cdots & \sigma_{y_2 y_{N_D}} \\ \vdots & \vdots & \ddots & \vdots \\ \sigma_{y_{N_D} y_1} & \sigma_{y_{N_D} y_2} & \cdots & \sigma_{y_{N_D} y_{N_D}} \end{bmatrix}$$ 为模态响应协方差矩阵($N_D \times N_D$)，$\sigma_{y_j y_k}$ 为第 j、k 阶模态响应的协方差($j,k=1,2,\cdots,N_D$)。由于为模态频响函数矩阵 $\boldsymbol{V}(\omega)$ 为对角矩阵，可写为分量形式，表示为：

$$\sigma_{y_j y_k} = \boldsymbol{\varphi}_j^T \boldsymbol{R} \cdot \int_0^\infty V_j(-i\omega) S_p(\omega) V_k(i\omega) d\omega \cdot \boldsymbol{R}^T \boldsymbol{\varphi}_k = \boldsymbol{\varphi}_j^T \boldsymbol{R} \cdot \Sigma_{jk} \cdot \boldsymbol{R}^T \boldsymbol{\varphi}_k$$

$$\tag{3.4-15}$$

其中，$\Sigma_{jk} = \begin{bmatrix} \sigma_{11jk} & \sigma_{12jk} & \cdots & \sigma_{1N_L jk} \\ \sigma_{21jk} & \sigma_{22jk} & \cdots & \sigma_{2N_L jk} \\ \vdots & \vdots & \ddots & \vdots \\ \sigma_{N_L 1 jk} & \sigma_{N_L 2 jk} & \cdots & \sigma_{N_L N_L jk} \end{bmatrix}$ 为由第 j、k 阶模态滤波后的互谱响应矩阵($N_L \times N_L$)，由一系列与 a、b 两点风压互谱和第 j、k 阶模态频响函数有关的频域积分 $\sigma_{abjk}(a,b=1,2,\cdots,N_L;j,k=1,2,\cdots,N_D)$ 组成，

$$\sigma_{abjk} = Re\left[\int_0^\infty V_j(-i\omega) S_{p_{ab}}(\omega) V_k(i\omega) d\omega\right]$$

$$= Re\left[\int_0^\infty \frac{S_{p_{ab}}(\omega)}{(-\omega^2 - 2i\zeta_{nj}\omega_{nj}\omega + \omega_{nj}^2)(-\omega^2 + 2i\zeta_{nk}\omega_{nk}\omega + \omega_{nk}^2)} d\omega\right]$$

$$= Re\left[\int_0^\infty \frac{U_{jk}(\omega^2)}{W_{jk}(-i\omega) \cdot W_{jk}(i\omega)} \cdot S_{p_{ab}}(\omega) d\omega\right]$$

$$\tag{3.4-16}$$

其中，$W_{jk}(\varpi) = V_j^{-1}(\varpi) \cdot V_k^{-1}(\varpi) = (\varpi^2 + 2\zeta_{nj}\omega_{nj}\varpi + \omega_{nj}^2) \cdot (\varpi^2 + 2\zeta_{nk}\omega_{nk}\varpi +$

ω_{nk}^2); $U_{jk}(\omega^2) = \widetilde{U}_{jk}(\omega) = Re[V_j(\mathrm{i}\omega) \cdot V_k(-\mathrm{i}\omega)] = (\omega^2 - \omega_{nj}^2) \cdot (\omega^2 - \omega_{nk}^2) + 4\zeta_{nj}\zeta_{nk}\omega_{nj}\omega_{nk}\omega^2$,即，$U_{jk}(\chi) = (\chi - \omega_{nj}^2) \cdot (\chi - \omega_{nk}^2) + 4\zeta_{nj}\zeta_{nk}\omega_{nj}\omega_{nk}\chi$。

通过上述推导可知，采用模态分解法求解结构风振响应的关键是对频域积分 σ_{abjk} 的求解。利用滤波型频谱模型，能够得到该积分的解析表达式，便于快速精准估计结构的风振响应。

2）风荷载滤波模型

通过对风荷载频谱特性的分析，可将风荷载的频谱表示为等效白噪声滤波的形式，如下：

$$\frac{S_p(\omega)}{\sigma_p^2} = \frac{\delta}{\Delta(-\mathrm{i}\omega) \cdot \Delta(\mathrm{i}\omega)} \qquad (3.4\text{-}17)$$

其中，滤波多项式假设为二次多项式 $\Delta(\varpi) = \varpi^2 + \rho\bar{\omega} + \lambda^2$，$\rho$、$\lambda$ 为待定参数。δ 为归一化系数，$\delta = 2\rho\lambda^2/\pi$，则式（3.4-17）可化为：

$$\frac{S_p(\omega)}{\sigma_p^2} = \frac{2\rho\lambda^2/\pi}{(-\omega^2 + \lambda^2)^2 + (\rho\omega)^2} \qquad (3.4\text{-}18)$$

根据谱矩的二阶特征频率时发现：

$$\widetilde{\omega}_2 = \sqrt{\frac{\Sigma_2}{\Sigma_0}} = \sqrt{\int_0^\infty \frac{2\rho\lambda^2\omega^2/\pi}{(-\omega^2 + \lambda^2)^2 + (\rho\omega)^2} \mathrm{d}w} = \lambda \qquad (3.4\text{-}19)$$

参数 λ 恰好为二阶特征圆频率 $\widetilde{\omega}_2$，根据量纲分析发现，λ 和 ρ 都具有频率的量纲。若将该模型转化为无量纲形式，在式（3.4-17）两边同时乘以频率 ω，类比于三参数模型引入峰值频率 ω_m 对频率进行无量纲化，令 $F' = \omega/\omega_m$，$\lambda_0 = \lambda/\omega_m$，$\rho_0 = \rho/\omega_m$，得：

$$S = \frac{2}{\pi} \cdot \frac{\rho_0\lambda_0^2 F'}{(-F'^2 + \lambda_0^2)^2 + (\rho_0 F')^2} \qquad (3.4\text{-}20)$$

根据峰值频率 ω_m 的定义，应满足的条件 $\left.\dfrac{\mathrm{d}S}{\mathrm{d}F'}\right|_{F'=1} = 0$，等价于 $\left.\dfrac{\mathrm{d}\ln S}{\mathrm{d}\ln F'}\right|_{F'=1} = 0$，有

$$\left.\frac{1}{F'} - \frac{4F'^3 + 2(\rho_0^2 - 2\lambda_0^2)F'}{(-F'^2 + \lambda_0^2)^2 + (\rho_0 \cdot F')^2}\right|_{F'=1} = 0$$，即：

$$\rho_0 = \sqrt{\lambda_0^4 + 2\lambda_0^2 - 3} = \sqrt{(\lambda_0^2 + 1)^2 - 4} \qquad (3.4\text{-}21)$$

以上给出了一种风压自功率谱的滤波形式，该形式由两个参数确定，一是峰值频率 ω_m，另一个是由二阶谱矩确定的无量纲特征频率 $\lambda_0 = \lambda/\omega_m = \omega_2/\omega_m$。

取 $\lambda_0 \to \infty$ 的极限,根据式(3.4-20), $\lim\limits_{\lambda_0 \to \infty} \dfrac{\rho_0}{\lambda_0^2} = \lim\limits_{\lambda_0 \to \infty} \dfrac{\sqrt{\lambda_0^4 + 2\lambda_0^2 - 3}}{\lambda_0^2} = 1$,则有:

$$\lim_{\lambda_0 \to \infty} \frac{2}{\pi} \cdot \frac{\rho_0 \lambda_0^2 F'}{(-F'^2 + \lambda_0^2)^2 + (\rho_0 F')^2} = \lim_{\lambda_0 \to \infty} \frac{2}{\pi} \cdot \frac{\dfrac{\rho_0}{\lambda_0^2} F'}{\left[-\left(\dfrac{1}{\lambda_0} F'\right)^2 + 1\right]^2 + \left(\dfrac{\rho_0}{\lambda_0^2} F'\right)^2} = \frac{2}{\pi} \cdot \frac{F'}{1 + F'^2}$$

即:

$$S = \frac{2}{\pi} \cdot \frac{F'}{1 + F'^2} \tag{3.4-22}$$

反推式(3.4-17)的表达形式:

$$\frac{S_p(\omega)}{\sigma_p^2} = \frac{2}{\pi} \cdot \frac{\omega_m}{\omega^2 + \omega_m^2} \tag{3.4-23}$$

此时,式(3.4-17)的分母多项式变次数为 1 次, $\Delta(\varpi) = \varpi + \omega_m$, 归一化系数 $\delta = \dfrac{2}{\pi}\omega_m$。

对于互功率谱,采用有理型相关函数进行近似,得到:

$$\mathrm{Coh}_{P_{ab}}(\omega) = \exp\left(-k_c \cdot \frac{\omega D_{ab}}{2\pi U}\right) \approx \frac{1}{\Delta_c(i\omega) \cdot \Delta_c(-i\omega)} = \left[1 + \left(K_c \cdot \frac{\omega D_{ab}}{2\pi U}\right)^2\right]^{-1} \tag{3.4-24}$$

其中, $\Delta_c(\varpi) = 1 + K_c \cdot \dfrac{D_{ab}}{2\pi U}\varpi$ 为相干函数的滤波多项式, K_c 为滤波型相干指数。相干函数的滤波表示还需建立相干指数 k_c 与滤波型相干指数 K_c 的联系。由于结构风振响应计算需要进行频域积分,所以类似地假设式(3-33)约等号两侧的频域积分相等,得到 $K_c = \dfrac{\pi}{2} k_c$。为简化表述,令 $c_{ab} = k_c \cdot \dfrac{D_{ab}}{4U}$,相干函数的滤波多项式为 $\Delta_c(\varpi) = 1 + c_{ab}\varpi$,则风荷载的互功率谱函数表示为:

$$S_{P_{ab}}(\omega) = \sigma_{p_a}\sigma_{p_b}\sqrt{\delta_a \delta_b} \cdot \frac{\Delta_{ab}(\omega^2)}{\Delta_{abc}(-i\omega) \cdot \Delta_{abc}(i\omega)} \tag{3.4-25}$$

其中,分子多项式为 $\Delta_{ab}(\omega^2) = \widetilde{\Delta}_{ab}(\omega) = \mathrm{Re}[\Delta_a(i\omega) \cdot \Delta_b(-i\omega)]$,滤波多项式 $\Delta_{abc}(\varpi) = \Delta_a(\varpi) \cdot \Delta_b(\varpi) \cdot \Delta_c(\varpi)$。当代入式(3.4-20)时,有:

$$\Delta_{ab}(\chi) = (\chi - \lambda_a^2) \cdot (\chi - \lambda_b^2) + \rho_a \rho_b \chi \tag{3.4-26}$$

$$\Delta_{abc}(\varpi) = (\varpi^2 + \rho_a \varpi + \lambda_a^2) \cdot (\varpi^2 + \rho_b \varpi + \lambda_b^2) \cdot (1 + c_{ab}\varpi) \quad (3.4\text{-}27)$$

当代入式(3.4-27)时,有:

$$\Delta_{ab}(\chi) = \chi + \omega_{ma}\omega_{mb} \quad (3.4\text{-}28)$$

$$\Delta_{abc}(\varpi) = (\varpi + \omega_{ma}) \cdot (\varpi + \omega_{mb}) \cdot (1 + c_{ab}\varpi) \quad (3.4\text{-}29)$$

3.4.2 风致动力屈曲效应等效静力简化分析方法

在风致屈曲效应的分析中,由于大变形的影响,运动方程式(3.4-1)的刚度矩阵 $\boldsymbol{K}$,受到几何非线性的影响,考虑应力刚度矩阵的影响,由 $\boldsymbol{K} + \boldsymbol{K}_\sigma$ 代替,其中 $\boldsymbol{K}_\sigma$ 为应力刚度矩阵。在振动模态中,需要考虑 3.2.2 中屈曲模态 $\widetilde{\boldsymbol{\varphi}}_j$ 的影响,模态分析需要考虑屈曲模态上的广义风荷载 $\widetilde{p}_j(t) = \widetilde{\boldsymbol{\varphi}}_j^\mathrm{T} \boldsymbol{R} p(t)$,模态叠加时还需加入屈曲模态上的广义坐标,则风致屈曲响应计算为:

$$\sigma_{\tilde{y}_j \tilde{y}_k} = \widetilde{\boldsymbol{\varphi}}_j^\mathrm{T} \boldsymbol{R} \cdot \sum_{jk} \cdot \boldsymbol{R}^\mathrm{T} \widetilde{\boldsymbol{\varphi}}_k \quad (3.4\text{-}30)$$

但通过上述方法计算结构的动力屈曲承载力时,采用动力增量分析法,仍需要大量分析计算。为进一步简化分析动力屈曲效应,考虑将增量动力分析法进一步简化为静力非线性全过程分析方法。考虑脉动风荷载条件极值效应和动力效应系数,可将动力屈曲承载力等效为准静力分析的结果进行动力修正,可大幅提升计算效率,也为后续的等效静力设计方法奠定基础。动力修正方法根据主导模态假设进行分析,得到动力因子如下:

$$\mu_\mathrm{d} = \sqrt{\int_0^\infty \frac{\omega_\mathrm{n}^4 S_p(\omega)/\sigma_\mathrm{p}^2}{(-\omega^2 + \omega_\mathrm{n}^2)^2 + (2\zeta_\mathrm{n}\omega_\mathrm{n}\omega)^2} \mathrm{d}\omega} \quad (3.4\text{-}31)$$

根据风荷载谱的滤波表示可得动力因子的闭合解:

$$\mu_\mathrm{d} = \sqrt{\frac{\psi_2}{\psi_1\psi_2 - \psi_{12}^2}} \quad (3.4\text{-}32)$$

其中,ψ_1,ψ_{12} 和 ψ_2 根据风荷载频谱模型表示为:

$$\begin{cases} \psi_1 = 1 + 2\zeta_\mathrm{n} F_\mathrm{m} \\ \psi_{12} = 1 \\ \psi_2 = 1 + 2\zeta_\mathrm{n}/F_\mathrm{m} \end{cases} \text{或} \begin{cases} \psi_1 = 1 + 2\zeta_\mathrm{n} F_\mathrm{m} \lambda_0^2/\rho_0 \\ \psi_{12} = 1 + 2\zeta_\mathrm{n}/(\rho_0 F_\mathrm{m}) \\ \psi_2 = 1 + 2\zeta_\mathrm{n} \cdot [2\zeta_\mathrm{n} + 1/(\rho_0 F_\mathrm{m}) + \rho_0 F_\mathrm{m}]/(\lambda_0 F_\mathrm{m})^2 \end{cases}$$

$$(3.4\text{-}33)$$

其中,$F_\mathrm{m} = \omega_\mathrm{m}/\omega_\mathrm{n}$ 为频率比。

根据上述等效静力方法得到的等效静力全过程曲线与增量动力分析曲线以及静风屈曲荷载位移曲线的对比如图 3.4-1 所示,可见,等效静力分析得到的全过程曲线与增量动力分析曲线吻合较好。虽然由于增量动力分析荷载无下降段,因此与全过程曲线略有不同,但其得到的动力屈曲承载力与增量动力分析结果吻合较好,可用于工程简化计算分析。

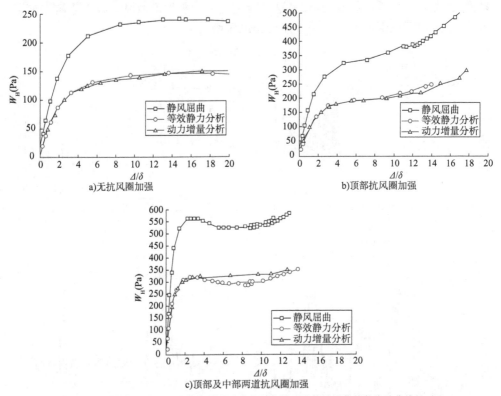

图 3.4-1 等效静力全过程曲线与增量动力分析曲线以及静风屈曲荷载位移曲线的对比

3.4.3 结果验证

以储罐Ⅱ为例,利用刚性模型测压试验获得的结果荷载输入,对储罐模型进行风振屈曲分析。不考虑结构缺陷,以来流风压为参考,计算储罐的动力屈曲临界来流风速,与气弹试验结果进行比较。

图 3.4-2 为试验和计算得到的结构在临界屈曲荷载条件下,截取的迎风驻点附近的部分位移时程段。由于试验模型的刚度偏低,脉动荷载也存在随机性,屈曲前后的响应幅值各异,测点在屈曲前的位移显著高于有限元模型。对于无加强原

始模型,测点离面径向位移短时间内迅速增加至数十毫米,即发生屈曲,此后一直维持在较高水平内波动。而对于采用了抗风圈的加强模型,结构在发生屈曲后,位移最小缩减至2mm范围内,且由于风荷载的脉动特性及罐壁自身强化,变形又会迅速恢复至屈曲前状态。图中试验结果和有限元结果时程曲线反映的特点比较近似,说明了试验的可靠性。同时可以发现,有限元模型在发生屈曲后总是相对更容易恢复,尤其是顶部抗风圈的情况,这可能也是因为刚性模型风荷载未受罐壁变形影响,不会由于局部凹陷产生使气流聚集风压增大。

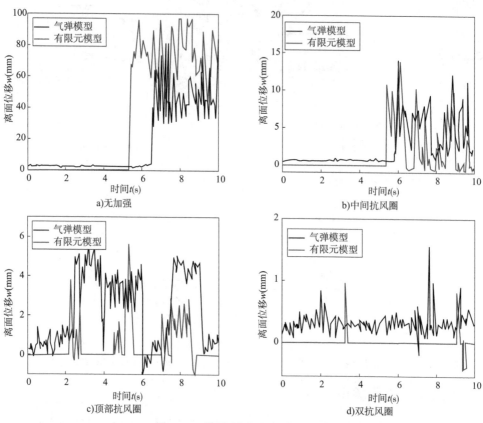

图 3.4-2　典型测点位移时程结果比较

表3.4-1给出了0.1mm厚钢制和0.4mm厚PVC模型Ⅱ的临界屈曲风速分析结果比较。可见等效静力分析方法,预测误差在5%以内。为进一步比较试验与模拟计算结果,有限元模型在临界风速条件下,屈曲前和屈曲后某时刻的罐壁变形如图3.4-3和图3.4-4所示。可以看出储罐在屈曲前的位移分布也是比较随机的,变形范围也可以很不规则,最大变形可能发生在迎风面,也有可能发生在侧面或者

3 港口大型石化储罐结构风致灾变效应及其易损性分析

背风面,位移幅值很小。结构屈曲后的变形始终发生于迎风面,与屈曲前的变形并无太大关联。对于原始结构和中间设抗风圈的结构,屈曲变形均为"V"形,且中间抗风圈将变形限制在了柱壳中上部位置;对于设顶部和双层抗风圈,由于两端均存在约束,变形呈卵形,沿环向有多个变形波,且设双层抗风圈后沿竖向可能出现两层变形波,由于上层约束相对下层更弱且风速更大,先发生屈曲。由于脉动风荷载的随机性,瞬时的屈曲变形幅度和范围也并不完全规则对称,这与试验结果十分接近,也说明了试验得到的储罐结构屈曲特性准确可靠。

储罐动力屈曲临界风速 v_c 分析结果比较(单位:m/s)　　表 3.4-1

模型	抗风圈设置	无	中间	顶部	中+顶
厚度0.1mm钢制模型	试验模型	4.3	7.1	7.7	>11.4
	有限元分析	4.37	7.38	7.92	11.92
	误差(%)	1.63	3.49	2.86	—
	等效静力分析	4.46	7.42	8.03	—
	误差(%)	3.72	4.51	4.29	—
厚度0.4mmPVC模型	试验模型	3.2	4.7	6.7	9.6
	有限元分析	3.31	4.83	6.52	9.31
	误差(%)	3.44	2.77	−2.69	−3.02
	等效静力分析	3.34	4.91	6.61	9.35
	误差(%)	4.37	4.47	−1.34	−2.60

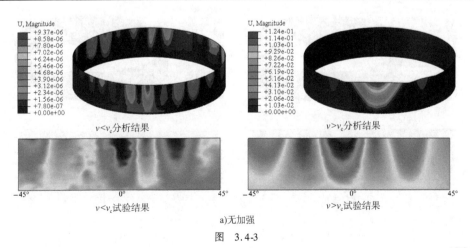

a)无加强

图 3.4-3

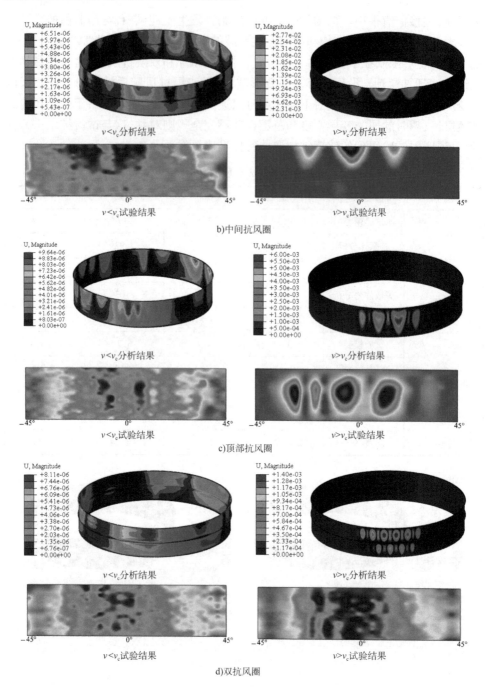

图 3.4-3 厚度 0.1mm 钢制模型分析结果与试验结果对比

3 港口大型石化储罐结构风致灾变效应及其易损性分析

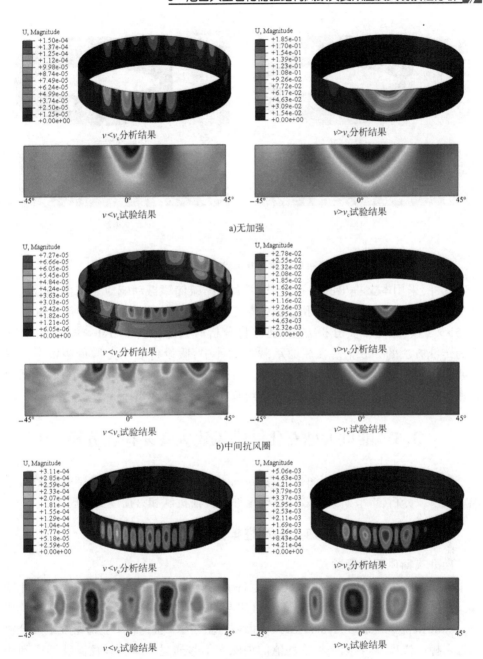

a) 无加强

b) 中间抗风圈

c) 顶部抗风圈

图 3.4-4

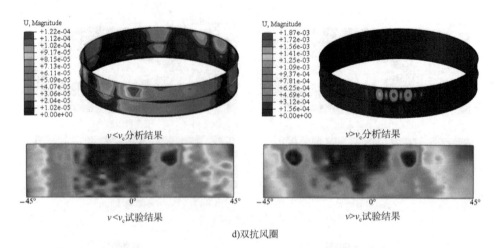

d) 双抗风圈

图 3.4-4　厚度 0.4mm PVC 模型分析结果

此外,采用本文提出的计算方法,可大幅缩减储罐振动响应及屈曲承载力计算量。以上述圆柱形储罐为例,采用传统方法进行风致响应分析,每工况需要 $1.45h \times 8$ 核,采用本文分析方法,能够将分析时长缩减为 $0.54h \times 8$ 核,计算效率为传统方法的 2.6 倍。在屈曲承载力估计中,假设传统动力增量法每个工况需要进行 5 次动力分析,计算效率为 $2.70h \times 8$ 核,采用等效静力分析方法(含数据处理过程计算量)为 $0.37h \times 8$ 核,较传统算法提升约 6.3 倍。

3.5　港口大型石化储罐风致灾变易损性分析

利用本章提出的风效应简化计算方法,开展港口大型石化储罐结构风效应不确定性参数分析,本节研究风效应不确定性的传播机制和易损性变化规律。

3.5.1　风荷载与抗力不确定性模拟

1)非高斯风压场模拟

风压场随机信号的模拟主要基于蒙特卡罗(Monte-Carlo)方法,结合傅里叶变换及滤波方法模拟相应的脉动谱。对于高斯信号场的模拟,主要有谱表示法(Spectral Representation Method,SRM)和线性滤波法。前者利用互谱密度矩阵分解逼近目标谱模型,后者则是将零均值的白噪声信号通过一系列线性滤波器得到相应的谱特征。

根据 Shinizuka 和 Deodatis 的理论,基于谱表示法的具有互功率谱密度矩阵

$S_x(\omega)$ 的随机高斯时程向量 $x(t) = [x_1(t), x_2(t), \cdots, x_n(t)]^T$ 表示为：

$$x_j(t) = 2\sqrt{\Delta\omega}\sum_{m=1}^{j}\sum_{l=1}^{N}|L_{jm}(\omega_{ml})|\cos[\omega_{ml}t - \theta_{jm}(\omega_{ml}) + \varphi_{ml}], j = 1, 2, \cdots, n \quad (3.5\text{-}1)$$

其中，$\omega_{ml} = (l-1)\Delta\omega + \frac{m}{n}\Delta\omega, l = 1, 2, \cdots, N, \Delta\omega = 2\pi f_s/N$ 为频率分辨率；$L_{jm}(\omega)$ 为矩阵 $L(\omega)$ 中的元素，$L(\omega)$ 为互功率谱密度矩阵 $S_x(\omega)$ 的 Cholesky 分解，即 $S_x(\omega) = L(\omega)L^{*T}(\omega)$；$\theta_{jm}(\omega)$ 为 $L_{jm}(\omega)$ 的辐角，即 $\theta_{jm}(\omega) = \tan^{-1}\left\{\frac{\text{Im}[L_{jm}(\omega)]}{\text{Re}[L_{jm}(\omega)]}\right\}$；$\varphi_{ml}$ 为 $[0, 2\pi]$ 均匀分布的随机相位。在此基础上，学者们提出引进快速傅里叶变换（Fast Fourior Transform, FFT）和本征正交分解（POD）技术以加速模拟。

针对非高斯风压场，非高斯过程 $y(t)$ 一般通过转换函数 $y = g(x)$ 映射为潜在高斯过程（Underlying Gaussian Process）$x(t)$。经过这种非线性映射，随机变量的统计矩（概率密度）、相关函数（频谱）发生了演变，需建立目标非高斯过程 $y(t)$ 和潜在高斯过程 $x(t)$ 的矩演变关系式（3.5-2）和相关函数演变关系式（3.5-3）以适应模拟目标的变化。

$$E[y^m] = \mu_m, m = 1, 2, 3, 4 \quad (3.5\text{-}2)$$

$$R_{yij}(\tau) = E[y_i(t) \cdot y_j(t+\tau)] = E[g_i(x_i) \cdot g_j(x_j)] = G[R_{xij}(\tau)] \quad (3.5\text{-}3)$$

基于转换函数法的非高斯场模拟基本流程为：首先假定转换函数 $y = g(x)$ 的形式，并根据目标统计矩由矩演变关系式（3.5-2）确定转换函数中的参数（或采用概率密度演变关系拟合转换函数）。然后根据维纳-辛钦（Wiener-Khinchin）关系，将目标互功率谱矩阵 $S_y(\omega)$ 进行逆傅里叶变换转化为互相关函数矩阵 $R_y(\tau)$，根据相关函数演变关系式（3.5-3）确定潜在高斯过程的互相关函数矩阵 $R_x(\tau)$，进而得到潜在高斯过程的互功率谱矩阵 $S_x(\omega)$。最后根据谱表示法对得到潜在高斯过程后 $x(t)$ 根据转化函数得到目标非高斯场 $y(t)$，如图 3.5-1 所示。

$$S_y(\omega) \xrightarrow{\text{逆傅里叶变换}} R_y(\tau) \xrightarrow{R_x = G(R_x)} R_x(\tau) \xrightarrow{\text{傅里叶变换}} S_x(\omega) \xrightarrow{\text{SRM}} x(t) \xrightarrow{y = g(x)} y(t)$$

图 3.5-1 基于转换函数法的非高斯场模拟基本流程

下面给出基于三次多项式和双指数函数型转换函数的演变关系。

(1) 三次多项式型转换函数。

$$y = g(x; \alpha_1, \alpha_2, \alpha_3, \alpha_4) = \alpha_1 x^3 + \alpha_2 x^2 + \alpha_3 x + \alpha_4 \quad (3.5\text{-}4)$$

其矩演变关系为：

$$\begin{cases}\mu_1 = \alpha_2 + \alpha_4 = 0 \Rightarrow \alpha_4 = -\alpha_2 \\ \mu_2 = 15\alpha_1^2 + 2\alpha_2^2 + 6\alpha_1\alpha_3 + \alpha_3^2 = 1 \\ \mu_3 = 270\alpha_1^2\alpha_2 + 8\alpha_2^3 + 72\alpha_1\alpha_2\alpha_3 + 6\alpha_2\alpha_3^2 \\ \mu_4 = 10395\alpha_1^4 + 4500\alpha_1^2\alpha_2^2 + 3780\alpha_1^3\alpha_3 + 60\alpha_2^4 + \\ \qquad 936\alpha_1\alpha_2^2\alpha_3 + 630\alpha_1^2\alpha_3^2 + 60\alpha_2^2\alpha_3^2 + 3\alpha_3^4\end{cases} \quad (3.5\text{-}5)$$

其相关函数演变关系为：

$$R_{yij}(\tau) = 6\alpha_{1i}\alpha_{1j}R_{xij}^3(\tau) + 2\alpha_{1i}\alpha_{1j}R_{xij}^2(\tau) + (9\alpha_{1i}\alpha_{1j} + 3\alpha_{1i}\alpha_{3j} + 3\alpha_{3i}\alpha_{1j} + \alpha_{3i}\alpha_{3j})R_{xij}(\tau) \quad (3.5\text{-}6)$$

（2）双指数函数型转换函数。

$$y = g(x;\alpha_1,\alpha_2,\alpha_3,\alpha_4) = \exp(\alpha_1 + \alpha_2 x) - \exp(\alpha_3 + \alpha_4 x) \quad (3.5\text{-}7)$$

其矩演变关系为：

$$\begin{cases}\mu_1 = \exp(\alpha_1 + \alpha_2^2/2) - \exp(\alpha_3 + \alpha_4^2/2) = 0 \\ \mu_2 = \exp(2\alpha_1 + 2\alpha_2^2) - 2\exp[\alpha_1 + \alpha_3 + (\alpha_1 + \alpha_3)^2/2] + \exp(2\alpha_3 + 2\alpha_4^2) = 1 \\ \mu_3 = \exp(3\alpha_1 + 9\alpha_2^2/2) - 3\exp[2\alpha_1 + \alpha_3 + (2\alpha_2 + \alpha_4)^2/2] + \\ \qquad 3\exp[\alpha_1 + 2\alpha_3 + (\alpha_2 + 2\alpha_4)^2/2] - \exp(3\alpha_3 + 9\alpha_4^2/2) \\ \mu_4 = \exp(4\alpha_1 + 8\alpha_2^2) - 4\exp[3\alpha_1 + \alpha_3 + (3\alpha_2 + \alpha_4)^2/2] + \\ \qquad 6\exp[2\alpha_1 + 2\alpha_3 + (2\alpha_2 + 2\alpha_4)^2/2] + \\ \qquad 4\exp[\alpha_1 + 3\alpha_3 + (\alpha_2 + 3\alpha_4)^2/2] - \exp(4\alpha_3 + 8\alpha_4^2)\end{cases}$$

$$(3.5\text{-}8)$$

其相关函数演变关系为：

$$\begin{aligned}R_{yij}(\tau) = &\exp[\alpha_{1i} + \alpha_{1j} + 2\alpha_{2i}\alpha_{2j}R_{xij}(\tau) + (\alpha_{2i}^2 + \alpha_{2j}^2)/2] - \\ &\exp[\alpha_{1i} + \alpha_{3j} + 2\alpha_{2i}\alpha_{4j}R_{xij}(\tau) + (\alpha_{2i}^2 + \alpha_{4j}^2)/2] - \\ &\exp[\alpha_{3i} + \alpha_{1j} + 2\alpha_{4i}\alpha_{2j}R_{xij}(\tau) + (\alpha_{4i}^2 + \alpha_{2j}^2)/2] + \\ &\exp[\alpha_{3i} + \alpha_{3j} + 2\alpha_{4i}\alpha_{4j}R_{xij}(\tau) + (\alpha_{4i}^2 + \alpha_{4j}^2)/2]\end{aligned} \quad (3.5\text{-}9)$$

根据第 2 章得到的风荷载统计特性及 3.4 节的频谱模型，可利用本小节随机模拟方法对港口大型石化储罐风荷载进行随机重构用于易损性分析中考虑风荷载的不确定性。

2）储罐抗力参数概率模型

易损性分析的实质是结构的性能达到不同性能的概率，结构本身的随机性会使分析结果会产生一定的波动，若不对多个结构样本进行分析，只针对某一特定结构进行易损性分析,会使得到的结果将较为片面。本书将考虑结构的随机性,通过抽样获得一定数量的样本,保证易损性分析的准确性。

对储罐结构进行风效应不确定性分析时,对结构参数进行概率模型假定。假设材料密度和弹性模量服从正态分布,变异系数为 0.01;假设阻尼比服从对数正态分布,参考相关文献变异系数取 0.35;假设初始几何缺陷服从对数正态分布,均值及变异系数均取为 0.5(表 3.5-1)。对各参数进行蒙特卡罗随机模拟,其概率分布图如图 3.5-2 所示。

结构参数概率模型   表 3.5-1

随机参数	概率分布	均值	变异系数
材料密度	正态分布	7850kg/m³	0.01
弹性模量	正态分布	206GPa	0.01
阻尼比	对数正态分布	0.02	0.35
初始几何缺陷	对数正态分布	$1.0 t_0$	0.5

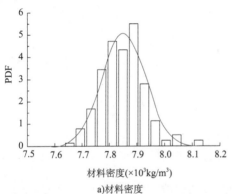

a) 材料密度

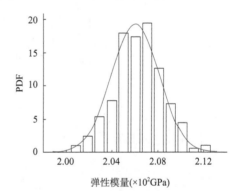

b) 弹性模量

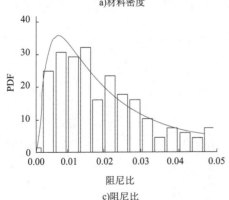

c) 阻尼比

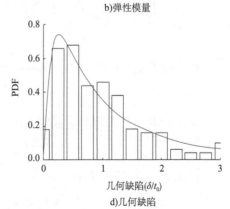

d) 几何缺陷

图 3.5-2　结构参数变量随机模拟结果与目标值对比

3.5.2 风效应不确定性分析

结构风效应的不确定性主要来自风荷载不确定性和结构自身力学性能的不确定性,综合考虑上述两方面的联合作用,揭示风效应不确定性的传播机制,通过灵敏度分析量化各参数对储罐风效应的影响,建立储罐风效应的概率模型。

灵敏度分析可以量化各输入参数不确定性对输出参数不确定性的贡献,分为局部灵敏度分析方法和全局灵敏度分析方法,本书采用全局灵敏度分析的 Sobol' 法分析各随机因素对储罐风效应的影响。Sobol' 灵敏度分析方法是一种基于方差分析的蒙特卡罗方法,其基本思想是将模型分解为单个参数的组合函数,如式(3.5-10)所示:

$$f(x_1,\cdots,x_m) = f_0 + \sum_{i=1}^{m} f_i(x_i) + \sum_{1 \leq i \leq j \leq m} f_{ij}(x_i,x_j) + \cdots + f_{1,2,\cdots,m}(x_1,\cdots,x_m) \tag{3.5-10}$$

根据 Sobol' 的理论,当满足下列条件时,分解具有唯一性:

$$\begin{cases} \int_0^1 f_i(x_i)\,\mathrm{d}x_i = 1 \\ \iint f_{ij}(x_i,x_j)\,\mathrm{d}x_i\mathrm{d}x_j = 1 \\ \cdots \\ \int_\Omega f_{1,2,\cdots,m}(x_1,\cdots,x_m)\,\mathrm{d}x_1\cdots\mathrm{d}x_m = 1 \end{cases} \tag{3.5-11}$$

且各项之间相互正交,即:

$$\int_\Omega f_i f_j \mathrm{d}\boldsymbol{x} = \delta_{ij} \tag{3.5-12}$$

另 $f_0 = \int_\Omega f(x)\mathrm{d}x$,可将所有参数对模型结果的影响程度表示为总方差的形式:

$$V = \int_\Omega f^2(x)\mathrm{d}x - f_0^2 \tag{3.5-13}$$

单个参数 x_i 对模型结果的影响程度表示为:

$$V_i = \int_0^1 f_i^2(x_i)\mathrm{d}x_i \tag{3.5-14}$$

参数间的交叉作用影响程度表示为:

$$V_i = \int_\Omega f_i^2(\boldsymbol{x})\mathrm{d}\boldsymbol{x} \tag{3.5-15}$$

根据式(3.5-10),有:

$$V = \sum_{i=1}^{m} V_i + \sum_{1 \leq i \leq j \leq m} V_{ij} + \cdots + V_{1,2,\cdots,m} \tag{3.5-16}$$

3 港口大型石化储罐结构风致灾变效应及其易损性分析

将参数的影响程度 V 归一化,得到参数的灵敏度 S,定义为:

$$S_i = V_i/V \qquad (3.5\text{-}17)$$

则有:

$$\sum_{i=1}^{m} S_i + \sum_{1 \leqslant i \leqslant j \leqslant m} S_{ij} + \cdots + S_{1,2,\cdots,m} = 1 \qquad (3.5\text{-}18)$$

其中 S_i 为一阶灵敏度,S_{ij} 为二阶灵敏度,以此类推,分别表示单个参数以及参数联合作用的贡献。定义参数的总灵敏度:

$$S_{Ti} = \sum S_{(i)} \qquad (3.5\text{-}19)$$

式中:$S_{(i)}$——包含参数 x_i 的灵敏度。

但 Sobol' 法分析风精确性依赖于样本容量,为了在保证计算精度的前提下提高计算效率,采用拉丁超立方抽样(LHS)对多维随机样本进行抽样,在同等精度下 LHS 抽样比简单随机抽样的计算量节省约 40%。

基于上述方法,对储罐结构风效应进行全局灵敏性分析,得到无抗风圈和抗风圈加强的储罐极值响应全局灵敏度分析结果,见表 3.5-2。各参数的灵敏度贡献率如图 3.5-3 所示。由表 3.5-2 可知,除风荷载以外,对无抗风圈储罐结构风效应影响最大的参数为结构的初始几何缺陷,灵敏度贡献值可达 40% 以上。随着抗风圈的加强,初始几何缺陷对风效应不确定性的影响降至 16%,此时风荷载的不确定性成为储罐结构风效应的主要控制因素。此外,还发现无抗风圈或抗风加强效果较为薄弱时,储罐的风致效应多以屈曲效应为主,当抗风圈加强效果较好时,风效应变为振动响应主导,储罐动力参数的不确定性贡献也有所提升。

对储罐结构最不利位移响应全局灵敏度分析结果　　　表 3.5-2

储罐	随机参数	一阶灵敏度	总灵敏度	贡献率(%)
无抗风圈	风荷载	0.622	0.698	48.4
	材料密度	0.035	0.062	4.3
	弹性模量	0.021	0.053	3.7
	阻尼比	0.015	0.036	2.5
	初始几何缺陷	0.433	0.593	41.1
抗风圈加强	风荷载	0.502	0.587	66.8
	材料密度	0.023	0.056	6.4
	弹性模量	0.030	0.062	7.0
	阻尼比	0.009	0.033	3.8
	初始几何缺陷	0.116	0.141	16.0

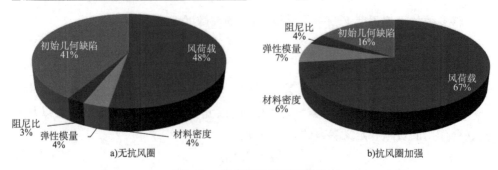

图 3.5-3 各参数的灵敏度贡献率

3.5.3 易损性曲线变化规律

结构的风灾易损性可以定义为结构在受到不同等级的风力作用下其破坏程度超过某一性能水准(极限状态)的概率。通过对大量试验及模拟结果的分析,可以绘制出易损性曲线,来表示港口大型石化储罐结构在不同风力等级下达到不同性能水准的超越概率,从而宏观地反映出储罐的破坏程度随风力的变化关系。目前,针对地震灾害的易损性分析较为普遍,有关风灾易损性的分析还较少,而地震与风灾在某些方面具有相似性,故本书将借鉴一些地震易损性的研究方法和思路,对储罐进行易损性分析。

易损性分析实质上是一种概率分析,最终需要获得结构在不同风力等级下达到不同性能水准的概率曲线,即易损性曲线。要获得易损性曲线,首先要确定破坏形式并定义性能水准。目前已有许多国家的学者针对结构在地震作用下的性能水准进行了研究。日本是一个地震灾害频发的国家,他们对于地震作用下的结构给出了"正常使用""易于修复"和"生命安全"三种性能水准。基于港口大型石化储罐的工艺特点,其在风灾作用下的性能也划分为"轻微损伤""中等损伤"和"完全损毁"三个性能水平。"轻微损伤"对应于无明显破坏现象,变形在结构产生的弹性限度范围内;"中等损伤"对应于振动、变形超过一定范围,对储罐性能造成一定的影响,但修复后可继续使用。"完全损毁"表示储罐结构变形或振动超出了限制范围,产生了显著的大变形甚至屈曲凹瘪甚至破裂泄漏事故,无法继续使用且很难修复。

针对储罐结构的易损性分析,传统方法为基于时程分析的增量动力法,通过一系列随机时程及参数的加载计算出响应的概率分布,从而得到结构的易损性曲线,这种方法计算量巨大。本书第3.4节提供的储罐结构等效简化分析方法极大地降低了分析的计算量,成为一种替代的计算方法,且分析效率较高。因此,在易损性分析时采用本书的高效方法开展参数分析。

得到港口大型石化储罐的风效应概率函数随风速(极值风压)的变化规律,参考地震易损性分析的方法,利用全概率公式计算结构性能水准下的风险进行评估:

$$P(\mathrm{LS}) = \sum_i P(\mathrm{LS} \mid \mathrm{SI} = i) P(\mathrm{SI} = i) \qquad (3.5\text{-}20)$$

其中,LS 表示所选取的结构性能水准;$P(\mathrm{LS})$代表结构达到所选取的性能水准的概率;SI 代表风的作用强度;$P(\mathrm{SI}=i)$代表风荷载强度达到 i 的概率,这个概率也被称为风灾的危险性;$P(\mathrm{LS}\mid\mathrm{SI}=i)$代表了在地震动强度达到 i 时结构达到所选取的性能水准 LS 的概率,这个概率即为我们需要研究的易损性。当不考虑风的作用强度的概率 $P(\mathrm{SI}=i)$时,结构易损性的概率函数如下:

$$P(\mathrm{LS}) = \sum_i P(\mathrm{LS} \mid \mathrm{SI} = i) \qquad (3.5\text{-}21)$$

为了便于拟合曲线,对式(3.5-21)进行对数正态变换可以得到如下表达式:

$$P(i) = \Phi\left[\frac{\ln(i/\mu)}{\ln\sigma}\right] \qquad (3.5\text{-}22)$$

变换之后可以看出,要进行易损性分析主要需要求解均值和标准差。标准正态分布的积分公式如下:

$$\Phi(x) = \int_{-\infty}^{x} \frac{1}{\sqrt{2\pi}} \exp(-t^2/2)\mathrm{d}t \qquad (3.5\text{-}23)$$

为了便于考虑不同的性能水准,现定义结构能力与需求的比值,即能力需求比 $Y=\beta_c/\beta_{\mathrm{LS}}$,其中 β_c 为有限元计算得到的样本破坏参数,β_{LS} 为不同性能水准的破坏参数下限值。通过回归分析的方法,对 Y 的均值和方差进行统计。建立能力需求比与风速的对数关系,在平面坐标系上得到一系列离散的坐标点,对这些坐标点进行回归分析,拟合如下形式的一次函数关系:

$$\ln(Y) = k\ln(V) + b \qquad (3.5\text{-}24)$$

其中,待定系数 k 和 b 可以通过最小二乘法计算得到。

根据式(3.5-21),可以给出储罐结构的易损性概率表达式,如(3.5-25)所示:

$$P_f = \Phi\left[\frac{\ln(Y)}{\sqrt{\alpha_{\beta_c}^2 + \alpha_{\beta_{\mathrm{LS}}}^2}}\right] = \Phi\left[\frac{k\ln(V)+b}{\sigma}\right] \qquad (3.5\text{-}25)$$

式中:α_{β_c}——计算得到的样本破坏参数对数标准差,即为回归分析的对数标准差 σ;

$\alpha_{\beta_{\mathrm{LS}}}$——各性能水准破坏参数的对数标准差,因 β_{LS} 取为各性能水准的下限值不随风速变化,故取为 0。

按照上述方法对有限元计算结果进行回归分析,得到无抗风圈和有抗风圈储罐的易损性回归分析结果,见表 3.5-3。回归分析曲线如图 3.5-4 所示。可见,储罐结构的易损性回归分析中斜率值较为接近,不同水准的截距绝对值随损伤程度增加,抗风圈增强储罐结构显著大于未加抗风圈的储罐。储罐结构易损性曲线如图 3.5-5 所示。

储罐结构易损性分析参数拟合结果 表 3.5-3

储罐	性能水准	斜率 k	截距 b	标准差 σ	可决系数
无抗风圈	轻微损伤	2.268	-9.093	0.0348	0.990
	中等损伤	2.268	-9.694	0.0358	0.988
	完全损毁	2.268	-10.001	0.0353	0.967
抗风圈加强	轻微损伤	2.270	-9.340	0.0344	0.994
	中等损伤	2.270	-9.441	0.0325	0.993
	完全损毁	2.270	-10.256	0.0337	0.993

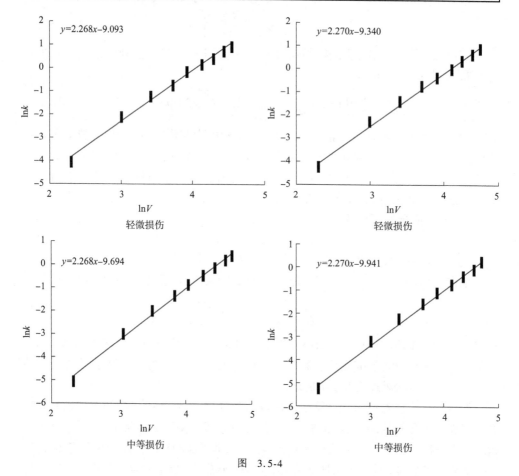

图 3.5-4

3 港口大型石化储罐结构风致灾变效应及其易损性分析

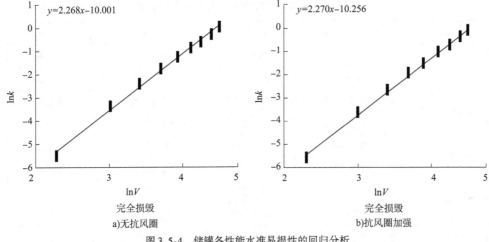

a) 无抗风圈

b) 抗风圈加强

图 3.5-4　储罐各性能水准易损性的回归分析

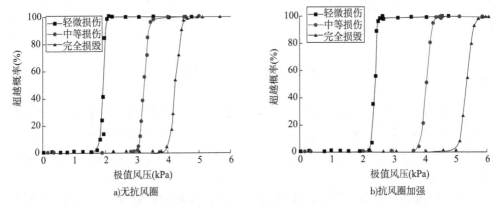

a) 无抗风圈

b) 抗风圈加强

图 3.5-5　储罐各性能水准易损性曲线

对于高径比较小的储罐($H/D = 0.2$),在易损性分析时发现,中等损伤多是由风致振动产生较大变形,而完全破坏是由于风致屈曲造成的。除此之外,对不同高径比圆筒形储罐进行风效应易损性分析,判断损毁时的风效应,见表 3.5-4。由表可知,圆筒形储罐结构当 $H/D<1.0$ 时,风致损毁主要是迎风面正压引起的屈曲凹瘪,在抗风圈加强作用下,当 $H/D \geqslant 1.0$ 时风致破坏主要是由脉动风引起的罐壁振动所导致的,长期作用下还会引起疲劳效应。球形储罐结构的风致破坏主要是由脉动风动力效应引起的风致振动导致基底反力过大引起的破坏。因此,对低矮型大跨度储罐,应着重关注屈曲效应,对于高径比大于 1 的圆筒形储罐和球形储罐,应重点对储罐结构风致振动进行有效控制来减小风致灾害效应。

储罐结构不同风致破坏性能水准所对应的风效应　　表 3.5-4

储罐	形状参数	轻微损伤	中等损伤	完全损毁
圆筒形 无抗风圈	$H/D = 0.2$	风致振动	风致振动	风致屈曲
	$H/D = 0.5$	风致振动	风致振动	风致屈曲
	$H/D = 1.0$	风致振动	风致振动	风致屈曲
	$H/D = 1.5$	风致振动	风致振动	风致振动
	$H/D = 2.0$	风致振动	风致振动	风致振动
圆筒形 抗风圈加强	$H/D = 0.2$	风致振动	风致振动	风致屈曲
	$H/D = 0.5$	风致振动	风致振动	风致屈曲
	$H/D = 1.0$	风致振动	风致振动	风致振动
	$H/D = 1.5$	风致振动	风致振动	风致振动
	$H/D = 2.0$	风致振动	风致振动	风致振动
球形储罐		风致振动	风致振动	风致振动

3.6 本章小结

本章通过气弹模型风洞试验和有限元模拟得到了港口大型石化储罐结构风效应特性及规律,提出了港口大型石化储罐结构风致振动和屈曲效应的简化分析方法,并开展了港口大型石化储罐结构风致灾变效应的不确定性和易损性分析,得到如下结论:

(1)通过数字图像相关无接触测量该技术,全面测量储罐气弹模型迎风区域最不利位置的风致响应,对试验结果统计分析发现,精准采样率可达97%,克服了单点采样对最不利位置识别的局限性,可对屈曲失效模态进行有效识别。

(2)通过储罐气弹模型风洞试验,得到了港口大型石化储罐风致振动响应特性和屈曲效应特性,储罐迎风面的风致振动以背景分量为主,共振分量的贡献较小,储罐结构处于屈曲临界状态时,阻尼比有增大趋势。

(3)建立了港口大型石化储罐结构风致振动及屈曲效应的简化分析方法,并通过气弹模型试验结果验证了方法的有效性。采用本书方法,屈曲承载力预测误差在5%以内,风振响应计算效率为传统时程动力分析方法的2.6倍,采用等效静力分析方法,较传统增量动力分析法提升约6.3倍。

3 港口大型石化储罐结构风致灾变效应及其易损性分析

(4)基于港口大型石化储罐结构风致振动及屈曲效应的简化分析方法,开展了港口大型石化储罐风效应不确定性分析,考虑了风荷载、储罐抗力的不确定性,通过 Sobol' 全局灵敏度分析发现,风荷载和几何缺陷对储罐风效应的不确定性贡献最大,当采用抗风圈加强储罐时,几何缺陷不确定性的影响有所降低,风荷载不确定性是造成储罐风效应不确定性的最主要因素。

(5)提出了港口大型石化储罐结构风致灾变易损性的分析方法,并对储罐结构风灾易损性进行了参数分析,结果表明,圆筒形储罐结构当 $H/D<1.0$ 时风致损毁主要是迎风面正压引起的屈曲凹瘪,在抗风圈加强作用下,当 $H/D\geqslant 1.0$ 时风致破坏主要是由脉动风引起的罐壁振动所导致的,长期作用下还会引起疲劳效应。球形储罐结构的风致破坏主要是由脉动风动力效应引起的风致振动导致基底反力过大引起的破坏。因此,对低矮型大跨度储罐应着重关注屈曲效应,对于高径比大于1的圆筒形储罐和球形储罐,应通过重点对储罐结构风致振动进行有效控制来减小风致灾害效应。

4 港口大型石化储罐结构抗风优化设计方法

本章基于上一章的港口大型石化储罐结构风效应的分析,提出港口大型石化储罐的抗风优化设计方法,主要包括用于进行储罐主体结构设计的等效静力抗风设计方法,并分析了考虑群体干扰效应的风荷载干扰效应,得到了考虑非定常风效应的突发阵风影响因子,以及抗风圈优化设计方法。最后基于研究成果开发了港口大型石化储罐风荷载数据平台,为储罐结构抗风优化设计及分析提供了实用工具。

4.1 等效静力抗风设计方法

4.1.1 阵风响应包络法

在工程设计中,需要对风效应和其他荷载效应进行组合。这里的风效应一般指结构中在脉动风作用下的动力极值风振响应。目前的结构设计软件没有"荷载效应组合"的功能,而是采用"荷载组合"代替"荷载效应组合"。这样一来,就需要将结构风振响应分析结果反推成"等效静力荷载"(Equivalent Static Wind Load, ESWL)的形式。"等效静风荷载"的概念就是基于这个背景诞生的,其中"等效"的含义是:动力分析和等效静力计算的极值风响应是相等的。

而从设计者的角度出发,考虑最不利的情况,基于包络的结构极值响应,给出等效静风荷载用于结构设计。这样,采取尽可能少的荷载分布形式,近似计算出结构包络风响应,虽然可能偏于安全地估计了结构响应,但在结构设计中使用极为方便,是工程设计人员可以接受的一种解决方式。针对结构设计,尤其是面向设计规范,本书所研究的等效静风荷载都是基于包络极值风振响应的,后文称为"包络等效静风荷载"。

从风振响应的两种"特殊情况"出发,分别对应于忽略动力效应的背景响应以及进一步忽略荷载相关性的"基准响应",建立了阵风响应包络法,从而提出了描述背景效应和共振效应的参数,通过建立这些参数与风压谱间的联系,得到一种基于风压谱模型的等效静风荷载。

根据峰值因子法,以位移响应为例,可将结构极值动力风振响应 $\hat{x}$ 表示为:

$$\hat{x} = \mu_x + g \cdot \sigma_x \tag{4.1-1}$$

式中:σ_x——结构脉动位移响应协方差矩阵Σ_x的主对角线元素组成的向量的算术平方根;$\sigma_x = \sqrt{\mathrm{diag}(\Sigma_x)}$结构脉动位移响应均方根向量$(N_D \times 1)$。

根据包络等效静风荷载的概念,即在该荷载的作用下,可得到结构极值动力风振响应,可得到如下表达式:

$$F_{eq} = K\hat{x} = R\mu_p \pm g \cdot K\sigma_x \tag{4.1-2}$$

式中:F_{eq}——结构节点上的包络等效静风荷载,由两部分组成:一部分是节点上的静力风荷载 $R\mu_p = K\mu_x$,对应于平均风的作用;另一部分是对应于脉动响应的 $K\sigma_x$,与脉动风荷载和结构的动力效应有关。

在以往的等效静风荷载研究中,通常把脉动风振响应分解成背景响应和共振响应,这样就把对应于脉动响应的等效静风荷载表示为背景等效静风荷载(BESWL)和共振等效静风荷载(RESWL)相加的形式。背景响应是脉动风的准静力响应,主要与脉动风特性有关,通常基于拟定常假定或直接采用脉动风荷载均方根来表示背景等效静风荷载。共振响应是结构模态的动力效应所致,通常采用主导模态上的惯性力来表示共振等效静风荷载。通常假设背景响应和共振响应是相互独立的,因此,以 BESWL 和 RESWL 的 SRSS 组合来表示脉动响应的等效静风荷载。

要得到动力响应的等效静风荷载,需要建立动力响应与某种静力荷载的联系。本小节将介绍与动力响应相对应的准静力响应(背景响应)和静力响应(基准响应)。

背景响应是脉动风作用下结构的准静力响应,其控制方程为:

$$Kx_b(t) = RP(t) \tag{4.1-3}$$

式中:$x_b(t)$——背景响应(位移)时程向量$(N_D \times 1)$。

可见,背景响应相当于结构频率无穷大时的动力响应,此时,结构的质量和阻尼效应被忽略。由式(4.1-3)可得:

$$\Sigma_{x_b} = K^{-1}R\Sigma_p R^T (K^{-1})^T \tag{4.1-4}$$

式中:Σ_{x_b}——背景响应的(位移)协方差矩阵$(N_D \times N_D)$;

Σ_p——各加载节点风荷载协方差矩阵$(N_L \times N_L)$,故有:

$$\Sigma_p = \begin{bmatrix} \sigma_{p_{11}} & \sigma_{p_{12}} & \cdots & \sigma_{p_{1N_L}} \\ \sigma_{p_{21}} & \sigma_{p_{22}} & \cdots & \sigma_{p_{2N_L}} \\ \vdots & \vdots & \ddots & \vdots \\ \sigma_{p_{N_L 1}} & \sigma_{p_{N_L 2}} & \cdots & \sigma_{p_{N_L N_L}} \end{bmatrix} = S_p(0) = \int_0^\infty S_p(\omega) d\omega$$

其中 $\sigma_{p_{ab}} = \sigma_{p_a}\sigma_{p_b}\rho_{p_{ab}}(a,b=1,2,\cdots,N_L)$ 为加载点 a、b 上的风压力协方差,$\rho_{p_{ab}}$

为加载点 a、b 上的风压力相关系数，$\rho_{P_{ab}} \in [-1,1]$，$\rho_{P_{aa}}=1$，$\rho_{P_{ab}}=\rho_{P_a}^2$。称 $\boldsymbol{\sigma}_{x_b} = \sqrt{\mathrm{diag}(\sum x_b)}$ 为背景响应的（位移）均方根向量（$N_D \times 1$），简称为背景响应。

令 $\boldsymbol{\sigma}_p = [\sigma_{p1} \quad \sigma_{p2} \quad \cdots \sigma_{pNL}]^T = \sqrt{\mathrm{diao}(\sum_p)}$ 为加载节点的风压力均方根向量（$N_L \times 1$）；$\boldsymbol{R}_p = \begin{bmatrix} \rho_{p11} & \rho_{p12} & \cdots & \rho_{p1N_L} \\ \rho_{p21} & \rho_{p22} & \cdots & \rho_{p2N_L} \\ \vdots & \vdots & \ddots & \vdots \\ \rho_{p11} & \rho_{p12} & \cdots & \rho_{pN_L} \end{bmatrix}$ 为加载节点的风压力相关系数矩阵（$N_L \times N_L$），则有 $\sum_p = \mathrm{diag}(\boldsymbol{\sigma}_p) \cdot \boldsymbol{R}_p \cdot \mathrm{diag}(\boldsymbol{\sigma}_p^T)$。

当假设风压场完全相关 $\rho_{P_{ab}}=1$ 时，即 $\boldsymbol{R}_p=\mathbf{1}$ 时，有 $\sum_p = \boldsymbol{\sigma}_p \cdot \boldsymbol{\sigma}_p^T$。将这种完全相关荷载作用下的背景响应称为基准响应，用 x_0 表示，根据式（4.1-4），有：

$$\sum\nolimits_{x_0} = K^{-1}R\boldsymbol{\sigma}_p \cdot \boldsymbol{\sigma}_p^T R^T K^{-1T} = \boldsymbol{\sigma}_{x_0} \cdot \boldsymbol{\sigma}_{x_0}^T \tag{4.1-5}$$

$$\boldsymbol{\sigma}_{x_0} = K^{-1}R\boldsymbol{\sigma}_p = \sqrt{\mathrm{diag}(\sum\nolimits_{x_0})} \tag{4.1-6}$$

其中，$\sum_{x_0}$ 为基准响应的（位移）协方差矩阵（$N_D \times N_D$），$\boldsymbol{\sigma}_{x_0}$ 为基准响应的（位移）均方根向量（$N_D \times 1$）。由式（4.1-6）可知，$K\boldsymbol{\sigma}_{x_0} = R\boldsymbol{\sigma}_p$，说明 $\boldsymbol{\sigma}_{x_0}$ 恰好为均方根风压力作用下的结构静力响应，简称为基准响应。

具有静力性质的基准响应 $\boldsymbol{\sigma}_{x_0}$ 相当于作用在"点状刚性"结构上的动力响应。因此，想要把动力响应 $\boldsymbol{\sigma}_x$ 等效静力化，需要在基准响应的基础上，经过荷载相关性效应和结构动力效应的修正，分别对应于背景效应和共振效应。本小节将重点介绍上述过程的相关概念。

在基准响应的基础上，引入背景效应系数 μ_c 考虑相关性的影响，将静力的基准响应 $\boldsymbol{\sigma}_{x_0}$ 转化为准静力的背景响应 $\boldsymbol{\sigma}_{x_b}$，根据最小二乘法，可以得到：

$$\boldsymbol{\sigma}_{x_b} = \mu_c \cdot \boldsymbol{\sigma}_{x_0}, \mu_c = \mu_c = \boldsymbol{\sigma}_{x_0}^+ \cdot \boldsymbol{\sigma}_{x_b} \tag{4.1-7}$$

式中，上标"＋"表示 Moore-Penrose 广义逆矩阵。背景效应系数 μ_c 反映了脉动风荷载相关性的影响。根据基准响应的定义，当荷载完全相关时，背景响应与基准响应相同，即 $\mu_c=1$。Kareem 和 Chen 在对高层结构等效静风荷载研究时，也提出用同样的方法描述背景等效静风荷载（BESWL），称为阵风荷载包络法（Gust Loading Envelope，GLE）。他们指出，针对高层结构，由于风荷载在时域是非同步的，即是不完全相关的，荷载的非完全相关性通常是一种折减作用，即 $\mu_c<1$。但高层结构的位移响应一般是同号的，针对复杂结构，尤其是响应可能变号的情况，可能存在放大效应，即 $\mu_c>1$ 的情况。针对的具体取值趋势，将在 4.1.2 节中结合概念性算例进行探讨。

类似地,引入共振效应系数 μ_d 考虑结构动力效应的影响,将准静力的背景响应 σ_{x_b} 转化为动力响应 σ_x,由最小二乘法可得:

$$\sigma_x = \mu_d \cdot \sigma_{x_b}, \mu_d = \sigma_{x_b}^+ \cdot \sigma_x \tag{4.1-8}$$

这样,式(4.1-2)变为:

$$F_{eq} = R\mu_p \pm g \cdot K\sigma_x \approx R\mu_p \pm g \cdot \mu_d \cdot \mu_c \cdot K\sigma_{x_0}$$
$$= R(\mu_p \pm g \cdot \mu_d \cdot \mu_c \cdot \sigma_p) = Rp_{eq} \tag{4.1-9}$$
$$p_{eq} = \mu_p \pm g \cdot \mu_d \cdot \mu_c \sigma_p \tag{4.1-10}$$

式中:p_{eq}——各加载节点上的包络等效风压力($N_L \times 1$)。

这种确定等效静风荷载的方法称为阵风响应包络法(Gust Response Envelope, GRE)。可见,阵风响应包络法在阵风荷载包络法的基础上,用共振效应系数 μ_d 来考虑共振效应,而非用惯性力表示共振等效静风荷载(RESWL),这样更容易考虑背景响应与共振响应的耦合效应以及各阶模态的共振耦合效应。共振效应系数 μ_d 的具体取值趋势,将在 4.1.2 节中结合概念性算例进行探讨。

阵风响应包络法以平均风荷载 μ_p 和脉动风荷载均方根 σ_p 为基向量进行组合得到包络等效静风荷载,将脉动风荷载均方根组合系数表示为峰值因子 g、共振效应系数 μ_d、背景效应系数 μ_c 的乘积,以考虑耦合效应的影响。本书后文将建立共振效应系数 μ_d、背景效应系数 μ_c 与风压谱的联系,根据物理、力学意义给出其取值范围及原则。这样,设计人员就可以通过查阅相关的文献资料及数据库结合该方法直接得到可用于结构设计的包络等效静风荷载,用于结构设计。

阵风响应包络法基本思路示意图如图 4.1-1 所示。

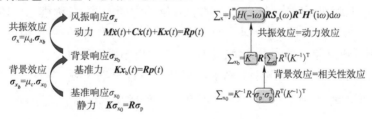

图 4.1-1　阵风响应包络法基本思路示意图

4.1.2　背景共振效应因子分析

1)背景效应因子

背景效应是联系基准响应与背景响应的桥梁,主要表现为相关性效应。实际的脉动风荷载是非完全相关的,在时域上表现为风压力时程的非同步性,在频域上表现为风荷载互功率谱的部分相干性。这种非完全相关脉动荷载作用在"刚性"结构上,产生的准静力响应与脉动风荷载的互统计量有较大的关联。不仅如此,不同结构形式对部分相关脉动荷载的敏感性也有所不同。本小节首先分析不同结构形式对非完全相关荷载准静力效应的敏感程度,进而结合时域相关性与频域相干性的联系,给出背景效应系数 μ_c 关于风压谱参数的半理论公式。

荷载的相关性效应必须体现在多自由度结构中,双自由度体系是最为简单的多自由度分析系统,能够较好地反映不同类型、典型储罐结构的静力和动力特性,能够直观地对结构进行有效分类并进行概念性的延伸,便于寻求结构背景效应的概念性规律。因此,为研究不同形式的结构在不同相关性荷载作用下准静力响应的变化规律,本小节选取简化的双自由度结构,变化作用在两个自由度上脉动荷载的相关性,考察结构响应的背景效应系数 μ_c。

对于典型曲面结构,沿结构方向(切向)为坐标,垂直于结构方向(法向)为自由度位移方向 x。假设切向变形可忽略,因此,结构两个自由度分别为两个质量元的法向运动 x_1 和 x_2。假设结构具有对称性,质量矩阵为单位矩阵 $M = \begin{bmatrix} 1 & 0 \\ 0 & 1 \end{bmatrix}$,结构具有对称模态 $\boldsymbol{\varphi}_s = \begin{bmatrix} 1 & 1 \end{bmatrix}^T/\sqrt{2}$ 和反对称模态 $\boldsymbol{\varphi}_a = \begin{bmatrix} 1 & -1 \end{bmatrix}^T/\sqrt{2}$,对应的自振频率分别为 ω_s 和 ω_a。结构刚度矩阵为 $K = \dfrac{1}{2}\begin{bmatrix} \omega_s^2 + \omega_a^2 & \omega_s^2 - \omega_a^2 \\ \omega_s^2 - \omega_a^2 & \omega_s^2 + \omega_a^2 \end{bmatrix}$,其逆矩阵柔度矩阵为 $K^{-1} = \dfrac{1}{2}\begin{bmatrix} \omega_s^{-2} + \omega_a^{-2} & \omega_s^{-2} - \omega_a^{-2} \\ \omega_s^{-2} - \omega_a^{-2} & \omega_s^{-2} + \omega_a^{-2} \end{bmatrix}$。可见,当刚度矩阵非主对角元素为正,即某以自由度上施加正向力,另一自由度上的位移为同向时,对称模态的阶数较小,即 $\omega_s < \omega_a$。另一类结构,当在某一自由度上施加正向力时,另一自由度上的位移为反向,刚度矩阵非对角元素为负,此时,反对称模态更容易发生,即 $\omega_s > \omega_a$。

假设作用在两个自由度上的脉动风荷载均方根分别为 σ_{p_1} 和 σ_{p_2},即脉动风荷载均方根向量 $\boldsymbol{\sigma}_p = \begin{bmatrix} \sigma_{p_1} & \sigma_{p_2} \end{bmatrix}^T$;两个自由度上的脉动风荷载相关系数为 ρ_{p12},即脉动风荷载相关系数矩阵 $\boldsymbol{R}_p = \begin{bmatrix} 1 & \rho_{p12} \\ \rho_{p12} & 1 \end{bmatrix}$。根据背景响应的定义式(4.1-4)可得两个自由度上的背景响应为:

$$\sigma_{x_{bi}}^2 = \frac{1}{4}[(\omega_s^{-2} + \omega_a^{-2})^2 \cdot \sigma_{p_1}^2 + 2(\omega_s^{-2} + \omega_a^{-2})(\omega_s^{-2} - \omega_a^{-2}) \cdot \rho_{p12}\sigma_{p_1}\sigma_{p_2} + (\omega_s^{-2} - \omega_a^{-2})^2 \cdot \sigma_{p_2}^2] \quad (4.1\text{-}11)$$

$$\sigma_{x_{b2}}^2 = \frac{1}{4}\left[(\omega_s^{-2} - \omega_a^{-2}) \cdot \sigma_{p_1} + 2(\omega_s^{-2} - \omega_a^{-2})(\omega_s^{-2} + \omega_a^{-2}) \cdot \rho_{p_{12}} \sigma_{p_1} \sigma_{p_2} + \right.$$
$$\left. (\omega_s^{-2} + \omega_a^{-2})^2 \cdot \sigma_{p_2}^2 \right] \tag{4.1-12}$$

根据基准响应定义式(4.1-5),可得两个自由度上的基准响应为:

$$\sigma_{x_{01}}^2 = \frac{1}{4}\left[(\omega_s^{-2} + \omega_a^{-2}) \cdot \sigma_{p_1} + (\omega_s^{-2} - \omega_a^{-2}) \cdot \sigma_{p_2}\right]^2 \tag{4.1-13}$$

$$\sigma_{x_{02}}^2 = \frac{1}{4}\left[(\omega_s^{-2} - \omega_a^{-2}) \cdot \sigma_{p_1} + (\omega_s^{-2} + \omega_a^{-2}) \cdot \sigma_{p_2}\right]^2 \tag{4.1-14}$$

根据背景效应系数的定义,可得:

$$\mu_c = \boldsymbol{\sigma}_{x_0}^+ \cdot \boldsymbol{\sigma}_{x_b} = \frac{\sigma_{x_{01}} \sigma_{x_{b1}} + \sigma_{x_{02}} \sigma_{x_{b2}}}{\sigma_{x_{01}}^2 + \sigma_{x_{02}}^2} \tag{4.1-15}$$

特别地,当两个自由度上的脉动荷载均方根相等,即 $\sigma_{p_1} = \sigma_{p_2} = \sigma_p$ 时,式(4.1-15)可简化为:

$$\mu_c = \sqrt{\frac{1}{2}\left[\left(1 + \frac{\omega_s^4}{\omega_a^4}\right) + \left(1 - \frac{\omega_s^4}{\omega_a^4}\right) \cdot \rho_{p_{12}}\right]} \tag{4.1-16}$$

将第3.4节的风荷载频谱参数带入式(4.1-16),可得背景效应系数的经验公式如下:

$$\mu_c \approx \sqrt{\frac{1}{2}\left[\left(1 + \frac{\omega_s^4}{\omega_a^4}\right) + \left(1 - \frac{\omega_s^4}{\omega_a^4}\right) \cdot \frac{1}{1 + K_c F_m}\right]} \tag{4.1-17}$$

可以发现,对于不同结构形式,背景效应系数 μ_c 随脉动荷载相关性变化趋势主要与结构对称模态与反对称模态的频率比 ω_s/ω_a 有关。

2) 共振效应因子

共振效应是联系背景(准静力)响应与动力响应的桥梁,主要表现为动力效应。本小节结合单自由度体系分析推导共振效应系数 μ_d 的解析表达式并结合风压谱参数给出其简化的预估公式。

由单自由度体系风振响应动力分析可知,无量纲化的风振响应实际上与共振效应系数的定义一致,均为动力响应与背景响应的比值。结合风压谱的滤波表示模型,第3.4节给出了共振效应系数的解析表达式。

在早期的风工程研究中,Davenport试图通过对结构频响函数分段处理,分别等效为白噪声进行叠加的方法,简化频域积分计算,简化计算的形式十分简洁,如式(4.1-18)所示:

$$\int_0^\infty \frac{\omega_n^4 S_p(\omega)/\sigma_p^2}{(-\omega^2+\omega_n^2)^2+(2\zeta_n\omega_n\omega)^2}d\omega \approx 1+\frac{\pi}{4\zeta_n}\frac{\omega_n S_p(\omega_n)}{\sigma_p^2} \qquad (4.1\text{-}18)$$

由于简化后的形式较为简洁，计算较为方便，且能够适应于大多数自振频率大于荷载卓越频率的工程结构，该计算表达式在风工程研究中得到了广泛应用，尤其是计算风振响应和等效静风荷载时。

将自功率谱的滤波表示式分别代入式(4.1-18)，得到共振效应系数 μ_d 的近似解：

$$\mu_d \approx \sqrt{1+\frac{1}{2\zeta_n}\frac{\rho_0\lambda_0^2\frac{\omega_n}{\omega_m}}{\left[-\left(\frac{\omega_n}{\omega_m}\right)^2+\lambda_0^2\right]^2+\left(\rho_0\frac{\omega_n}{\omega_m}\right)^2}} \qquad (4.1\text{-}19)$$

$$\mu_d \approx \sqrt{1+\frac{1}{2\zeta_n}\frac{\omega_n\omega_m}{\omega_n^2+\omega_m^2}} \qquad (4.1\text{-}20)$$

根据第 4 章的分析结果可知，对于石化储罐结构，有 $\omega_n>>\omega_m$，由此可以分别进一步简化为：

$$\mu_d \approx \sqrt{1+\frac{1}{2\zeta_n}\frac{\omega_m}{\omega_n}\frac{\rho_0\lambda_0^2}{\left(\frac{\omega_n}{\omega_m}\right)^2+\rho_0^2-2\lambda_0^2}} \qquad (4.1\text{-}21)$$

$$\mu_d \approx \sqrt{1+\frac{1}{2\zeta_n}\frac{\omega_m}{\omega_n}} \qquad (4.1\text{-}22)$$

由此可以得到基于风压谱工程模型的单自由度结构共振效应系数 μ_d 的解析解、Davenport 近似解和简化解，以结构自振频率与风压谱峰值频率之比 ω_n/ω_m 为对数型横坐标，共振效应系数 μ_d 为纵坐标，将上述三个解绘制成曲线，如图 4.1-2a) 所示。由图可知，整体来看，Davenport 近似解与解析解相比，高估了共振效应。结构频响函数在自振频率附近有窄带放大的效应，而在高频段对荷载谱是一种折减，采用 Davenport 方法在近似时忽略了这种高频段的折减效应。当结构频率较高 ($\omega_n/\omega_m \geq 4$) 时，这种折减效应的贡献不大，因此，Davenport 近似解与解析解较为接近。但当在结构频率较低 ($\omega_n/\omega_m < 4$) 时，这种折减尤为明显，因此，Davenport 近似解明显高估了共振效应。尤其是当结构频率远小于荷载卓越频率时，根据结构动力学的基本概念，共振效应在理论上应趋于 0，而采用 Davenport 方法的近似解，此时估计的共振效应系数为 $\mu_d = 1$。

由此可见，Davenport 近似解不适用于低频结构，而风荷载卓越频率通常远小于结构自振频率,当结构自振频率过低时,还可能发生更加复杂的流固耦合现象,不在本书的研究范围内。因此,在本书研究范围内,Davenport 近似解是一种合理的近似方案。简化解是在 $\omega_n >> \omega_m$ 的条件下推导出来的,因此,当结构频率较高($\omega_n/\omega_m \geqslant 4$)时,三条曲线吻合程度较高,随结构自振频率增大,共振效应系数 μ_d 趋于 1 的趋势相同。图 4.1-2b)给出了阻尼比为 0.02、风压谱滤波参数 λ_0 取不同值时计算得到的单自由度结构共振效应系数 μ_d 的解析解、Davenport 近似解和简化解,规律与上文描述一致。可以发现,在 $\omega_n >> \omega_m$ 的条件下,当 λ_0 越小时,共振效应系数 μ_d 随频率比 ω_n/ω_m 衰减越快。这是由于 λ_0 越小,风荷载谱越趋于窄带,高频段的衰减越快,结构共振效应的程度也随之加速衰减。当 λ_0 趋于 0 时,共振效应系数 μ_d 基本能够包络各种情况下的取值。因此,式(4.1-22)可作为共振效应系数的理论上限。

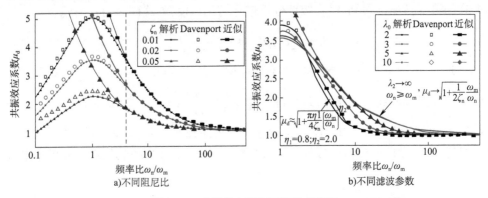

a)不同阻尼比　　b)不同滤波参数

图 4.1-2　共振效应系数解析解与近似解

图 4.1-3 还给出了基于风压谱滤波模型的单自由度结构共振效应系数 μ_d 的解析解、Davenport 近似解和简化解计算公式。可以发现,式(4.1-22)作为共振效应系数的理论上限表达形式最为简洁,便于在结构初步设计阶段预估储罐结构风效应。

$$S=\frac{\omega\cdot S_p(\omega)}{\sigma_p^2} \cdots\rightarrow \frac{2}{\pi}\cdot\frac{\rho_0\lambda_0^2\frac{\omega}{\omega_m}}{[-(\frac{\omega}{\omega_m})^2+\lambda_0^2]^2+(p_0\frac{\omega}{\omega_m})^2} \overset{\lambda_0\to\infty}{\cdots\rightarrow} \frac{2}{\pi}\cdot\frac{\frac{\omega}{\omega_m}}{1+(\frac{\omega}{\omega_m})^2}$$

$$\mu_d=\sqrt{\int_0^\infty\frac{\omega_n^4 S_p(\omega)/\sigma_p^2}{(-\omega^2+\omega_n^2)^2+(2\zeta_n\omega_n\omega)^2}d\omega} \cdots\rightarrow \left[1+\lambda_0^2\cdot\frac{2\zeta_n}{\rho_0}\cdot\frac{\omega_m}{\omega_n}-\frac{1+\frac{\omega_m}{\omega_n}\frac{2\zeta_n}{\rho_0}}{1+2\zeta_n\frac{\rho_0}{\lambda_0^2}\frac{\omega_n}{\omega_m}+\frac{1}{\lambda_0^2}(\frac{\omega_n}{\omega_m})^2\frac{\omega_n}{\omega_m}(\frac{2\zeta_n}{\rho_0}+\frac{1}{\lambda_0^2}\frac{\omega_n}{\omega_m})/(1+\frac{\omega_n}{\omega_m}\frac{2\zeta_n}{\rho_0})}\right]^{-1/2} \overset{\lambda_0\to\infty}{\cdots\rightarrow}\left[1+2\zeta_n\frac{\omega_m}{\omega_n}-(1+2\zeta_n\frac{\omega_n}{\omega_m})^{-1}\right]^{-1/2}$$

$$\mu_d\approx\sqrt{1+\frac{\pi}{4\zeta_n}\frac{\omega_n S_p(\omega_n)}{\sigma_p^2}} \cdots\rightarrow \sqrt{1+\frac{1}{2\zeta_n}\frac{\rho_0\lambda_0\frac{\omega_n}{\omega_m}}{[-(\frac{\omega_n}{\omega_m})^2+\lambda_0^2]^2+(\rho_0\frac{\omega_n}{\omega_m})^2}} \overset{\lambda_0\to\infty}{\cdots\rightarrow}\sqrt{1+\frac{1}{2\zeta_n}\frac{\frac{\omega_n}{\omega_m}}{1+(\frac{\omega_n}{\omega_m})^2}}$$

$$\downarrow \omega_n \gg \omega_m \qquad\qquad \downarrow \omega_n \gg \omega_m$$

$$\sqrt{1+\frac{1}{2\zeta_n}\frac{\omega_m}{\omega_n}\cdot\frac{\rho_0\lambda_0^2}{\rho_0^2-2\lambda_0^2+(\frac{\omega_n}{\omega_m})^2}} \overset{\lambda_0\to\infty}{\cdots\rightarrow}\sqrt{1+\frac{1}{2\zeta_n}\frac{\omega_m}{\omega_n}}$$

图 4.1-3　基于风荷载频谱的共振效应系数简化公式

此外，当风压谱滤波参数较为复杂或结构所作用的风荷载相关性对共振效应影响较为复杂时，解析公式表达形式可能非常烦琐，可以用国际通用规范中给出的建议，即如下拟合公式进行简化：

$$\mu_\mathrm{d} = \sqrt{1 + \frac{\pi S_\mathrm{E}}{4\zeta_\mathrm{n}}} \qquad (4.1\text{-}23)$$

其中，S_E 是共振能量因子，是一个反映脉动风共振能量且与阻尼比无关的参数。在单自由度结构中，当结构频率 ω_n 较大时，S_E 理论上应为无量纲自功率谱在结构频率处的取值 $\dfrac{\omega_\mathrm{n} S_\mathrm{p}(\omega_\mathrm{n})}{\sigma_\mathrm{p}^2}$，在多自由度结构中，$S_\mathrm{E}$ 理论上是主导模态频率在其无量纲模态力谱处的取值。综合考虑储罐结构多模态耦合的风振特性，本书中 S_E 由式(4.1-23)反推得到，结合统计分析进行简化建模，如式(4.1-24)所示：

$$S_\mathrm{E} = \frac{4}{\pi}\zeta_\mathrm{n}(\mu_\mathrm{d}^2 - 1) \approx \eta_1 \left(\frac{\omega_\mathrm{m}}{\omega_\mathrm{n}}\right)^{\eta_2} \qquad (4.1\text{-}24)$$

其中，η_1 和 η_2 作为共振能量因子待定拟合参数，可由 S_E 与 $\omega_\mathrm{n}/\omega_\mathrm{m}$ 在对数坐标线的线性拟合得到。针对近似解可得，$S_\mathrm{E} = \dfrac{\pi}{2} \cdot \dfrac{\omega_\mathrm{m}}{\omega_\mathrm{n}}$，即 $\eta_1 = \dfrac{\pi}{2}$，$\eta_2 = 1$。理论上，指数项 η_2 应处于 1~3 之间。图 4.1-2b)中给出了滤波参数 $\lambda_0 = 2$ 时的拟合曲线。可以发现，拟合曲线能够较好地逼近解析解，可作为一种半经验公式对分析结果进行拟合。

4.1.3 等效风振系数

《建筑结构荷载规范》(GB 50009—2012)中采用风振系数来考虑阵风的动力效应，以平均风荷载为基向量表达等效风荷载。虽然该规范采用了"惯性力法"，但在形式上与现行的国际上各国规范所采用的阵风响应因子法(GRF)是一致的。这类方法常用于以单阶模态为主、单个目标响应控制的结构，如高层结构的顺风向振动。在规范体系的带动下，实际工程设计中，设计人员往往更容易接受这种形式简单、概念明确、以"风振系数"表达的等效静风荷载。本小节将"阵风响应包络法"与"风振系数"的概念结合起来，建立二者的联系，进一步阐述阵风响应包络法的物理意义，也为工程设计人员提供更多选择。

根据"风振系数"的概念，对于多自由度的多目标等效体系，有：

$$\boldsymbol{p}_\mathrm{eq} = \boldsymbol{\beta}_z \boldsymbol{\mu}_p,\ \boldsymbol{\beta}_z = \boldsymbol{\mu}_p^+ \cdot \boldsymbol{p}_\mathrm{eq} \qquad (4.1\text{-}25)$$

《建筑结构荷载规范》(GB 50009—2012)针对高层及高耸结构的顺风向等效静风荷载，给出了类似阵风荷载因子法的简化计算公式。结合本章阵风响应包络

法式(4.1-10),有:

$$\beta_z = 1 + g \cdot \mu_d \cdot \mu_c \cdot I_p \tag{4.1-26}$$

其中,$I_p = |\mu_p^+ \cdot \sigma_p|$ 为风压脉动因子,相当于脉动风荷载均方根值与平均风荷载之比的概念。基于拟定常假设有,$I_p = 2I_u$,与 GRF 法类似,在拟定常假设的基础上进行修正,可得到如下表达式:

$$\beta_z = 1 + g \cdot \mu_d \cdot \mu_c \cdot 2\kappa_p I_u \tag{4.1-27}$$

其中,κ_p 为特征湍流修正因子,考虑特征湍流作用对拟定常假设下的脉动风压进行修正,可根据风洞试验数据验确定。由第 3 章储罐结构风洞试验结果可知,在设计风速的高雷诺数作用下,圆筒形储罐 κ_p 值集中在 1.2 附近,对于曲面罐顶,κ_p 值集中在 0.9 附近;球形储罐结构 κ_p 值集中在 1.0 附近。

4.2 储罐群风荷载干扰效应

港口石化储罐一般以罐组、罐群的排列方式分布,在抗风设计时也有必要对风荷载的干扰效应进行考虑和修正。本节采用 CFD 数值模拟考虑了不同排列方式储罐的风荷载干扰特性,为抗风设计提供参考。

4.2.1 CFD 数值模拟

1) 基本方法概述

在流体力学中,描述流体运动基本方法有拉格朗日法和欧拉法。拉格朗日法采用质点坐标(或称拉格朗日变量)研究流体中各个物理量随质点运动的变化规律,因此,拉格朗日法着眼于流体质点,研究各个流体质点在运动中的变化情况;欧拉法采用空间坐标来表示同个流体质点在不同时刻所处的空间位置,因此,欧拉法着眼于空间位置,研究在空间位置上不同时刻流体运动的变化情况。一般黏性流体流动均遵循质量守恒定律、动量守恒定律和能量守恒定律,在欧拉坐标系下,流体流动满足以下基本方程:

(1) 连续方程:

$$\frac{\partial \rho}{\partial \tau} dxdydz = -\left[\frac{\partial(\rho u_x)}{\partial x} + \frac{\partial(\rho u_y)}{\partial y} + \frac{\partial(\rho u_z)}{\partial z}\right] dxdydz \tag{4.2-1}$$

(2) 动量方程:

$$\rho \frac{du}{d\tau} = \rho F_b - \nabla P + \mu \nabla^2 u + \frac{1}{3}\mu \nabla(\nabla \cdot u) \tag{4.2-2}$$

(3) 能量方程:

$$\frac{\mathrm{d}e}{\mathrm{d}\tau} = \frac{\dot{q}}{\rho} + \frac{k}{\rho}\nabla^2 t - \frac{P}{\rho}(\nabla \cdot \boldsymbol{u}) + \frac{\mu\phi}{\rho} \qquad (4.2\text{-}3)$$

计算流体力学的算法主要包括有限差分法、有限单元法和有限体积法。

为封闭求解上述方程,需要引入湍流模型的假设,目前湍流数值模拟方法可以分为直接数值模拟方法和非直接数值模拟方法。所谓直接数值模拟方法,是指直接求解瞬时湍流控制方程,而非直接数值模拟方法是不直接计算湍流的脉动特性,而是设法对湍流作某种程度的近似和简化处理,时均性质的 Reynolds 方程就是其中一种典型方法。依赖所采用的近似和简化方法不同,非直接数值模拟方法可分为大涡模拟、统计平均法、Reynolds 平均法。

2) 数值模型建立

本次数值模拟以高径比 1.0、0.5、0.2 储罐为研究对象,计算模型按实尺建立,在 ICEM CFD 中完成。建立数值模型时,计算域宽度 $B = 12L_{\max}$,储罐位于宽度方向中心位置,上游长度 $L_1 = 10H_{\max}$,下游长度 $L_2 = 15H_{\max}$,计算域高度 $H = 8H_{\max}$。其中 $L_{\max}$ 按石化储罐模型直径取值,$H_{\max}$ 按石化储罐模型高度取值,保证截面阻塞率不超过 3%。划分计算域网格时,为节约计算资源与时间,采用混合网格的划分方法,如图 4.2-1 所示。用一圆柱面将储罐围起来,计算域划分为内外两部分。圆柱外部计算域最大网格尺寸为 15,圆柱面周围最大网格尺寸为 8,利用非结构四面体网格对其进行划分。划分内部计算域网格时,同样采用非结构四面体网格对其进行划分。在确定网格模型时,建立了四种网格模型(2m×2m、1m×1m、0.5m×0.5m、0.2m×0.2m)进行比较,选取储罐 0.8H 处平均风压系数,以风洞试验结果为参照,对比分析不同网格模型数值模拟结果。图 4.2-2 所示为不同网格模型平均风压系数数值模拟结果对比。通过对比发现,四种网格模型计算平均误差分别为 22.5%、20.8%、11.9%、26.9%,第三种网格模型的模拟结果较其他结果更为接近风洞试验结果,且四种网格划分的质量均在 0.2 附近;在收敛方面,计算时四种网格模型的收敛效果较为接近。因此,选用第三种表面网格尺寸 0.5m×0.5m 的网格模型。

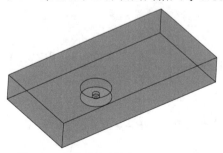

图 4.2-1　数值计算计算域网格划分示意图

4 港口大型石化储罐结构抗风优化设计方法

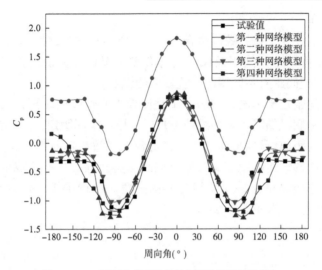

图 4.2-2　不同网格模型平均风压系数模拟结果对比

3）边界条件

计算域入口边界条件采用速度入口（velocity-inlet），出口边界条件采用自由出流，流场任意物理量 ψ 沿出口法向梯度为零，即 $\dfrac{\partial \psi}{\partial n}=0$。计算域顶部和两侧采用自由滑移的壁面条件，储罐表面及地面采用无滑移的壁面条件。

速度入口采用 UDF 函数定义，风剖面模拟 A 类地貌，与第 2 章风洞试验一致。来流湍流特性通过直接给定湍流动能 k 和湍流耗散率 ε 值的方式来表示，其表达式如式（4.2-4）、式（4.2-5）所示：

$$k = \frac{3}{2}[V(z)\cdot I_u]^2 \tag{4.2-4}$$

$$\varepsilon = \frac{1}{l}\cdot 0.09^{\frac{3}{4}}k^{\frac{3}{2}} \tag{4.2-5}$$

式中：l——湍流特征尺度；

I_u——湍流强度，风剖面模拟 A 类地貌，与第 2 章风洞试验一致；

$V(z)$——平均风速。

4）计算设置

在数值模拟计算时，不同湍流模型计算效率、计算精度不同。在本次模拟中选择 realizable k-ε 湍流模型、rsm 湍流模型及 standard k-ε 湍流模型，将各湍流模型计算与试验结果对比分析。近壁面函数为非平衡壁面函数，速度-压力耦合采用 SIMPLEC 算法，空间离散采用二阶迎风格式。

5）模拟工况

以高径比1.0、0.5、0.2敞口储罐为研究对象,对双罐线性排列、三角形三罐排列、正方形四罐排列不同间距及风向角等典型工况进行数值模拟,研究储罐高径比、风向角及储罐间距对不同罐组干扰效应的影响。

双罐罐组间距定义为测试储罐与施扰储罐中心连线的距离,风向角定义为来流与测试储罐和测试储罐中心连线的夹角。三罐罐组间距定义为测试储罐与施扰储罐中心连线的距离,风向角定义为来流与测试储罐到施扰储罐中心连线的垂线之间的夹角。四罐罐组间距定义为测试储罐与施扰储罐中心连线的距离,风向角定义为来流与连接测试储罐对角线之间的夹角。各罐组工况示意如图4.2-3所示。储罐数值模拟工况见表4.2-1。

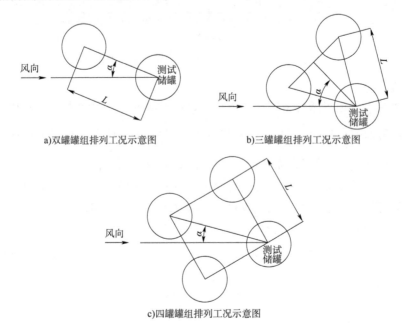

a) 双罐罐组排列工况示意图

b) 三罐罐组排列工况示意图

c) 四罐罐组排列工况示意图

图4.2-3 储罐数值模拟工况示意图

储罐群风荷载干扰效应数值模拟工况　　　　表4.2-1

储罐高径比	罐组排列方式	风向角(α)	储罐间距
1.0、0.5、0.2	双罐线性排列、三罐三角形排列、四罐正方形排列	间距1.8D,改变风向角0°~180°,间隔15°	风向角0°,改变储罐间距1.2D、1.4D、1.6D、1.8D、2.0D、2.2D

4.2.2 风荷载干扰效应分析

1) 双罐罐组

图 4.2-4a) 为间距 1.4D 流场示意图。其中,前罐为施扰储罐,后罐为测试储罐。由于前罐的遮挡作用,后罐位于前罐的尾流区内,后罐前方速度较前罐前方速度显著减小,后罐迎风面风压系数相对于单体储罐有所减小。后罐来流与罐壁分离点后移,分离时速度减小,最大负压出现位置将向后移动,且风压系数有所减小。图 4.2-4b) 为风向角 30°流场示意图。此时测试储罐被干扰储罐部分遮挡,迎风面来流驻点位置发生偏移,测试储罐前方速度较干扰储罐前方速度显著减小,风压系数相对于单体储罐有所减小,最大负压点位置出现偏移。侧风面来流分离点同样发生偏移,分离时速度减小,测试储罐最大负压点发生偏移,且数值有所减小。

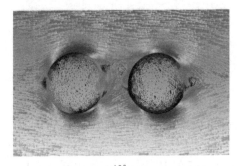
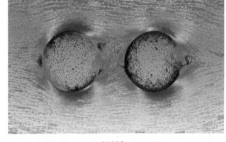

a) 0°   b) 30°

图 4.2-4 双罐罐组间距 1.4D 流场示意图

不同储罐间距下测试储罐外壁面风压系数如图 4.2-5a) 所示。当风向角为 0°时,储罐在来流方向串列分布,测试储罐被施扰储罐完全遮挡。由于施扰储罐的干扰作用,测试储罐外壁面风压系数与单体储罐有较大有区别,风压系数明显减小,随着储罐间距增大,测试储罐迎风面风压系数减小幅度不断减小,储罐间距为 1.2D、1.4D、1.6D、1.8D、2.0D、2.2D 时最大风压系数相较于单体储罐,由 0.79 减小为 0.35、0.41、0.45、0.50、0.56、0.62,分别减小了 56%、48%、43%、37%、29%、21%。相较于单体储罐,测试储罐零压角度向后推移,正压区范围增大。随着储罐间距的增大,零压角度向前推移,正压范围逐渐减小,当储罐间距为 1.2D 时,正压区范围为 0°~60°;当储罐间距增大至 2.2D 时,正压区范围减小为 0°~50°。与单体储罐相比,测试储罐侧风面负压系数明显减小,随着储罐间距增大,侧风面最大负压逐渐减小,储罐间距为 1.2D 时,最大负压值减小为 -1.1,相较于单体储罐减小了 21%,最大负压点由 90°向后移至 100°附近。

不同间距下测试储罐内壁面风压系数如图 4.2-5b)所示。与单体储罐相比,测试储罐内壁面风压系数显著减小,随着储罐间距的减小,内壁面风压系数逐渐减小,当储罐间距为 2.2D、2.0D、1.8D、1.6D、1.4D、1.2D 时,最大负压系数相较于单罐,由 -0.68 减小为 -0.50、-0.45、-0.43、-0.40、-0.38、-0.37,分别减小了 26%、34%、37%、41%、44%、46%;随着储罐间距减小,测试储罐内壁面风压系数随周向角变化幅度不断减小。

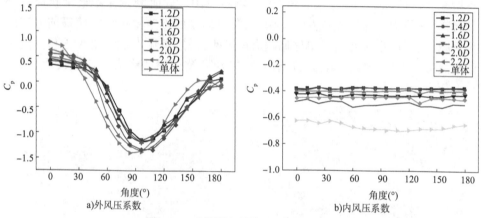

图 4.2-5 双罐罐组不同间距下的风压系数

不同风向角下测试储罐外壁面风压系数如图 4.2-6a)、图 4.2-6b)所示。当风向角为 15°、30°时,迎风面最大风压位置由 0°后移到 10°附近,这是由于随着风向角增大,施扰储罐对测试储罐的遮挡作用减弱,来流绕过施扰储罐分离后再附到测试储罐。当风向角达到 45°时,迎风面最大风压位置回到 0°。不同风向角下测试储罐迎风面最大风压相近,正压区不断减小,当风向角由 0°变化至 45°时,正压区范围由 0°~60°减小为 0°~45°。当施扰储罐位于测试储罐一侧时,由于储罐间存在狭缝效应,测试储罐侧风面风压系数随着风向角增大而增大,最大负压系数逐渐增大,由 -1.1 增大至 -1.4,最大负压点由 100°附近移至 90°附近。当风向角大于或等于 45°时,测试储罐外壁面风压系数与单体储罐相近。

图 4.2-6c)为不同风向角下测试储罐内壁面风压系数。随着风向角的增大,测试储罐内壁面风压系数逐渐增大,向单体储罐风压系数靠近,这是由于施扰储罐对测试储罐的遮挡作用逐渐减弱导致的。当风向角在 135°~165°范围内,施扰储罐位于测试储罐下游,由于储罐间狭缝效应,测试储罐内壁面风压系数增大并稍大于单体储罐内壁面风压系数。

2）三罐罐组

图4.2-7a）为风向角0°三罐罐组间距1.4D流场示意图。来流经过前方施扰储罐间狭缝到达测试储罐前方，风速略有减小，来流与罐壁分离点与施扰储罐基本一致，分离风速减小，测试储罐侧风面风压将有所减小。图4.2-7b）为风向角30°三罐罐组间距1.4D流场示意图。此时测试储罐被施扰储罐部分遮挡，来流经过施扰储罐夹缝到达测试储罐，迎风面来流驻点位置发生偏移，侧风面来流分离点同样发生偏移，迎风面、侧风面风压分布与单体储罐相比将有所改变。

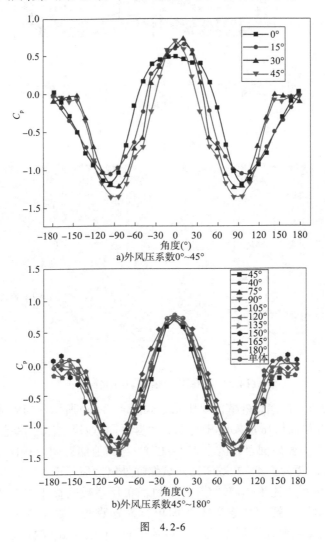

a) 外风压系数0°~45°

b) 外风压系数45°~180°

图 4.2-6

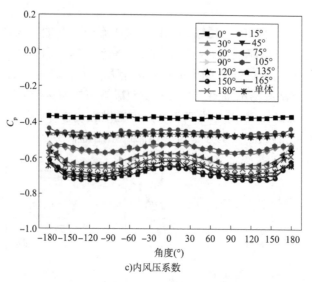

c) 内风压系数

图 4.2-6 双罐罐组不同风向下的风压系数

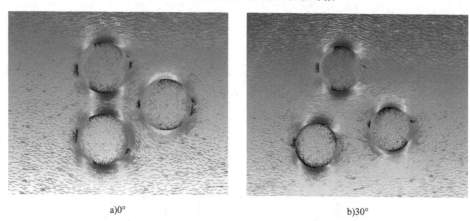

a) 0°   b) 30°

图 4.2-7 三罐罐组间距 1.4D 流场示意图

不同间距下测试储罐外壁面风压系数如图 4.2-8a) 所示。当储罐间距为 1.2D 时，测试储罐迎风面风压系数较其他工况大有不同，迎风面正压区范围较小，零压角度在 25°左右。侧风面负压区为 25°～120°，与其他储罐间距相比较负压区范围较大。当储罐间距为 1.4～2.2D 时，测试储罐外壁面风压系数分布与单体储罐相似，迎风面正压系数比单体储罐略小，侧风面负压系数明显小于单体储罐。随着间距的增大，测试储罐负压系数不断向单体储罐靠拢。图 4.2-8b) 所示为不同间距下测试储罐内壁面风压系数。与单体储罐相比，测试储罐内壁面风压系数显著减小,随着储罐间距的减小,内壁面风压系数减小。当储罐间距为 1.2D、2.2D 时,内壁面最大风压系数由 -0.69 减小为 -0.15、-0.61,减小幅度分别为 78%、12%。

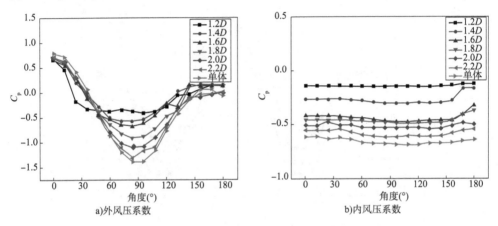

图 4.2-8 三罐罐组不同间距下的风压系数

不同风向角下测试储罐外壁面风压系数如图 4.2-9a)、图 4.2-9b)所示。当风向角为 0°、15°时,测试储罐迎风面最大风压出现在 0°;当风向角为 30°、45°时,迎风面最大风压位置由 0°后移至 10°。不同风向角下测试储罐迎风面最大正压系数相近,随着风向角增大,正压范围有所增大,由 0°~30°增大至 0°~45°,侧风面风压系数同样增大,最大负压系数位置向后偏移,由 90°后移至 110°。当风向角达到 60°后,迎风面最大风压位置回到 0°,侧风面最大负压位置回到 90°,测试储罐风压分布与单体储罐相近。图 4.2-9c)所示为不同间距下测试储罐内壁面风压系数。当风向角由 0°变化至 45°时,内壁面风压系数逐渐减小;当风向角为 45°时,内壁面风压系数接近于 0,这是由于随着风向角的增加,施扰储罐对测试储罐遮挡作用增强。当风向角大于 45°时,内壁面风压系数逐渐增大,这是由于施扰储罐遮挡作用逐渐减弱,储罐间存在狭缝加速作用,使得内壁面风压系数不断增大。

3) 四罐罐组

图 4.2-10a)为风向角 0°四罐罐组间距 1.4D 流场示意图。测试储罐受到前方施扰储罐及中间施扰储罐的遮挡作用,测试储罐迎风面速度显著减小,与前方施扰储罐相比,测试储罐来流与罐壁分离点后移,最大负压出现位置将向后移动,且数值有所减小。图 4.2-10b)为风向角 30°四罐罐组间距 1.4D 流场示意图。由于前方施扰储罐的阻挡作用,测试储罐迎风面速度显著减小,侧风面来流分离点同样发生偏移,迎风面、侧风面风压分布与单体储罐相比将有所改变。

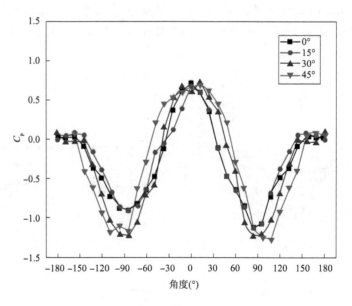

a) 外风压系数0°~45°

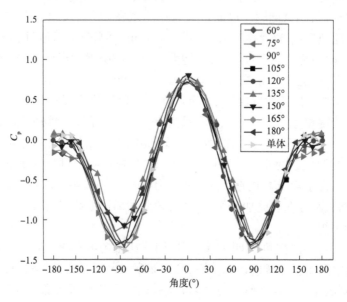

b) 外风压系数45°~180°

图 4.2-9

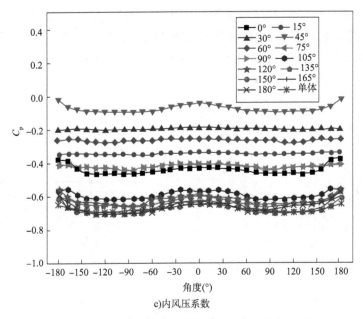

c) 内风压系数

图 4.2-9 三罐罐组不同风向下的风压系数

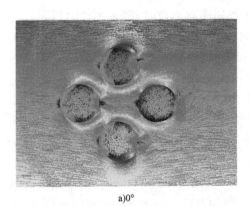
a) 0°

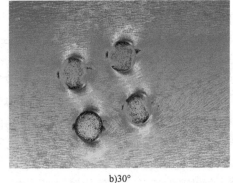
b) 30°

图 4.2-10 四罐罐组间距 1.4D 流场示意图

不同间距下测试储罐外壁面风压系数如图 4.2-11a) 所示。当储罐间距为 1.2D ~ 1.8D 时，迎风面最大风压随着间距增大而增大，由 0.55 增大至 0.74，正压区范围逐渐增大，侧风面最大负压同样逐渐增大，由 -1.0 增大至 -1.25，最大负压点位置由 45°后移至 90°附近。当储罐间距为 2.0D、2.2D 时，储罐外壁面风压系数分布与单体储罐相似，迎风面正压系数比单体储罐略小，侧风面负压系数随着间距的增大逐渐接近单体储罐风压系数。不同间距下测试储罐内壁面风压系数如图 4.2-11b)所示。与单体储罐相比,测试储罐内壁面风压系数显著减小,随着储罐间距的减小,内壁面风压系数越小,随周向角变化幅度越小。当储罐间距为 1.2D、2.2D 时,内壁面最大风压系数由 -0.69 减小为 -0.21、-0.55,减小幅度分别为 70%、20%。

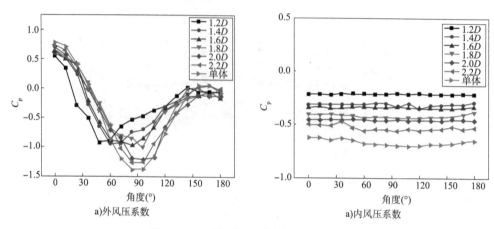

图 4.2-11 四罐罐组不同间距下的风压系数

不同风向角下测试储罐外壁面风压系数如图 4.2-12a)、图 4.2-12b)所示。当风向角为 0°~45°时,当风向角为 0°、15°时,迎风面最大风压出现在 0°;当风向角为 30°时,迎风面最大风压位置后移至 ±12°;当风向角为 45°时,迎风面最大风压位置后移至 ±24°。不同风向角下储罐迎风面最大正压系数相近,随着风向角增大,正压范围有所增大,侧风面风压系数增大,最大负压系数也有所增大。当风向角大于 45°后,测试储罐风压分布与单体储罐相近。不同风向角下测试储罐内壁面风压系数如图 4.2-12c)所示。当风向角由 15°变化至 45°时,内壁面风压系数逐渐减小,这是由于随着风向角的增加,施扰储罐对测试储罐遮挡作用增强。当风向角为 45°时,内壁面风压系数达到最小值 -0.3。当风向角大于 45°时,内壁面风压系数逐渐增大,这是由于施扰储罐遮挡作用减弱导致的。由于储罐间狭缝效应,使得测试储罐内壁面风压系数不断增大。当风向角大于 90°时,储罐内壁面风压系数接近于单体储罐。

4)高径比的影响

图 4.2-13a)、图 4.2-13c)、图 4.2-13e)所示为不同高径比测试储罐外壁面风压系数。随着储罐高径比的增大,测试储罐迎风面及侧风面风压系数相较单体储罐减小幅度不断减小,风压分布更接近于单体储罐。当储罐间距为 1.2D 时,高径比 1.0、0.5、0.2 的储罐侧风面最大风压系数减小幅度分别为 59%、25%、17.2%,说

明随着高径比增大,干扰效应减弱。不同高径比测试储罐内壁面风压系数如图 4.2-13b)、图 4.2-13d)、图 4.2-13f)所示。不同高径比储罐与单体储罐相比,测试储罐内壁面风压系数显著减小,随着储罐间距的减小,内壁面风压系数减小。高径比为 0.2 的储罐,随着储罐间距的减小,在背风面 120°~180°范围内风压系数出现正压。随着高径比的增大,测试储罐内壁面风压系数相较于单体储罐减小幅度越小,风压分布越接近于单体,随着高径比增大,干扰效应减弱。

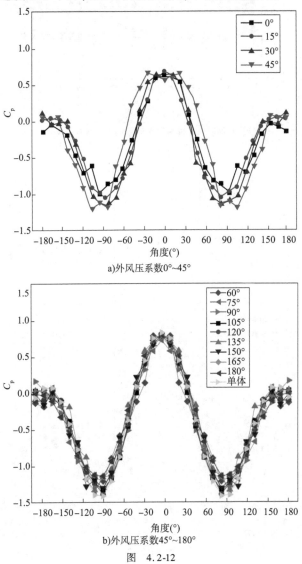

图 4.2-12

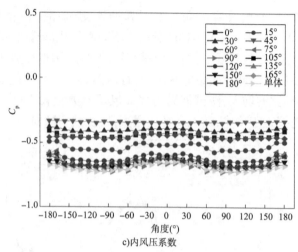

c) 内风压系数

图 4.2-12　四罐罐组不同风向下的风压系数

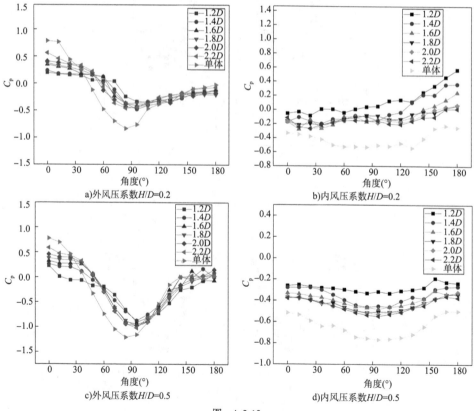

图　4.2-13

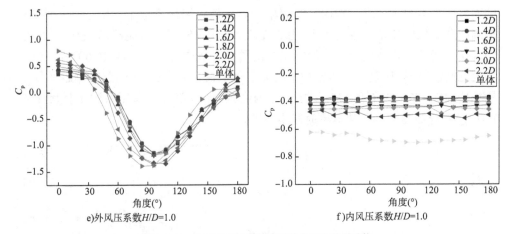

e) 外风压系数 $H/D=1.0$　　　f) 内风压系数 $H/D=1.0$

图 4.2-13　不同高径比储罐群干扰作用的风压系数

4.2.3　风荷载干扰效应因子

储罐在受到风荷载作用时,迎风面外壁面受到风压作用,内壁面受到风吸作用,储罐所受风荷载最大,是储罐风致破坏的决定性荷载。因此,在分析储罐的群体干扰效应时,以储罐迎风面内外壁面最大风压系数及罐壁总压最大风压系数的干扰因子为指标,表达式为:

$$IF = \frac{测试储罐迎风面最大风压系数}{单体储罐迎风面最大风压系数} \quad (4.2-6)$$

对于双罐罐组,不同间距下测试储罐迎风面最大风压系数干扰因子如图 4.2-14a) 所示。随着储罐间距的增大,储罐内外壁面及罐壁总压最大风压系数干扰因子逐渐增大,外壁面最大风压系数干扰因子由 0.45 增大至 0.79,内壁面最大风压系数干扰因子由 0.54 增大至 0.74,罐壁总压最大风压系数干扰因子由 0.51 增大至 0.78。可见随着间距的增大,双罐罐组群体干扰效应逐渐减弱。图 4.2-14b) 所示为不同风向角下测试储罐迎风面最大风压系数干扰因子。随着风向增大,储罐外壁最大风压系数干扰因子在 0°~30°范围内迅速增大,由 0.6 增大至 0.9 附近,群体干扰效应逐渐减弱,当风向角大于 30°后,储罐外壁最大风压系数干扰因子稳定在 0.9 附近,风向角变化对储罐外壁面群体干扰效应影响较弱。储罐内壁面最大风压系数干扰因子在 0°~75°范围内随着风向角的增加逐渐增大,由 0.6 增大至 0.9 附近,群体干扰效应逐渐减弱;当风向角在 75°~135°范围内时,最大风压系数干扰因子稳定在 0.9 附近,表明此时群体干扰效应较弱;当风向角在 135°~165°范围内,储罐内壁面最大风压系数干扰因子大于1,群体效应对储罐内

213

壁面风压系数起到了增大作用。储罐罐壁总压最大风压系数干扰因子在 0°～30° 范围内随着风向角增大逐渐增大,由 0.6 增大至 0.85,表明双罐罐组在 0°～30° 范围内储罐所受干扰效应较大并随着风向角增大逐渐减弱;当风向角在 60°～135° 范围内,储罐罐壁总压最大风压系数干扰因子稳定在 0.9 附近,表明此时储罐所受干扰效应较弱;当风向角在 135°～165° 范围内,储罐罐壁最大风压系数干扰因子在 1.0 左右,储罐总压与单体储罐时基本一致。

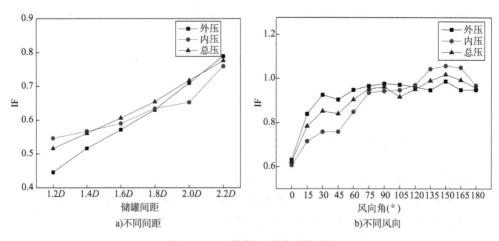

图 4.2-14 双罐罐组风荷载干扰因子

图 4.2-15a)所示为三罐罐组不同间距下测试储罐迎风面最大风压系数干扰因子。当储罐间距由 1.2D 增大至 2.2D 时,外壁面干扰因子均在 0.9 左右,表明储罐间距变化对储罐外壁面群体干扰效应影响较弱。内壁面最大风压系数干扰因子随着储罐间距增大不断增大,由 0.2 增大至 0.9,可见储罐间距变化对储罐内壁面群体干扰效应影响较大,当储罐间距小于 1.6D 时,测试储罐内壁面受干扰作用较强,随着间距的增大,内壁面群体干扰效应逐渐减弱。罐壁总压干扰因子随储罐间距增大而增大,由 0.58 增大至 0.9,表明随着储罐间距增大,三罐罐组群体干扰效应逐渐减弱。图 4.2-15b)所示为不同风向角下测试储罐迎风面最大风压系数干扰因子。当风向角由 0°增大至 180°时,储罐外壁面最大风压系数干扰因子均在 0.9 左右,表明储罐外壁面最大风压系数基本不随风向角改变,风向角变化对储罐外壁面群体干扰效应影响较弱。内壁面最大风压系数干扰因子在 0°～45°范围内逐渐减小,由 0.7 减小至 0.05 左右,在 45°～105°范围内逐渐增大至 0.9 附近,在 105°～180°范围内保持在 0.9 附近,表明当风向角在 0°～45°范围内储罐内壁面群体干扰效应逐渐增强。当风向角为 45°时,储罐内壁面干扰效应最为显著,当

风向角在45°~105°范围内储罐内壁面群体干扰逐渐减弱;当风向角在105°~180°范围内时,风向角变化对储罐内壁面干扰效应影响较弱。储罐罐壁总压最大风压系数干扰因子在0°~45°范围内随着风向角增大逐渐减小,由0.8减小至0.52,储罐所受干扰作用逐渐增强;在75°~105°范围内随着风向角增大逐渐增大,由0.52增大至0.9附近,储罐所受干扰效应逐渐减弱;当风向角在105°~180°范围内,储罐罐壁总压最大风压系数干扰因子稳定在0.9附近,储罐所受干扰效应较弱。

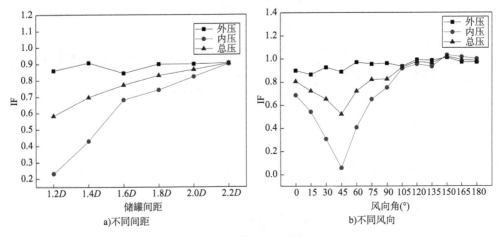

图4.2-15 三罐罐组风荷载干扰因子

图4.2-16a)所示为四罐罐组测试储罐迎风面最大风压系数干扰因子。当储罐间距由1.2D增大至2.2D时,储罐内外壁面及罐壁总压最大风压系数干扰因子逐渐增大,外壁面最大风压系数干扰因子由0.7增大至0.9,内壁面最大风压系数干扰因子由0.3增大至0.7附近,罐壁总压最大风压系数干扰因子由0.54增大至0.88。可见随着间距的增大,四罐罐组群体干扰效应逐渐减弱。图4.2-16b)所示为不同风向角下测试储罐迎风面最大风压系数干扰因子。当风向角在30°~45°范围内时,储罐外壁面最大风压系数干扰因子在0.8附近,在其他风向角时,外壁面最大风压系数干扰因子均在0.9附近,表明在30°~45°范围内风向角对储罐外壁面群体干扰效应略有影响,在其余风向角下对储罐外壁面群体干扰效应影响较弱;内壁面最大风压系数干扰因子在15°~45°范围内逐渐减小,由0.78减小至0.51左右,在45°~75°范围内逐渐增大至0.9附近,在75°~180°范围内保持在0.9附近,表明当风向角在15°~45°范围内储罐内壁面干扰效应逐渐增强。当风向角为45°时,储罐内壁面所受干扰效应最为显著;当风向角在45°~75°范围内时,储罐内

壁面群体干扰逐渐减弱;当风向角在 75°~180°范围内时,风向角变化对储罐内壁面干扰效应影响较弱。储罐罐壁总压最大风压系数干扰因子在 15°~45°范围内随着风向角增大逐渐减小,由 0.84 减小至 0.69,储罐所受干扰作用逐渐增强;在 45°~75°范围内随着风向角增大逐渐增大,由 0.69 增大至 0.9 附近,储罐所受干扰效应逐渐减弱;当风向角在 75°~180°范围内时,储罐罐壁总压最大风压系数干扰因子稳定在 0.9 附近,储罐所受干扰效应较弱。

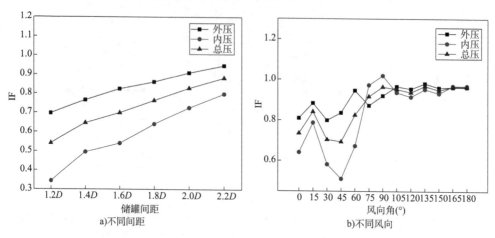

图 4.2-16 四罐罐组风荷载干扰因子

不同高径比测试储罐迎风面最大风压系数干扰因子如图 4.2-17 所示。随着高径比的增大,相同储罐间距下测试储罐内外壁面及罐壁总压最大风压系数的干扰因子不断增大,说明随着高径比增大,储罐间干扰效应减弱。

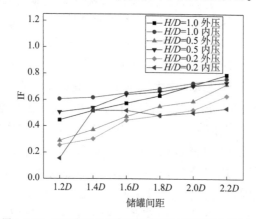

图 4.2-17 不同高径比储罐迎风面最大风压系数干扰因子

4.3 非定常风效应因子

4.3.1 非平稳效应简化分析方法及其验证

虽然储罐结构局部风荷载具有一定的非高斯特性,但在整体稳定性分析时,其整体受力近似服从高斯分布,根据风洞试验数据中得到的风力/力矩系数的概率密度函数(PDF),假设脉动的风力/力矩系数服从高斯分布。采用风洞试验中脉动风力/力矩系数的统计数据(均值和均方根)和频谱(自功率谱),采用谱表示方法(spectral representation approach,SRM,Shinozuka & Deodatis,1991 and 2009)模拟脉动风力/力矩系数,如式(4.3-1)所示:

$$C'_\lambda(t_j) = \frac{1}{N}\sum_{k=0}^{N-1}\left|\sum_{i=0}^{N-1}C_\lambda(t_i)\cdot\exp(-i\omega_k t_i)\right|\cdot\exp[i\cdot(\varphi_k+\omega_k t_j)] \quad (4.3\text{-}1)$$

其中,$i=\sqrt{-1}$ 是虚数单位。t_i 和 $t_j(i,j=0,1,2,\cdots,N-1)$ 是原型尺度上的离散时间。$C'_\lambda(t)$ 为随机模拟的风力/力矩系数的时间序列。$C_\lambda(t)$ 为风洞试验得到的风力/力矩系数的时间序列。$\omega_k=2\pi f_s k/N(k=0,1,2,\cdots,N-1)$ 为第 k 个离散圆频率。$\lambda=F_x,F_y,M_x$ 或 M_y 是任意风力/力矩分量,φ_k 是一个均匀分布在 $[0,2\pi]$ 中的随机相位。

假设突发阵风作用下的瞬态风力/力矩遵循准平稳假设,如式(4.3-2)和式(4.3-3)所示:

$$F'_y(t) = C'_{Fy}(t)\cdot\frac{1}{2}\rho[U(t)]^2\cdot A \quad (4.3\text{-}2)$$

$$M'_x(t) = C'_{Mx}(t)\cdot\frac{1}{2}\rho[U(t)]^2\cdot A\cdot H \quad (4.3\text{-}3)$$

其中,$F'_y(t)$ 是空气动力学瞬态阵风滑动力;$M'_x(t)$ 和 $M'_y(t)$ 分别为气动力瞬态阵风倾覆力矩;$U(t)$ 为原型尺度中罐顶高度处随时间变化的平均风速函数。

对于平稳良态风的情况,$U(t)$ 为常数 U_1,而对于突发阵风情况,$U(t)$ 被定义为一个坡度阶跃函数,如式(4.3-4)所示:

$$U(t) = \frac{U_1+U_0}{2}+\frac{U_1-U_0}{2\tau}\left(\left|t-t_m+\frac{\tau}{2}\right|-\left|t-t_m-\frac{\tau}{2}\right|\right) \quad (4.3\text{-}4)$$

其中,U_0 和 U_1 为加速前后的平均风速(m/s);τ 为平均风速加速的持续时间(s);t_m 是平均风速加速的中心时间。风速加速度 $a(\text{m/s}^2)$ 被定义为 $a=(U_1-U_0)/\tau$。时变风速函数示意图如图4.3-1所示。还需要指出的是,时变风速函数可被定义为理想的突然风的情况,当 $\tau \to 0$(即 $a \to \infty$),其 $U(t)$ 用一个 δ 函数表示,如式(4.3-5)所示:

$$U(t) = U_0 + (U_1 - U_0) \cdot \delta(t - t_m) \quad (4.3-5)$$

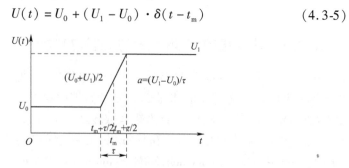

图 4.3-1　时变风速函数示意图

这是一个理想的极端情况。

需要注意的是,非平稳风效应应该通过阵风风洞试验(Takeuchi and Maeda, 2013)测试。本书采用的基于大气湍流边界层风洞试验的准平稳假设是一个简化的程序,认为波动成分是平稳的。

实际的石化储罐结构是一个复杂的多自由度(MDOF)动态系统。然而,对于目前的研究所针对的整体稳定性问题,我们可以将其简化为一个单自由度(SDOF)系统。

将港口石化储罐结构各方向(x 或 y)的动态风致振动简化为频率为 f_n(圆频率 $\omega_n = 2\pi f_n$)和阻尼比 ξ_n 的单自由度(SDOF)系统,采用滤波器方法进行了风致动态响应分析(Spanos et al., 2017;Su et al., 2018)。根据随机振动理论,其基底反作用力的频率响应函数 $H(\omega)$ 表示为式(4.3-6):

$$H(\omega) = \frac{\omega_n^2}{-\omega^2 + 2\xi_n\omega_n i\omega + \omega_n^2} \quad (4.3-6)$$

因此,基于模拟滤波理论,利用式(4.3-7)可得到动态滑动力或倾覆力矩和海/陆向倾覆力矩 $\tilde{\lambda}(t)$:

$$\tilde{\lambda}(t_j) = \sum_{k=0}^{N-1} \left[\sum_{i=0}^{N-1} \lambda'(t_i) \cdot \exp(-i\omega_k t_i) \cdot H(\omega_k)\right] \cdot \exp(i\omega_k t_j) \quad (4.3-7)$$

需要注意的是,基于 SDOF 假设,$\lambda'(t)$ 等效于气动力/力矩的准静态响应。

通过比较完全动力分析计算(如 Sourav and Samit, 2014)和 SDOF 简化结果的时程响应分析结果检验 SDOF 的准确性,结果见表 4.3-1。可以看出,峰值响应的误差在 3% 以内,工程上是可以接受的。完全动力分析计算与 SDOF 简化的一致性也表明较高阶的模态对整体反力响应的贡献较小。然而,它们可能对局部偏转响应的贡献更大。

极值风致反力系数计算结果对比　　　　　表4.3-1

储罐形式	力/力矩分量	风振响应计算结果		相对误差(%)
		完全动力分析	SDOF 假设	
圆筒形	F_y(kN)	1901.6	1881.5	−1.57
	M_x(kN·m)	6737.9	6658.3	−1.91
球形	F_y(kN)	1309.2	1294.3	−2.99
	M_x(kN·m)	8891.2	8786.8	−1.84

4.3.2 随机脉冲动态稳定性效应分析

图4.3-2给出了港口大型石化储罐动力抗风稳定性分析算例。为了说明瞬态阵风的动态冲击效应，在算例中同时考虑了突发阵风和平稳良态风的情况。利用式(4.3-6)模拟了原型中10min期间的滑移力系数时间序列，如图4.3-2a)所示。随时间变化的风速函数如图4.3-2b)所示。对于平稳良态风情况，以恒定风速为 $U_1=40\text{m/s}$。对于突发阵风情况，风速由 $U_0=20\text{m/s}$ 在中部时刻突变为 $U_1=40\text{m/s}$，风速加速的加速度为 $a=1.0\text{m/s}^2$、2.0m/s^2、5.0m/s^2、10.0m/s^2、20.0m/s^2 和无穷大（对于理想的突发阵风）。对应的平均风速加速持续时间 $\tau=20.0\text{s}$、10.0s、4.0s、2.0s、1.0s 和0代表理想的突发阵风情况。根据SDOF假设和准平稳假设，准静态滑移力采用式(4.3-2)计算其动力风振响应，如图4.3-2c)所示。最后，通过式(4.3-7)得到了动态滑移力，如图4.3-2d)所示。

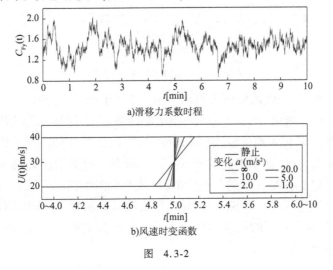

图 4.3-2

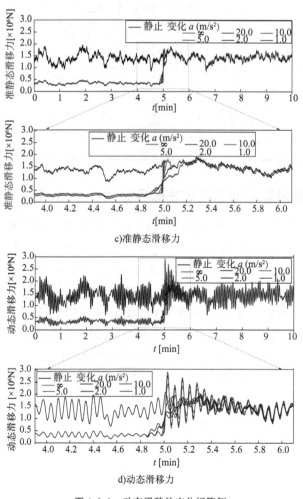

图 4.3-2 动态滑移效应分析算例

通过算例表明,当阵风加速突然增大时(如大于或等于 $10m/s^2$),有明显的动态影响效应。研究结果与 Takahashi 等报道的结果相似(2016),即使风速增加的速度(U_1/U_0)较小,阵风加速度较大(如 $10m/s^2$)倾向于增加动态滑动的概率。而当加速度没有那么大时(如小于或等于 $5m/s^2$),瞬态情况下的动态响应似乎不超过平稳情况。根据 Tomokiyo 等的研究(2010),观察到的加速度为 $3.8 \sim 8.4m/s^2$ 或者更大。这一结果与 Sourav 和 Samit(2014)报道的结果相似,即当平稳风和非平稳风的峰值相同时,非平稳风的效应往往较小。这是因为文献中假设的非平稳风的加速度相对较小(约为 $0.5m/s^2$)。

4 港口大型石化储罐结构抗风优化设计方法

然而,考虑到风力系数的随机特性,即使在图4.3-2所示的例子中在t_m时刻附近观察到了动态冲击效应,最不利的动态冲击响应也不一定超过所考虑的10min持续时间的峰值平稳响应。在10min的持续时间内,应该从概率的角度来估计最不利的动态瞬态冲击响应是否超过平稳响应。因此,对每种情况都进行了10^4次重复的蒙特卡罗随机模拟,以估计由瞬态风和相应的平稳风引起的极端响应的概率分布。详细的分析工况见表4.3-2。参考高度的突变前原始风速确定为$U_0=20\text{m/s}$,突变后风速U_1假设为60m/s、50m/s、40m/s、30m/s 和 20m/s(平稳良态风情况)。风速比$U_1/U_0=3.0$、2.5、2.0、1.5 和 1(平稳良态风情况)。假设加速度速率a为1.0m/s^2、2.0m/s^2、5.0m/s^2、10.0m/s^2、20m/s^2和无穷大(对于理想的突发阵风)。

随机脉冲动态滑动和倾覆效应分析工况详表　　　　表4.3-2

储罐形式	力/力矩分量 λ	风速 U_1(m/s)	突发阵风参数 U_1/U_0	$a(\text{m/s}^2)$	模拟工况数 ($\times 10^4$)
圆筒形	F_y	40	2.0	1,2,5,10,20,∞	7
	M_x	40	2.0	1,2,5,10,20,∞	7
球形	F_y	20	1.0	—	1
		30	1.5	1,2,5,10,20,∞	7
		40	2.0	1,2,5,10,20,∞	7
		50	2.5	1,2,5,10,20,∞	7
		60	3.0	1,2,5,10,20,∞	7
	M_x	40	2.0	1,2,5,10,20,∞	7
				合计	50

通过式(4.3-2)、式(4.3-3)计算出准静态滑动力和倾覆力矩响应的峰值,通过式(4.3-8)、式(4.3-9)对结果进行无量纲化:

$$\widehat{C}_{Fy,\text{qs}} = \frac{\max[F'_y(t)]}{0.5\rho U_1^2 A} \qquad (4.3\text{-}8)$$

$$\widehat{C}_{Mx,\text{qs}} = \frac{\max[M'_x(t)]}{0.5\rho U_1^2 AH} \qquad (4.3\text{-}9)$$

同样,通过式(4.3-7)计算出的峰值动态滑动力和倾覆力矩响应,用式(4.3-10)、式(4.3-11)对结果进行无量纲化:

$$\widehat{C}_{Fy,\text{dyn}} = \frac{\max[\widetilde{F}_y(t)]}{0.5\rho U_1^2 A} \quad (4.3\text{-}10)$$

$$\widehat{C}_{Mx,\text{dyn}} = \frac{\max[\widetilde{M}_x(t)]}{0.5\rho U_1^2 AH} \quad (4.3\text{-}11)$$

在每种情况下,获得了 10^4 个 $\widehat{C}_{\lambda,\text{dyn}}$、$\widehat{C}_{\lambda,\text{qs}}$ 样本。$E[\widehat{C}_{\lambda,\text{dyn}}]$、$E[\widehat{C}_{\lambda,\text{qs}}]$、SD$[\widehat{C}_{\lambda,\text{dyn}}]$、SD$[\widehat{C}_{\lambda,\text{qs}}]$分别为它们的数学期望(M.E.)和标准差(S.D.),其概率分布特性可以通过样本的均值和均方根值来估计。$\widehat{C}_{\lambda,\text{dyn}}\widehat{C}_{\lambda,\text{qs}}$对和的概率分布也将在下一小节中进行分析。

为了确定抗风设计中的动态突发阵风效应,采用了突发阵风动力因子μ_λ,将其定义为极值动态突发阵风响应与平均响应的比值,表示为式(4.3-12):

$$\mu_\lambda = E[\widehat{C}_{\lambda,\text{dyn}}]/\overline{C}_\lambda = \mu_{1\lambda}\mu_{2\lambda} \quad (4.3\text{-}12)$$

突发阵风动力因子可进一步分为平稳动力系数$\mu_{1\lambda}$以及一个突发阵风修正因子$\mu_{2\lambda}$。$\mu_{1\lambda}$定义为极端动态平稳阵风响应与平均响应的比值,表示为式(4.3-13);$\mu_{2\lambda}$被视为极值动态突发阵风和平稳阵风响应的比值,用式(4.3-14)表示:

$$\mu_{1\lambda} = E[\widehat{C}_{\lambda,\text{dyn,stationary}}]/\overline{C}_\lambda \quad (4.3\text{-}13)$$

$$\mu_{2\lambda} = E[\widehat{C}_{\lambda,\text{dyn,transient}}]/E[\widehat{C}_{\lambda,\text{dyn,stationary}}] \quad (4.3\text{-}14)$$

所有情况下的峰值动态响应的数学期望和标准差见表4.3-3。更大的加速度会导致更大的峰值响应。当加速度不小于5m/s²时,可以观察到瞬态突变冲击放大对数学预期的影响;当加速度不小于10m/s²时,可以观察到瞬态放大对标准偏差的影响。此外,速度比的增加往往会扩大这种动力冲击放大效应。

所有分析工况下的无量纲响应的统计结果　　表4.3-3

储罐形式	分量 λ	U_1/U_0	统计值	准静态结果	动态结果						
					平稳风	突发阵风 $a(\text{m/s}^2)$					
						1	2	5	10	20	∞
圆筒形	F_y	2.0	M.E.	1.77	2.10	2.10	2.10	2.10	2.11	2.22	2.30
			S.D.	0.06	0.13	0.13	0.13	0.13	0.13	0.16	0.19
	M_x	2.0	M.E.	0.63	0.71	0.71	0.71	0.71	0.71	0.71	0.78
			S.D.	0.02	0.04	0.04	0.04	0.04	0.04	0.04	0.07

4 港口大型石化储罐结构抗风优化设计方法

续上表

储罐形式	分量 λ	U_1/U_0	统计值	准静态结果	动态结果						
					平稳风	突发阵风 $a(m/s^2)$					
						1	2	5	10	20	∞
球形	F_y	1.0	M.E.	2.04	2.24	—	—	—	—	—	—
			S.D.	0.07	0.13	—	—	—	—	—	—
		1.5	M.E.	2.04	2.35	2.35	2.35	2.36	2.42	2.45	2.46
			S.D.	0.07	0.14	0.14	0.14	0.14	0.16	0.17	0.18
		2.0	M.E.	2.04	2.44	2.44	2.44	2.44	2.48	2.59	2.66
			S.D.	0.07	0.16	0.16	0.16	0.16	0.16	0.19	0.22
		2.5	M.E.	2.04	2.52	2.52	2.52	2.52	2.52	2.63	2.78
			S.D.	0.07	0.17	0.17	0.17	0.17	0.17	0.19	0.23
		3.0	M.E.	2.04	2.59	2.59	2.59	2.59	2.59	2.63	2.85
			S.D.	0.07	0.18	0.18	0.18	0.18	0.18	0.18	0.23
	M_x	2.0	M.E.	0.95	1.16	1.16	1.16	1.16	1.16	1.19	1.23
			S.D.	0.03	0.07	0.07	0.07	0.07	0.07	0.08	0.10

4.3.3 突发阵风动力因子概率特性分析

突发阵风动力因子 μ_λ、平稳动力系数 $\mu_{1\lambda}$ 和突发阵风修正因子 $\mu_{2\lambda}$ 的计算结果见表 4.3-4。结果表明,在至少 $5m/s^2$ 的加速度下,可以观察到瞬时阵风效应的放大,对峰值响应的数学期望有 10% 的放大程度。

为了进一步研究突发阵风动力效应的随机特性,对无量纲响应系数的概率分布函数(PDF)进行估计,如图 4.3-3 和图 4.3-4 所示,增加加速度或速度比会导致 PDF 较平稳风效应产生更大的值和偏差。对于加速度小于 $5m/s^2$ 的情况,突发阵风峰响应分布收敛于平稳响应分布,表明存在虚拟的冲击效应,即动态突发阵风冲击被湍流的动力效应所淹没,并被平稳的动态脉动波峰所取代。此外,平稳动态响应系数有随平稳风速增加的趋势[图 4.3-3d)]。这是因为随着风速的增加,脉动风荷载的频谱倾向于偏向于更高的频域。

突发阵风动力因子 μ_λ、平稳动力系数 $\mu_{1\lambda}$ 与突发阵风修正系数 $\mu_{2\lambda}$ 的计算结果

表 4.3-4

储罐形式	分量 λ	U_1/U_0	准静态结果	动态结果						因子分量
				平稳风 $(\mu_{1\lambda})$	突发阵风 $a(\mathrm{m/s^2})$					
					1	2	5	10	20	∞	
圆筒形	F_y	2.0	1.40	1.65	1.65	1.65	1.65	1.66	1.75	1.81	μ_λ
					1.00	1.00	1.00	1.01	1.06	1.09	$\mu_{2\lambda}$
	M_x	2.0	1.44	1.62	1.62	1.62	1.62	1.62	1.62	1.78	μ_λ
					1.00	1.00	1.00	1.00	1.00	1.10	$\mu_{2\lambda}$
球形	F_y	1.0	1.39	1.52	—	—	—	—	—	—	—
		1.5	1.39	1.60	1.60	1.60	1.61	1.65	1.67	1.67	μ_λ
					1.00	1.00	1.01	1.03	1.04	1.05	$\mu_{2\lambda}$
		2.0	1.39	1.66	1.66	1.66	1.66	1.68	1.76	1.81	μ_λ
					1.00	1.00	1.00	1.00	1.06	1.09	$\mu_{2\lambda}$
		2.5	1.39	1.71	1.71	1.71	1.71	1.71	1.79	1.89	μ_λ
					1.00	1.00	1.00	1.00	1.04	1.10	$\mu_{2\lambda}$
		3.0	1.39	1.76	1.76	1.76	1.76	1.76	1.79	1.94	μ_λ
					1.00	1.00	1.00	1.00	1.02	1.10	$\mu_{2\lambda}$
	M_x	2.0	1.44	1.76	1.76	1.76	1.76	1.76	1.80	1.86	μ_λ
					1.00	1.00	1.00	1.00	1.02	1.06	$\mu_{2\lambda}$

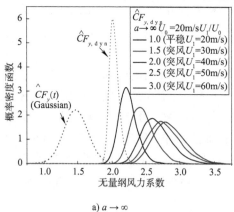

a) $a \to \infty$

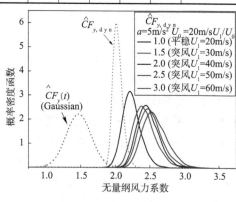

b) $a=10\mathrm{m/s^2}$

图 4.3-3

4 港口大型石化储罐结构抗风优化设计方法

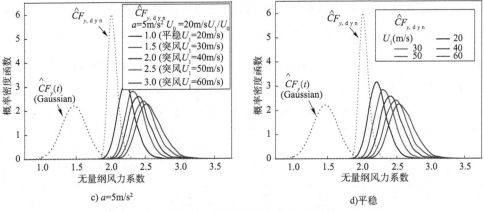

c) $a=5\text{m/s}^2$ d) 平稳

图 4.3-3 不同加速度突发阵风响应概率分布函数随 U_1 的变化

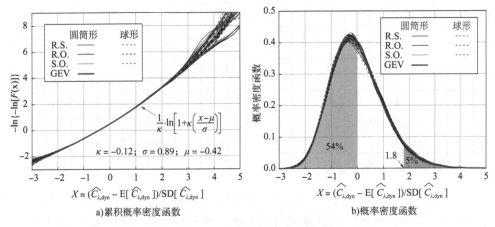

a) 累积概率密度函数   b) 概率密度函数

图 4.3-4 峰值响应的概率分布函数

从图4.3-3和图4.3-4中还可以观察到,尽管应用了不同的统计数据,但峰值动态响应的PDF的形状是相似的。为了确定保证率(非超越概率),采用广义极值(GEV)分布拟合归一化的峰值动态响应,如式(4.3-15)所示:

$$F(x) = \exp\left[-\left(1+\kappa \cdot \frac{x-\mu}{\sigma}\right)^{-1/\kappa}\right] \qquad (4.3\text{-}15)$$

其中,$F(x)$ 为累积分布函数(CDF)。κ、σ 和 μ 分别为形状、比例和位置参数。$\kappa=0$、$\kappa>0$ 和 $\kappa<0$ 分别代表Ⅰ型(Gembel)、Ⅱ型(Frechet)和Ⅲ型(Weibull)极值分布(Hong and Yue,2014;Ding and Chen,2014)参数应通过最大似然估计(MLE)确定,分析结果为 -0.12、0.89 和 -0.42。概率分布函数(CDF和PDF)及拟合结

果如图4.3-4所示。利用该函数,可以详细地估计出非超越概率$E[\hat{C}_{\lambda,\mathrm{dyn}}]$。如表4.3-3中的平均值有54%的非超过概率;95%非超出概率的峰值为$E[\hat{C}_{\lambda,\mathrm{dyn}}]+1.8 \cdot \mathrm{SD}[\hat{C}_{\lambda,\mathrm{dyn}}]$,见表4.3-5。结果表明,对于95%保证率的峰值响应值,可以达到17%的放大。

具有95%保证率的突发阵风动力响应系数　　　　表4.3-5

储罐形式	分量 λ	U_1/U_0	动力分析结果						
			平稳	突发阵风 $a(\mathrm{m/s^2})$					
				1	2	5	10	20	∞
圆筒形	F_y	2.0	2.34	2.34	2.34	2.34	2.35	2.51	2.64
	M_x	2.0	0.78	0.78	0.78	0.78	0.78	0.78	0.91
球形	F_y	1.0	2.48	—	—	—	—	—	—
		1.5	2.60	2.60	2.60	2.62	2.72	2.76	2.78
		2.0	2.72	2.72	2.72	2.72	2.76	2.94	3.05
		2.5	2.83	2.83	2.83	2.83	2.83	2.96	3.20
		3.0	2.91	2.91	2.91	2.91	2.91	2.95	3.27
	M_x	2.0	1.29	1.29	1.29	1.29	1.29	1.33	1.40

4.3.4　关于突发阵风致灾机理的几点讨论

在本小节中,我们将讨论一些被认为是影响突发阵风动力效应的因素,对第4.3.3小节中观察到的一些现象进行进一步的解释和总结。通过分析可以发现,考虑突发阵风(包括雷暴风)响应,在平稳动力响应上放大10%~20%。具体放大效应的变化规律影响因素在本小节中讨论。

1) 启动加速度

从4.3.3节的分析中可以发现,对于某些工况,即使加速度达到$20\mathrm{m/s^2}$,阵风效应似乎也不起作用,这是因为球形储罐的振动频率较高所导致的。为进一步分析非定常效应与振动频率的关系,将突发阵风放大效应时的结果($\mu_{2\lambda}>1$)随加速持续时间τ与自振频率的乘积(即$f_n \cdot \tau$)的变化绘制在图4.3-5中。可以看到,只有当加速时间τ短于自然振动周期时,才可能发生放大。而对于此情况,则为$20\mathrm{m/s^2}$,τ计算为1.0s,略低于自然振动周期(1/0.77 = 1.30s),若放大因子不够大,则无法观察到。

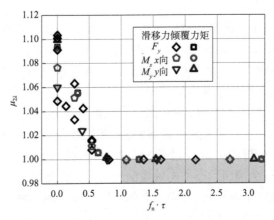

图 4.3-5　突发阵风动力修正系数($\mu_{2\lambda}$)随加速度与自振频率乘积($f_n \cdot \tau$)的变化

进一步分析了 4.3.2 中不同加速度的情况，$f_n \cdot \tau$ 值分别为 0.0、0.2、0.5、1.0、2.0 和 5.0，结果如图 4.3-6 所示，这说明，当 $f_n \cdot \tau \geq 1$ 时，响应突变类似于跨过风速突变的台阶，冲击效应较小。因此，启动时的加速度为 a_0 可以表示为式(4.3-16)：

$$a_0 = f_n \cdot (U_1 - U_0) \tag{4.3-16}$$

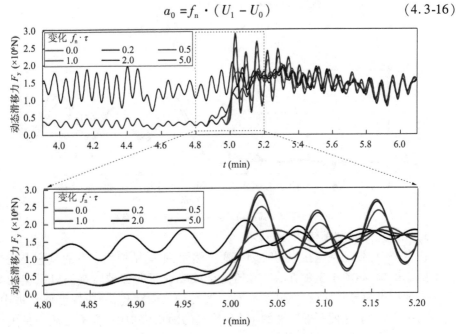

图 4.3-6　$f_n \cdot \tau$ 对动力响应时程的影响

2）湍流脉动的影响

现实中，即使是平稳的良态风也是波动的。如果不通过风洞试验，很难得到脉动风特性。然而，脉动的风特性取决于接近的湍流。本书研究内容选择一个开阔地形边界层（GB 50009—2012 中的 A 类地貌）。在这部分中，我们将定性地讨论湍流强度在一定程度上增加或减少的情况。

在第 4.3.2 小节中的案例（$a = 10\mathrm{m/s^2}$）基础上，采用不同修正系数的均方根风荷载系数对结果进行进一步补充分析，假设修正系数分别为 0.0、0.5、1.0 和 2.0，其中 1.0 对应原始分析，0.0 为无脉动的假想情况，结果如图 4.3-7 所示。结果表明，湍流的增加往往会抑制动态冲击效应的显现。在此基础上，在抗风设计过程中人为提高湍流强度水平，可能是考虑动态瞬态阵风效应的一种合理方法。但是，需要对等效的标准进行进一步的研究。

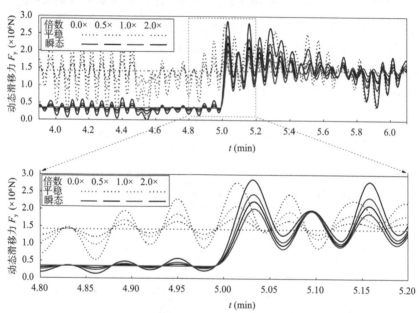

图 4.3-7　不同湍流波动对突发阵风响应时程的影响分析

3）风速突变时刻结构状态的影响

在本书中，假设风速在中间时刻突变。然而，不同结构状态下的风速突变会产生不同的影响，如图 4.3-8 所示。峰值处于波峰或正向穿越时叠加以风速的突变似乎表现出更为显著的放大响应，而对于波谷和负向穿越，响应幅度似乎被中和。在本书中，考虑了这种不确定性的 10^4 在重复的随机模拟中，样本被认为是大到足以估计极端响应的稳定概率特征。

4 港口大型石化储罐结构抗风优化设计方法

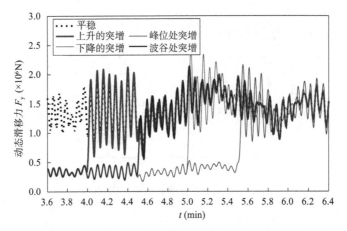

图 4.3-8　风速突变时刻结构随机相位对结果的影响分析

4.4　抗风圈优化设计方法

4.4.1　抗风圈优化设计的理论基础

从第 4 章气弹模型风洞试验试验结果的分析中可以看出，储罐屈曲变形的幅值和范围都受到抗风圈的限制。对设计者来说，最关注的两个问题即抗风圈的位置和截面尺寸，对应于 API 650 中对最大未加强罐壁高度和抗风圈最小截面模量的规定。一般根据最大未加强高度等间隔布置抗风圈，减小每段罐壁的有效高度，Uematsu et al、Bu 和 Qian 对该最大间隔提出了设计建议。

由于动力屈曲计算十分消耗计算资源和时间，这里采用本书提出的等效静力方法计算，可估计结构的屈曲承载力上限。图 4.4-1 为 IS2 的原型储罐设置不同数量和截面的抗风圈示意图。图中 i 表示抗风圈个数，$i=0$ 表示未加强储罐；圆筒形 $i=1$ 时，抗风圈位于顶部；$i \geq 2$ 时，有一个顶部刚性抗风圈；其余抗风圈在中间罐壁等间隔分布。

不同数量抗风圈加强储罐的屈曲特征值的变化结果如图 4.4-2 所示，图中 I_r 为抗风圈截面惯性矩。当 $i=1$，顶部抗风圈折减刚度 φ 很小时，表现为整体屈曲（图 4.4-1 中的类型①）；随着 φ 的增大，最大变形位置逐渐下移，罐壁的屈曲特征值明显提高，当 φ 达到某一临界值时，特征值提升达到极限，这在相关文献中也有发现。特征模态变为类型③的局部屈曲，由于底部约束更强且边界层中最大正压的驻点位于 $0.5H \sim 0.7H$ 之间，最大变形位于中上部。

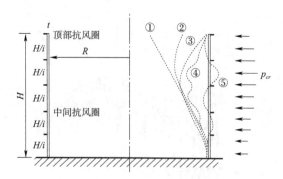

图 4.4-1 抗风圈布置示意图(图中 $i=5$)

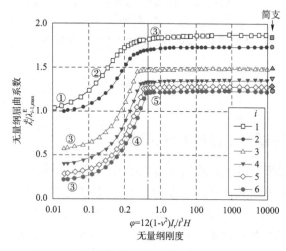

图 4.4-2 抗风圈对屈曲特征值和变形模态的影响

抗风圈数量增加,也会使极限屈曲承载力提高,但幅度逐渐降低,临界 φ 值稍微增大。对图中不同数量 i 的情况,当折减刚度 $\varphi \geq 5$ 后,可认为抗风圈的增强效果接近刚性抗风圈,屈曲变形仅位于两抗风圈之间,对应类型⑤。当将抗风圈高度的罐壁节点设为简支但不约束轴向位移时,其特征值与平稳的极限值几乎相等,即刚性抗风圈为罐壁提供了径向和环向位移约束。

在均压下,圆柱壳的屈曲强度受其几何尺寸和材料控制,根据 Donnell 壳屈曲理论,短柱和中长柱壳的屈曲临界均压 $p_{cr,u}$ 为:

$$p_{cr,u} = C_b 0.92E\left(\frac{t}{R}\right)^2\left(\frac{\sqrt{Rt}}{l}\right) \tag{4.4-1}$$

式中:l——屈曲半波长,等于柱壳高度;

t——罐壁厚度;

R——圆筒半径;

C_b——和边界条件有关的系数,根据 EN 1993-1-6,当圆柱两端为轴向自由,约束径向和环向位移的边界条件时(classical simply-supported boundaries), $C_b = 1.0$;当其中一端约束轴向位移,$C_b = 1.25$;当其中一端约束轴向位移,另一端自由时,$C_b = 0.6$。

对于风荷载作用下的柱壳屈曲,可以将外表面的风压等效为均匀外压,即:

$$p_{cr,u} = C_w p_{cr,u} \quad (4.4\text{-}2)$$

$p_{cr,u}$等于驻点风压,其风压系数设为1.0,风压分布沿环向变化但高度方向上不变。等效系数C_w与理论屈曲波数m_{th}有关,其简化表达式为:

$$C_w = 0.46 + 0.017 m_{th} \leq 1.0 \quad (4.4\text{-}3)$$

$$m_{th} = 2.47 \sqrt{C_b \frac{R}{l} \sqrt{\frac{R}{t}}} \quad (4.4\text{-}4)$$

上面的公式适用于$m_{th} \geq 10$的情况。当柱壳顶部开敞时,内表面存在风吸力,认为其是均匀分布的且风压系数取-0.5,此时等效均匀压力为:

$$p_{cr,u} = (C_w + 0.5) p_{cr,w} \quad (4.4\text{-}5)$$

当罐壁使用抗风圈加强时,其可以视为被分割成以抗风圈为边界的高度为H/i的更短柱壳,由于刚性抗风圈约束径向和环向位移,C_b取1.0,则可以计算经典的屈曲临界风压$p_{cr,w}$。与不同尺寸储罐设刚性抗风圈的特征值分析屈曲荷载$p_{cr,s}/p_{cr,w}$比较如图4.4-3所示。$p_{cr,s}$均大于$p_{cr,w}$,一方面是由于在边界层风场中,迎风经线上的风压实际是不均匀的,其他高度的正压均小于驻点正压,另一方面屈曲柱壳段的轴向位移可能受到其他相邻段的限制而带来增强作用。除$i = 0$和1外,随着抗风圈数量的增加,$p_{cr,s}/p_{cr,w}$逐渐增大。由于高径比不同储罐的风压分布并不一样,导致$p_{cr,s}/p_{cr,w}$的变化也不相同,而R/t的影响则较小。从图中的变化趋势中可以得到线性拟合公式,其拟合优度(Goodness of fit)均高于0.98。因此,对于边界层风场中的储罐,可以利用如下简化经验公式计算不同抗风圈加强下开敞储罐的屈曲临界荷载:

$$p_{cr,s} = (0.1i + 1.0) p_{cr,w} \quad H/D = 0.5 \quad (4.4\text{-}6)$$

$$p_{cr,s} = (0.3i + 1.0) p_{cr,w} \quad H/D = 0.2 \quad (4.4\text{-}7)$$

以上两式适用于$i \geq 1$的情况,$i = 0$的系数按$i = 1$取值。由于目前缺乏其他高径比储罐的三维表面风压数据,这里也就未进行有限元分析。但一般认为,高径比对圆柱表面风压分布的影响规律性较好且常常是单调变化的,对于$H/D = 0.2 \sim 0.5$的开敞储罐可以通过插值计算。

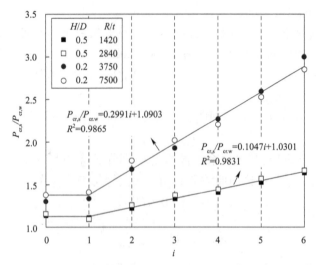

图4.4-3　有限元计算屈曲荷载 $p_{cr,s}$ 与 $p_{cr,w}$ 的比值随抗风圈数量变化

4.4.2　基于深度神经网络的改进优化设计算法

　　优化算法已经广泛运用到日常生活之中,在多个研究领域与实际产业之中发挥着重要作用,例如产品设计、航空航天、汽车工业、机械工程等。针对结构工程领域,结构优化的提出极大地改变了传统型的"试错型"设计思路。在传统的设计过程中,需要针对一个预先存在的设计概念进行多重反复的结构分析与结构调整的过程。传统的设计方法也极大地依赖于设计人员以往的经验,针对新的设计问题,传统方法得到的结果往往是过于安全的设计,造成材料的浪费与资源的过度消耗。随着计算机技术的高速发展以及科学家对于结构问题的不断研究,基于数值模拟的结构优化方法应运而生。相较于传统的设计方法,结构优化方法通过将设计问题变为数学规划问题,利用结构分析技术与优化求解方法,求解上述数学规划问题,从而获得最优的设计方案,代替费时费力的传统设计方法。结构优化方法的使用,一方面减少了设计人员的人力消耗,另一方面也降低了对于设计人员经验的依赖。运用优化设计方法可以满足人们的安全可靠、降低材料消耗、提升效益等要求,并且可以改进人们工作方式、提升效率。

　　针对港口大型石化储罐的抗风圈优化设计,如何在保障其在材料用量相同的情况下发挥最大的抗风性能,实际上也属于结构优化问题。在结构优化设计过程中,结构分析主要是基于数值模拟技术进行开展,例如有限元结构分析方法、有限差分法等。通过结构分析可以获得设计方案对应的结构响应与性能,例如结构内力、变形、材料用量等特性,为后续的优化方法提供信息。与其他优化问题相似,在结构优化设计中,需要首先针对设计问题建立合适的优化问题数学模型。普遍适用的优化问题的数学模型见式(4.4-8):

$$\begin{aligned}
&求\quad 解:\quad \pmb{x}=\{x_1,x_2,\cdots,x_n\}\\
&最小化:\quad f(\pmb{x})\\
&约\quad 束:\quad g_i(\pmb{x})\leqslant 0 \quad (i=1,2,\cdots,l)\\
&\qquad\qquad \pmb{x}_{\min}\leqslant \pmb{x}\leqslant \pmb{x}_{\max}
\end{aligned} \qquad (4.4\text{-}8)$$

优化问题一般可以描述为,针对某一优化目标 $f(\pmb{x})$,在一定约束条件下 $g_i(\pmb{x})$,在设计变量 $\pmb{x}$ 的上下限 ($\pmb{x}_{\max}$ 和 $\pmb{x}_{\min}$)的范围内,求解获得其最值的问题。优化问题的具体形式非常丰富,可根据目标函数、约束函数以及解的性质可以将其分类成不同的形式,例如按照目标函数和约束函数的形式可以分为:当目标函数和约束函数均为线性函数时,优化问题为线性规划问题;当目标函数是二次函数而约束函数是线性函数则为二次规划;除此之外,还存在几何优化、二次锥规划、张量优化、鲁棒优化、全局优化、组合优化、网络规划、随机优化、动态规划等。优化数学模型很容易给出应用问题不同的形式,可以对应性质很不相同的问题,但其求解难度和需要的算法也将差别很大。

在结构优化设计中,根据考虑的设计变量的不同,存在结构截面尺寸优化、结构形状优化、结构拓扑优化等;考虑不同的优化目标,存在结构轻量化优化设计、结构稳定性优化、结构强度优化等。结构优化问题,因为结构设计问题的复杂性,导致优化问题难以解决,也难以获得优化方案。为了解决结构优化问题,可以使用不同的优化方法,从而解决相应的结构优化问题。例如,针对特定的结构优化问题,可以采用同步分析与设计的 SAND 优化方法、内点法等基于数学规划的优化算法,但是随着结构设计问题变得复杂,存在离散优化变量、非凸设计域、不连续不光滑的目标函数和约束条件,将导致基于数学规划的优化算法的失效。

为了解决上述在实际工程优化问题中出现的难题,现在更常使用基于随机性的启发式优化算法,其更适用于高度复杂的工程环境。其与传统基于数学规划的优化算法的目的一致,都是为了获得最优的设计方案,但是实施过程、方法难度和获得的结果上往往具有较大的差异。基于数学规划的优化算法往往需要一个针对工程问题的确定的数学模型,例如,具体的目标函数表达式、约束条件方程等,然后才能在此基础上进行分析(敏感性分析、参数分析等),最后进行设计变量的迭代优化调整。相较于基于数学规划的优化算法,具有随机性的启发式优化算法不需要严格的数学模型,只需要获得输入量(设计变量)与输出量(优化目标值、约束函数值),就能对方案作出优化调整。在这个过程中,对于设计的优化调整并不是盲目的,基于启发式优化算法的规则,就能在有限计算能量的前提下,尽可能地获得更好的优化设计结果。

启发式优化算法的优化计算过程存在一些具有随机性的步骤,例如探索、变换和随机变异,这样的随机性一方面使得启发式优化算法不需要待求解问题的具体数学模型,以不断迭代更新的方式逐步获得优化设计;另一方面,这样的随机过程也难以保证获得最优的设计方案,也常常导致需要较大的计算消耗。一般来说,启发式方法对于简单优化问题而言,效率效果较差,但是在处理复杂优化问题时,则往往可以显示出其优越性。总的来说,启发式优化方法能够提供一个普遍的流程框架适用于多种优化问题,对于本书研究的设计问题,将使用启发式优化算法进行优化设计研究。

在过往的研究之中,科学家与工程师基于不同的概念提出了很多具有不同性质的启发式优化方法。基于生物自然演化的过程,提出了模拟生物进程的进化方法。在这一类方法中,典型的算法有进化算法、遗传算法等。除此之外,基于化学现象,科学家提出了化学反应启发式算法(模拟分子、元素的相互作用)、气体布朗运动优化算法(参考悬浮流体粒子的运动)。结合音乐相关的启发,科学家提出了和谐搜索算法(模仿音乐即兴创作过程)。结合物理过程,科学家参考材料在热浴中冷却过程提出了模拟退火算法,参考牛顿的万有引力和运动定律提出了引力搜索算法。关于启发式优化算法的研究一直是研究热点问题,并还在不断涌现新型的启发式优化算法。

在上述启发式优化算法中,遗传算法已经被广泛研究,并在多个领域不同复杂问题中得以使用。遗传算法是由 John Holland 于 1970 年早期提出的,是自然演化进化规律启发的一种基于种群迭代的启发式优化算法,其优化过程是模拟达尔文生物进化论的自然选择和遗传学机理的生物进化过程,是一种通过模拟自然进化过程搜索最优解的方法。遗传算法是基于群体的搜索方法,借鉴生物自然选择与遗传机制进行随机搜索。遗传算法也具有启发式优化算法的特点,即直接对研究对象进行分析操作,不需要精确的数学方程和相应的求导分析计算,算法步骤中包含的随机性具有并行性与全局寻优能力。

遗传算法的优化求解过程主要包含 7 个主要步骤,如图 4.4-4 所示。首先针对设计问

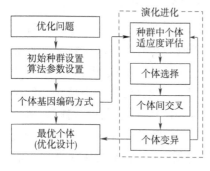

图 4.4-4 传统遗传算法(GA)求解流程图

题建立基于遗传算法的优化问题模型,对于式(4.4-8)的普遍适用的优化问题的数学模型,可以通过使用罚函数的方式,将其变换为无约束的最优化问题,如式(4.4-9)所示:

$$\begin{aligned}
&求\quad 解: \boldsymbol{x} = \{x_1, x_2, \cdots, x_n\} \\
&最小化: f(\boldsymbol{x}) \\
&约\quad 束: g_i(\boldsymbol{x}) \leq 0 (i = 1, 2, \cdots, l) \\
&\qquad\qquad \boldsymbol{x}_{\min} \leq \boldsymbol{x} \leq \boldsymbol{x}_{\max}
\end{aligned} \quad (4.4\text{-}9)$$

以 α 代表相应约束对应的罚函数系数值,通过采用较大的值($10^3 \sim 10^6$)来避免获得不满足约束条件的优化结果,此时优化目标函数在遗传算法中称为适应度函数。此外,在使用遗传算法时,需要预先生成一个初始种群 $\boldsymbol{P}$(代表着遗传算法的求解空间),种群 $\boldsymbol{P}$ 存在 m 个个体 $\{\boldsymbol{d}_1, \cdots, \boldsymbol{d}_m\}$,这些个体代表着对应问题可能的优化结果。对于每个个体 $\boldsymbol{d}_i$ 也代表着遗传算法中的一套染色体,包含着若干个染色体 $\boldsymbol{d} = \{c_1, c_2, \cdots, c_n\}$。在生物体中,染色体作为遗传物质的主要载体,即多个基因的集合,其内部表现(即基因型)是某种基因组合,它决定了个体的形状的外部表现,在结构设计问题中也就反映了设计方案的形式。所以之前的优化设计问题,在遗传算法中就变成求解合适的个体(染色体),得到最小化的是适应度函数。适应度函数也称评价函数,是根据目标函数确定的用于区分群体中个体好坏的标准。适应度函数总是非负的,而目标函数可能有正有负,故需要在目标函数与适应度函数之间进行变换。

在元启发式优化方法中,探索和开发是两个重要方面。探索表明在不同区域之间找到全局最优的能力,与在局部区域获得最优结果的性能有关。这两个特征还与元启发式优化方法的优化性能和计算成本有关。为了提高搜索能力,有学者提出了一种多样性指数,以避免局部最优。为了提高效率,Cao 等人提出了一种改进的粒子群优化方法,以避免对不可行设计进行冗余评估;提出由多个元启发式方法组成的混合方法,利用每个组件方法的优势,是提高优化性能的另一种方法。然而,在实际应用中找到这两种特征之间的适当平衡仍然是一项具有挑战性的任务。此外,由于元启发式方法的随机特性,需要大量迭代和计算。因此,如何利用元启发式方法提高桁架优化的计算效率和优化效果是一个关键问题。本书提出了一种基于机器学习的新概念,以在不显著增加计算成本的情况下改进桁架优化中的这两个特性。

机器学习提供了一个系统过程,可以自动学习和改进收集的数据,以实现预期任务,而无须明确编程。在不同的机器学习方法中,深度神经网络(DNN)在各种应用中取得了显著的成功。通过收集结构信息和响应数据,可以生成相应的DNN模型。DNN的高计算效率可用于降低复杂结构分析和优化的计算成本。目前,大多数研究以离线方式在优化过程之外生成DNN模型。在这个离线过程中,需要采集数万个样本来训练精确的DNN模型。然后,生成的DNN模型用作替代模型,以取代计算昂贵的结构分析。然而,制备大量样品总是成本高昂,特别是在结构分析中。确定DNN的适当配置(架构、优化器和训练策略)以获得精确模型也是一项具有挑战性的任务。此外,生成的DNN模型只能用于特定的设计问题,不能用于其他新问题。这些问题限制了DNN在结构优化和工程实践中的应用。为了提高储罐优化方法的性能并解决DNN的上述问题,本书提出了一种深度神经网络改进的遗传算法(DNN-GA)。该方法将DNN和遗传算法系统地集成到储罐优化问题中。所提出的方法在概念上不同于以前使用DNN的方法。首先,在所提出的方法中,DNN与遗传算法在优化过程中紧密耦合。DNN模型在优化过程中通过在线训练过程生成,无须预先采集样本。其次,生成的DNN模型不仅是结构分析的有效工具,还可用于发现更多优化结果。此外,在所提出的方法中使用了遗传算法优化过程中生成的样本。提出了一种基于新采集样本的两步训练过程来逐步更新DNN模型以提高其精度。这样,它形成了一个有效使用历史优化数据的框架。进而,基于生成的DNN模型,提出了一种优化预测程序,以高效地找到更多优化结果。

在以往研究中,DNN模型是在优化之前通过系统的离线训练过程生成的。需要采集大量样本,计算成本过高。此外,需要进行大量工作来调整神经网络体系结构和训练策略,以获得准确的DNN模型。为了避免这些问题并充分利用DNN进行优化,通过系统集成DNN和GA,提出了一种深度神经网络改进的遗传算法(DNN-GA),所提出方法的求解流程图如图4.4-5所示。在提出的方法中,无须在优化之前准备样本,DNN模型也不在优化过程之外单独生成。这里,通过利用优化期间生成的数据,逐步调整DNN模型以提高其精度。代表个体和优化值之间关系的广义DNN模型用于预测更多优化结果。提出的方法有三个主要阶段:

(1)遗传算法:在第一个N_w次迭代($i \leq N_w$),优化采用标准遗传算法进行。

(2)自适应DNN更新:当迭代i到达第j个窗步骤(jN_w)时,收集先前迭代步生成的优化结果,以更新DNN模型。在优化过程中,将创建新的个体,并可以收集更多的样本。新采集的样本可以提供更多信息,以提高DNN的准确性。本文提出了一种两步训练过程,以在线方式逐步更新DNN。

(3)优化预测:在此阶段,提出了一种预测程序,以基于通用DNN模型找到更多优化个体。

整个过程持续迭代,直到达到最大迭代步数,可基于最优个体获得优化设计结果。

4 港口大型石化储罐结构抗风优化设计方法

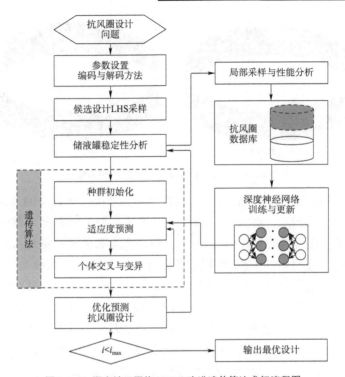

图 4.4-5 深度神经网络(DNN)改进遗传算法求解流程图

4.4.3 抗风圈优化设计分析

本小节基于深度神经网络改进遗传算法给出大型储罐结构抗风圈优化设计算例,圆筒形储罐结构选取 API 650 规范中的设计实例,直径为 100m,高度为 19.2m。风荷载取第 3 章风洞试验中储罐 D 的试验结果进行设计。首先根据特征值屈曲分析,给出实际无抗风圈储罐结构的一阶屈曲特征值为 150.89Pa,储罐有限元模型及前四阶屈曲模态如图 4.4-6 所示。

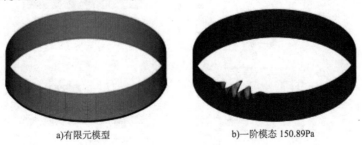

a)有限元模型　　　　　　　　b)一阶模态 150.89Pa

图　4.4-6

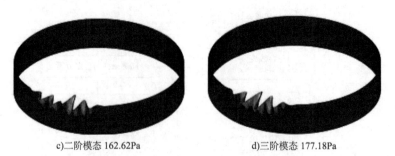

c)二阶模态 162.62Pa   d)三阶模态 177.18Pa

图 4.4-6　无抗风圈储罐有限元模型及屈曲模态

采用抗风圈提高储罐的抗风性能，抗风圈的性能取决于几个因素，如抗风圈的数量、位置、尺寸和形状。在设计过程中还考虑了几种不同截面形状的抗风圈，如图 4.4-7 所示。在目前的工作中，提出了一种通用参数模型来描述抗风圈形式，以进行优化设计。在目前的工作中，提出了基于四个参数的参数模型。形状参数用于指示不同类型的风梁。抗风圈的厚度由参数 t 表示。定义参数 l 和比率 r 来描述抗风圈的长度尺寸。图 4.4-7 中所示的不同类型的抗风圈可以通过这些参数系统地描述，见表 4.4-1。这里，抗风圈的总长度是基于给定的和比率的三个分量（L_1、L_2 和 L_3）的总和。这样，抗风圈的具体配置可以由参数向量 $\boldsymbol{v} = \{s, t, l, r\}$ 定义。对于抗风圈数量为 n 时，可以形成参数矩阵 $\boldsymbol{V} = \{v_1, v_2, \cdots, v_n\}$。

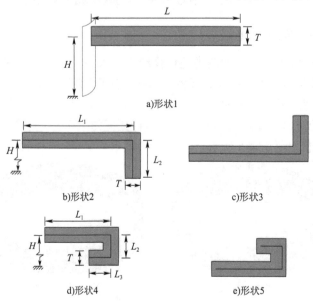

a)形状1

b)形状2　　　　　　　　c)形状3

d)形状4　　　　　　　　e)形状5

图 4.4-7　优化设计中抗风圈的形状参数定义

4 港口大型石化储罐结构抗风优化设计方法

优化设计中抗风圈的形状参数描述 表4.4-1

抗风圈形状	截面类型	位置(H)	厚度(T)	长度(L)		
				L_1	L_2	L_3
形状1	$s=1$			$r \cdot l(r=1)$	0	0
形状2/3	$s=2/3$	h	t	$r \cdot l$	$(1-r) \cdot l$	0
形状4/5	$s=4/5$			$r \cdot l$	$(1-0.5r) \cdot l$	$(1-0.5r) \cdot l$

抗风圈的优化设计问题如式(4.4-10)所示。式中,$w(V)$为抗风圈的总质量,要求其小于限制值w_{max}。在抗风圈的优化设计中,规定了抗风圈的具体类型和其他控制参数的范围。这里,当选择截面类型$s_0=1$时,比率为常数,取为$r=1$。

$$\begin{aligned}
\text{求 解:} & \quad V \\
\text{最大化:} & \quad \lambda_1 \\
\text{约 束:} & \quad w(V) \leq w_{max} \\
& \quad s = s_0 \\
& \quad h_{min} \leq h \leq h_{max} \\
& \quad t_{min} \leq t \leq t_{max} \\
& \quad l_{min} \leq l \leq l_{max} \\
& \quad 0.1 \leq r \leq 0.9
\end{aligned} \qquad (4.4\text{-}10)$$

在算例中,研究了通过添加四个截面类型为1型的抗风圈对储罐进行优化设计($s_0=1$)。在优化过程中,抗风圈的位置从储罐的底部($h_{min}=0$)变化到顶部($h_{max}=19.2$),将其离散为一个具有32个元素的统一集合。此外,抗风圈的长度在50mm和3000mm之间进行调整(离散为一组{50、100、150、200、300、400、500、700、900、1200、1500、1800、2000、2200、2400、2600、2800、3000},共18个元素),厚度在2mm和30mm之间(离散为{2、5、8、10、12、15、18、20、22、25、27、30},共12个元素)。最大总质量为100t。这里,标准GA算法被应用于优化该说明性示例,比较了该方法的性能和计算成本。

在本书所提出的方法中,候选设计的总体大小设置为20,局部抽样大小设置为10。采用具有两个隐藏层的DNN模型,其中包含(每层200个,共2层)个神经元。将ReLU作为激活函数。在DNN模型训练过程中,MSE被用作损失函数,Adam方法

(学习率为0.001)被用于调整DNN参数以最小化损失。在在线训练过程中,DNN模型在每个更新步骤用50个迭代步进行训练。基于所获得的DNN模型,可以使用具有更多个体的遗传算法来更新设计。在局部搜索(GA)步骤中,为了预测更优化的设计,生成100个个体的群体。预测使用遗传算法进行30次迭代。此外,采用精英策略,对生成的总体实施当前最佳设计,以保持变量具有良好性能。在基于局部预测步骤获得预测的20个优化设计后,基于有限元分析对这些优化设计进行实际性能评估,并收集新数据以更新DNN模型。整个过程继续,直到达到最大迭代次数(j_{max})并输出优化设计(V_{opt})。

基于遗传算法GA和提出的方法DNN,三次独立优化运行的优化结果如图4.4-8所示。表4.4-2总结了三次运行的两种方法的最优抗风圈设计结果。基于最优情况的优化抗风圈的结果屈曲系数分别为遗传算法和本书方法的1993.6和3602.1。与原储罐相比,通过优化抗风圈设计,抗风性能得到了很大提高。通过使用提出的方法,优化抗风圈的屈曲系数比遗传算法提高80.6%。这两种设计的结果屈曲模式如图4.4-9所示。此外,在三次独立运行后,基于遗传算法和提出的方法的平均屈曲系数分别为1939.4和3523.7。基于所提出的方法,可以获得更优化的抗风圈设计。

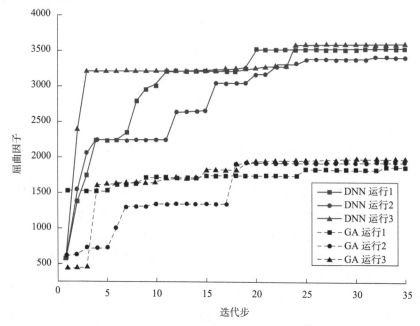

图4.4-8 传统GA方法与本书DNN改进方法优化迭代曲线比较

4 港口大型石化储罐结构抗风优化设计方法

传统 GA 方法与本书 DNN 改进方法得到的抗风圈优化设计结果　表 4.4-2

方法	抗风圈优化参数($s_0 = 1$)				性能指标
	参数	h	l	t	
传统 GA	v_1	12.6	0.3	0.002	$\lambda_1 = 1993.6$
	v_2	14.4	0.15	0.03	质量 = 9.54t
	v_3	15.6	0.5	0.02	
	v_4	17.4	1.5	0.01	
本书 DNN	参数	h	l	t	
	v_1	11.4	0.9	0.002	$\lambda_1 = 3602.1$
	v_2	14.4	0.9	0.01	质量 = 8.48t
	v_3	16.2	0.7	0.02	
	v_4	18.0	0.1	0.02	

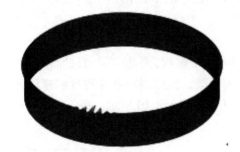

a) 传统方法 GA 1993.6Pa

b) 本书方法 DNN 3602.1Pa

图 4.4-9　传统 GA 方法与本文 DNN 改进方法优化设计结果屈曲模态对比

除了获得的设计的抗风性能之外,优化过程的计算成本也是一个重要方面。与桁架优化和连续体拓扑优化等优化问题相比,抗风圈优化问题更为复杂。求解屈曲分析和获得特征值需要更大的计算成本。虽然遗传算法能够在理论上找到全局最优结果,但有限的计算机计算能力和大量的分析计算成本无法实现这一目标,甚至可能难以使用有限计算的 GA 获得合适的设计。这里,将传统遗传算法和所提出的抗风圈优化方法的计算成本进行对比。

在标准遗传算法优化过程中,大量的计算成本来自指定群体的适应度计算。在适应度计算中,对每个个体进行屈曲分析。此外,基于特定概率,在遗传算法中执行交叉和变异操作以产生新的子代,并且需要额外的适应度计算。一般来说,总计算成本 C_{GA} 与个体数量 m、总优化迭代次数 j_{max} 和屈曲分析成本 c_{FEA} 成正比,即 $C_{GA} \propto m \cdot c_{FEA} \cdot j_{max}$。

在本研究案例中，在配备 Intel i7-10700 CPU、GeForce RTX 3090 GPU 和 32GB RAM 的工作站上，屈曲分析的计算时间约为 $c_{FEA}=20s$。适应度计算的总数（$m \cdot j_{max}$）为 934，并且总计算时间 $C_{GA}=18325s$。

在基于所提出方法的优化过程中，总计算成本 C_{DNN} 主要包括两部分 C_1 和 C_2，第一部分 C_1 类似于标准遗传算法，其中计算预测的候选设计以获得准确的屈曲因子，它与总迭代和总体数（$m \cdot j_{max}$）有关。这里，由于提出了过滤掉未改变的候选设计的过程，因此，不计算这些冗余候选设计以提高计算效率。在本算例中，第一部分的计算成本为 $C_1=18045s$。第二部分 C_2 涉及 DNN 训练和评估。在所提出的方法中，生成的 DNN 模型用于预测候选设计的性能。DNN 预测的计算时间约为 $c_{DNN}=0.0004s$，与精确的屈曲分析相比（$c_{FEA}=20s$），这是微不足道的。DNN 分析的计算效率允许在预测阶段使用较大的总体规模（$m=100$）来找到更优化的设计。除了评估之外，由于数据数量相对较少，DNN 模型可以在几秒内更新。在这种情况下，DNN 部分的总计算时间约为 $C_2=12.5s$。与标准遗传算法相比，该方法的计算成本更低，但可以获得更多优化设计。

基于所提出的方法，研究了抗风圈形式的影响，考虑了类似的优化问题[式（4.4-10）]，优化了不同形状和数量的抗风圈。抗风圈的容许质量和建议方法的设置与前文一致。这些研究的相应优化迭代如图 4.4-10 所示。表 4.4-3 中总结了由此得到的屈曲承载力。

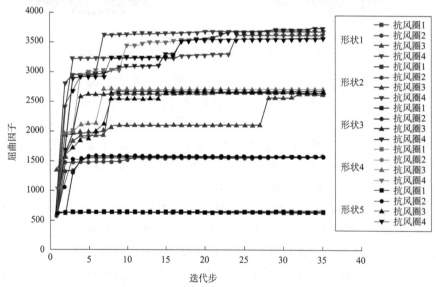

图 4.4-10　不同数量级截面的抗风圈优化设计承载力随迭代步的变化

4 港口大型石化储罐结构抗风优化设计方法

不同抗风圈数量及形状的优化设计结果　　　　　　表 4.4-3

抗风圈形状	抗风圈数量	屈曲承载力(λ_1,Pa)	质量(t)
形状1	1	634.31	29.71
	2	1565.06	91.89
	3	2636.21	92.67
	4	3602.08	66.56
形状2	1	659.28	52.12
	2	1560.42	79.75
	3	2615.89	90.90
	4	3661.56	97.77
形状3	1	652.86	52.14
	2	1586.13	83.80
	3	2682.07	94.89
	4	3720.41	75.73
形状4	1	650.08	56.32
	2	1588.52	88.50
	3	2702.60	97.80
	4	3536.20	84.58
形状5	1	649.52	54.21
	2	1578.28	67.86
	3	2671.57	97.68
	4	3546.94	99.45

基于所提出的 DNN 方法,对不同配置下的抗风圈进行了优化,得到的质量在限制范围内。图 4.4-11 为不同数量级截面的抗风圈优化设计结果。就五种不同的抗风圈形状而言,优化配置导致类似的屈曲性能。关于抗风圈数量,不同形状的平均屈曲系数分别为 3613.43、2661.66、1575.68 和 649.21。产生的标准偏差(std)值为 69.68、31.41、11.19 和 8.2。通过使用更多的抗风圈,屈曲性能显著改善。平均而言,与单抗风圈设计相比,屈曲系数分别增加了 242.7%(两圈)、409.9%(三圈)和 556.5%(四圈),该结果较 4.4.1 节中的传统算法[式(4.4-6)]提升 2 倍以上。

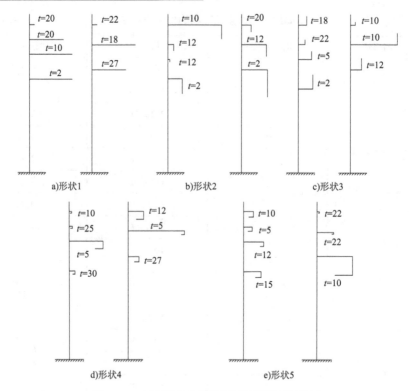

图 4.4-11　不同数量级截面的抗风圈优化设计结果

此外,随着抗风圈数量的增加,设计问题变得更加复杂,设计空间呈指数增长,并观察到相对较大的差异(大的 std 值)。然而,考虑到四个风梁的应用,标准偏差与平均屈曲系数之比相对较小(69.68/3613.43 = 0.019)。

4.5　港口大型石化储罐风荷载数据平台

4.5.1　抗风设计基本流程及需求分析

对于港口大型储罐结果的抗风设计,对于工程设计人员,需要首先确定设计条件,包括场地气候地形及环境情况确定的来流条件以及工艺要求确定的储罐的形状及结构形式,判断是否可借鉴相关设计规范、文献资料中的研究成果。对于无现成资料可参考的重要结构,需要进行抗风专项研究。一种较为传统的方式是按照《建筑结构荷载规范》(GB 50009—2012)及《建筑工程风洞试验方法标准》(JGJ/T 338—2014)进行风洞试验或数值模拟,对得到的风压时程数据进行风振响应分析,从而得到等效静风荷载。近年来,随着大数据概念与技术的推广,结合数据库进行数据挖掘借鉴已有的试验结果进行内插或外推的数据预测技术在各个领域得到了广泛应用。借助该思想,将风洞试验数据整合纳入风荷载数据库进行机器学习的数据训练,将风荷载数据库升级为"风荷载数据仓库"成为另一种解决方案。在这种方案下,可以根据工程人员确定的设计条件得到风荷载统计参数和频谱参数的预测值,再结合结构风振响应的时域或频域算法得到结构极值风振响应,进而确定结构的等效风荷载。上述抗风设计整体流程如图 4.5-1 所示,流程图左侧一栏为工程设计人员重点参与决策的部分,右侧一栏为抗风研究人员提供结构抗风设计咨询服务的主要流程。由此可将港口大型石化储罐结构抗风设计分为如下几种情况:

(1)当储罐设计条件及形式以及设计要求较为常规时,可采用相关资料中的风荷载取值规定或建议。

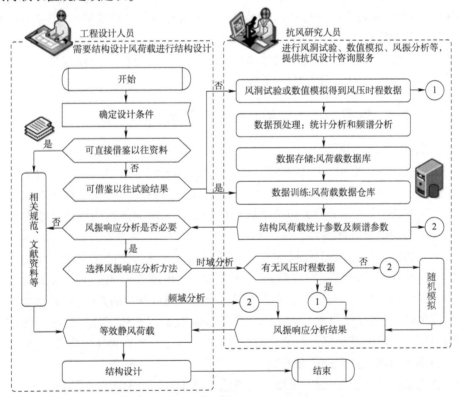

图 4.5-1 港口大型石化储罐结构抗风设计流程图

(2)当储罐形式特殊设计条件不在规范的范围内,且无现有文献提供可靠数据,但有类似参数的建筑风洞试验数据记载时,可借助数据挖掘手段对结构风荷载参数进行预测,作为风荷载取值的依据。

(3)当储罐结构特别新颖或设计条件特别复杂,完全无现有资料和数据可借鉴时,需要借助风洞试验或数值模拟及风振响应分析确定结构的设计风荷载,同时也对这类储罐结构的数据进行积累,为今后的类似工程提供借鉴。

结合本书的研究内容,第2章的风荷载模型为描述复杂的脉动风荷载信息提供了一种有效途径,可将大量的风荷载数据样本(GB级)压缩为风荷载统计量及频谱参数(MB级)存储在风荷载数据库中,便于数据的存储、调用及管理,也为数据预测、随机模拟、风振分析奠定了基础。第3章的风效应分析频域算法实现了由风荷载统计量及频谱参数直接得到风振响应,不必借助随机模拟间接获得风荷载时程进行时域分析,大大提高了计算效率,而通过随机模拟进行时域分析可以考虑结构的各种非线性效应,在复杂结构的设计分析中也是必要的。总而言之,在实际工程中,总希望通过少量信息和人工干预获得丰富有效的分析结果,这也是本文研究的初衷及本章抗风设计软件的最基本原则。

基于上述原则和思想,抗风设计软件分别针对工程设计人员和抗风研究人员两种使用者角色的需求,确定了如下框架。

4.5.2 数据平台基本框架及数据文件流

1)数据平台基本框架

工程设计人员更关心风荷载的取值,按照结构设计的不同阶段,一般分为初步设计阶段的风荷载预估值和正式设计阶段的风荷载分区值。每个阶段下分别涉及信息输入模块、预测分析模块和结果输出模块。针对不同阶段的设计需求分析将三个模块的功能及具体参数介绍如下。

对于初步设计阶段,工程设计人员仅需根据设计信息在信息输入模块输入结构的几何尺寸、来流条件、结构形式、支承形式、自振频率和阻尼比。根据这些信息,在预测分析模块首先结合相关数据资料给出预测可行性的判断,如果参数在可预测范围内,则可在结果输出模块给出平均风荷载的预估值,否则,弹出警告信息并给出相应的预测结果仅供参考。此外,结合本书第4.1节的分析结果,还可在结果输出模块给出换算风振风振系数。

在正式设计阶段,工程人员除了需要输入初步设计阶段所输入的信息外,还需要给出结构的节点位置、有限元模型、确定是否进行风振响应动力分析及分析手段的要求、结果输出内容及格式要求。在预测分析模块,结合神经网络技术给出各节点平均、脉动风压系数的预测结果,当需要进行风振响应分析时,还需给出频谱参数的预测结果并调用结构风振响应分析模块计算风振响应,得到等效静风荷载;不进行风振响应分析时,根据经验给出背景及共振效应系数的建议值。最终在结果输出模块中按照设计者需求给出各节点的等效风荷载以及其他结果。针对上述两个设计阶段,软件模块基本功能及参数见表 4.5-1。

工程设计人员入口的软件基本框架　　　　　　表 4.5-1

模块名称	模块功能及相关参数简介	
	初步设计阶段	正式设计阶段
信息输入	输入来流条件、结构几何尺寸、结构形式、支承形式、自振频率和阻尼比	节点位置、有限元分析模型分析方法及输出结果格式的要求
预测分析	对平均风荷载进行预测,并计算分区值	通过神经网络预测风压系数统计量及频谱参数;通过风振响应分析或经验给出背景及共振效应的建议,并计算节点等效静风荷载
结果输出	平均风荷载(体型系数)、等效风振系数	节点等效静风荷载及其他结果(如极值风振响应等)

如图 4.5-1 所示,抗风设计人员需要对风荷载数据进行分析预处理、存储、训练,必要时还要进行随机模拟及风振响应分析,过程较为复杂,涉及的数据量较大。因此,将该部分分为数据分析、数据挖掘、数据应用三个模块分别进行介绍。

(1) 数据分析模块。

数据分析模块主要处理风洞试验和数值模拟得到的风压时程数据,对其进行统计分析和频谱分析,最终得到便于存储的风荷载数据,以数据文件和等值线图的方式存入风荷载数据库中,这部分主要包含数据处理、数据汇总及数据库录入三个子模块。

①数据处理子模块主要功能包括对数据进行管路修正及滤波、风荷载统计量计算、频谱估计及特征参数提取。

②数据汇总子模块主要功能包括将数据分析子模块的处理结果进行格式统一、绘制等值线图,以备存入风荷载数据库。

③数据库录入子模块主要功能包括对试验或模拟的基本信息录入整理,将后处理得到的结果文件编号后上传。

(2) 数据挖掘模块。

数据挖掘模块主要对数据库中不同种类的风荷载数据进行整合,结合神经网络技术对各类风荷载数据进行训练,以便工程应用。此外,还应强调数据预测的泛化能力及适用范围,避免适用性不明确造成的预测错误。这部分包括数据调用、数据训练及结果存储三个子模块。

①数据调用子模块的主要功能是对结合设计参数对数据进行提取和调用,目的是确保数据训练时有足够合理的训练数据。

②数据训练子模块主要功能是对神经网络预测模型的参数进行调整,以达到最佳的预测效果,此外,还需要进行交叉验证,以保证神经网络的泛化能力,避免过拟合现象。此外,在数据更新时需要对数据进行重新训练。

③结果存储子模块主要是存储不同类别储罐中不同风荷载参数的神经网络模型的最佳参数取值,便于工程设计人员在预测分析模块调用。

(3)数据应用模块。

数据应用模块主要是基于对风荷载统计量及频谱参数进行随机模拟和风振响应分析,其结果可应用于工程抗风设计中,该模块应与工程设计人员所涉及的分析预测模块联合使用,包括有限元模型接口、风荷载随机模拟、风振响应分析和数据后处理四个子模块。

①有限元模型接口子模块主要针对工程设计人员所提供的使用的不同结构设计分析软件建立的有限元模型,对其进行信息提取,转化成统一格式的有限元分析模型,本文主要采用 ANSYS 软件,其他软件数据格式转化为其参数化编程 APDL 语言。此外,该模块还要在必要时输出质量、刚度矩阵、影响面矩阵、自振频率、模态矩阵、加载点坐标、法向量、附属面积、距离矩阵、定位矩阵等信息,便于对结构进行频域分析。

②风荷载随机模拟子模块是分析中的备选模块,主要功能是结合风荷载的统计量和频谱参数对结构表面的非高斯风压场采用非高斯风压场的随机模拟,其结果可用于风振响应分析及极值风荷载估计。

③风振响应分析子模块包括采用风荷载的统计量和频谱参数直接进行频域分析和利用风荷载时程进行时程分析两个功能。每个功能都需要有限元模型接口输出的 ANSYS 有限元模型。对于频域分析,需要有限元模型接口模块提供质量、刚度矩阵等信息,采用第 4 章的算法进行分析;对于时域分析,将风荷载时程插值到结构上,调用 ANSYS 时程动力分析模块进行求解。

④数据后处理子模块对风振响应分析及随机模拟的结果进行整理,包括对数据进行可视化、计算分区值、绘制等值线图及动画等。

综上所述,港口大型石化储罐结构抗风设计软件总体框架及数据流如图 4.5-2 所示。

2)数据格式约定

在抗风设计软件中,不论是与风荷载数据库发生大量的数据交换,还是在有限元分析时调用的质量、刚度矩阵及风荷载文件,都需要大量的数据传递。在数据传递过程中,如果格式不统一,会造成程序无法正常运行,无法得到正确的结果。因此,有必要对数据格式进行统一约定。

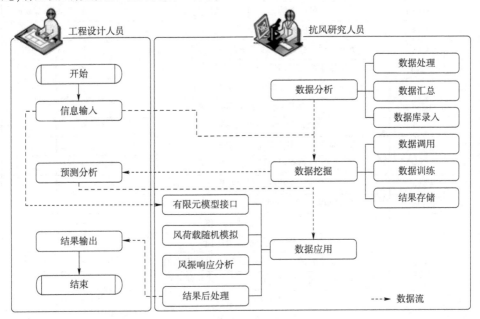

图 4.5-2　港口大型石化储罐结构抗风设计软件总体框架

(1) 风荷载数据 WLdata。

风压统计量及频谱参数数据是软件中最为重要的数据,它不仅是风荷载数据库中存储的数据,还是数据挖掘、风荷载随机模拟、风振响应分析、结果后处理模块中的风荷载输入参数,也是数据分析、预测分析模块的输出文件。风荷载统计量及频谱参数数据,具体内容见表4.5-2。值得说明的是,该数据文件将尽可能全面的参数化统计信息和频谱参数纳入其中,考虑主体结构、围护结构、疲劳分析所涉及的参数,试图避免数据的重复分析。

风压统计量及频谱参数数据文件格式　　表 4.5-2

列号	符号	表示内容	属性	应用
1	Xcor	测点或节点 X 坐标	—	a b
2	Ycor	测点或节点 Y 坐标	—	a b
3	Zcor	测点或节点 Z 坐标 (简单形式屋盖该列可省略)	—	a b
4	MeaCp	风压系数平均值	*	a b c

续上表

列号	符号	表示内容	属性	应用
5	StdCp	风压系数均方根(标准差)	*	a b c
6	SkwCp	风压系数偏度值(三阶统计量)	*	a b c
7	KutCp	风压系数峰度值(四阶统计量)	*	a b c
8	kappa	功率衰减指数(三参数风压自功率谱模型参数 κ)	#	a b
9	Sm	峰值功率(三参数风压自功率谱模型参数 S_m)	#	a b
10	Fm	无量纲峰值频率(三参数风压自功率谱模型参数 F_m)	#	a b
11	lamda0	自功率谱滤波表示模型参数 λ_0	#	a b
12	alpha	三参数风压自功率谱模型中间参数 α	#	a b
13	Atemp	三参数风压自功率谱模型中间参数 $S_m(1+\kappa)^{(1+\kappa)/\alpha}$	#	a b
14	rho0	自功率谱滤波表示模型参数 ρ_0	#	a b
15	kc	互功率谱相干指数 k_c	#	a b
16	Fm0	由自相关函数衰减指数估计的无量纲峰值频率	#	f
17	Max	样本风压系数最大值	*	c f
18	Min	样本风压系数最小值	*	c f
19	Pk +	峰值因子法估计的样本风压系数极大值	*	c f
20	Pk −	峰值因子法估计的样本风压系数极小值	*	c f
21	Med	风压系数中位值	*	f
22	IQR	风压系数四分位距	*	f
23	Qtl	风压系数四分位数	*	f
24	Tmn	风压系数修匀平均值	*	f
25	Mod	风压系数众值	*	f
26	Ng +	Hermite多项式法由偏度、峰度估计的极大值峰值因子	*	c f
27	Ng −	Hermite多项式法由偏度、峰度估计的极小值峰值因子	*	c f
28	S1	一阶谱矩	#	d f
29	S2	二阶谱矩	#	d f
30	S4	四阶谱矩	#	d f
31	alpha1	一阶规律系数	#	d f
32	alpha2	二阶规律系数	#	d f

注：属性一栏中，*表示统计量，#表示频谱参数；应用一栏中，a表示风振响应分析、b表示随机模拟、c表示极值风压估计、d表示疲劳分析、f表示数据校验及其他分析。

(2) 储罐有限元模型数据。

在对结构进行风振响应分析时，需要提取结构有限元模型中的信息，并将数据的格式进行统一，见表4.5-3。

4 港口大型石化储罐结构抗风优化设计方法

结构有限元模型数据文件列表   表4.5-3

序号	文件名	文件内容	行数	列数
1	M.mat	结构质量矩阵 M	N_D	N_D
2	K.mat	结构刚度矩阵 K	N_D	N_D
3	Ke.mat	结构应力刚度矩阵 K_e	N_D	N_D
4	Rmn.mat	坐标转换矩阵 R	N_D	N_L
5	NI.mat	自由度与节点定位矩阵,分别表示某行所对应节点的自由度所对应的自由度序号	N_N	N_E
6	I_A.mat	单元内力的影响面矩阵	N_{RA}	N_D
7	I_R.mat	支座反力的影响面矩阵	N_{RR}	N_D
8	Dis.mat	距离矩阵	N_L	N_L
9	AREA.txt	加载节点附属面积矩阵	N_L	1
10	GEO.txt	加载点几何坐标矩阵	N_L	3
11	VEC.txt	加载点法向量矩阵	N_L	3
12*	C.mat	结构阻尼矩阵 C	N_D	N_D
13#	f_n.mat	结构各阶自振频率	$N_D(N_1)$	1
14#	l_n.mat	结构各阶屈曲特征值	$N_D(N_1)$	1
15#	Phai.mat	结构振动模态矩阵 Φ	N_D	$N_D(N_1)$
16#	Phaie.mat	结构屈曲模态矩阵 Φ_e	N_D	$N_D(N_1)$

注：*表示可由结构阻尼比计算,因此为备选项;#表示可由特征值分析得到,或者直接输入,代替质量、刚度矩阵;N_D 为自由度数,N_L 为加载节点数,N_N 为节点总数,N_E 为单元自由度数,N_{RA} 为考察的单元内力响应数量,N_{RR} 为考察的支座反力数。

4.5.3 软件模块开发与平台集成

1) 风荷载数据库分析软件

风荷载数据库分析功能模块界面中主要将风压时程数据处理为统计量及频谱参数文件,其界面功能如图4.5-3所示,包括如下几部分：

(1) 时程数据处理操作栏具备如下几个功能：①输入时程数据文件,采样频率等必要信息,并选择分析的行列序号;②对数据进行频响修正,提供输入管路修正频响函数和内置理论解两种模式;③对数据进行滤波,提供移动平均、中值滤波、低通数字滤波、巴特沃兹滤波器和小波滤波器几种模式;④实时监控被处理时程的波形及概率密度曲线;⑤选择时程数据通道或设置批处理实现自动化数据分析。

(2) 数据统计分析操作栏包含了如下几个功能：①显示统计量计算结果;②绘制统计图,包括概率密度曲线,累积概率密度曲线,概率图(高斯分布、极值Ⅰ型分布),分位数图(高斯分布、极值Ⅰ型分布);③结果数据及图片存储。

港口大型石化储罐结构风致灾变控制技术

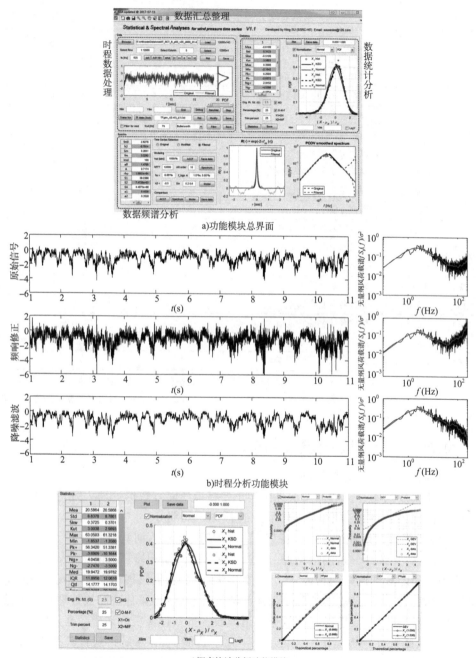

图 4.5-3

4 港口大型石化储罐结构抗风优化设计方法

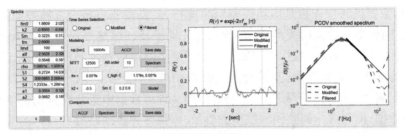

d)频谱分析功能模块

图 4.5-3　风荷载数据库分析软件功能模块界面

（3）数据频谱分析操作栏包括如下个功能：①设置频谱计算及建模参数；②显示频谱参数计算结果；③绘制相关函数和功率谱曲线；④结果数据及图片存储。

（4）数据汇总整理在图标栏中，其功能是将批处理的结果文件整理成表 4.5-2 所示的数据格式，并编号存档，上传数据库。

2）数据挖掘预测及风场重现功能模块

数据预测挖掘功能模块主要调用风荷载统计量及频谱参数文件，对其进行神经网络预测模型建立，包括数据训练和交叉验证，其界面及功能介绍如图 4.5-4 所示。

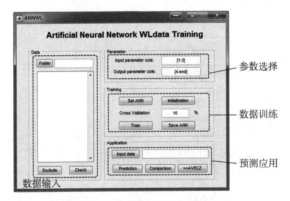

图 4.5-4　数据挖掘功能模块界面

（1）数据输入操作栏对某一类风荷载数据进行选择和调用，确定数据挖掘预测的参数取值范围，这部分往往根据试算和经验确定最佳的数据范围。

（2）参数选择操作栏的功能是：在输入数据后，确定神经网络的输入参数和输出参数，按输入数据的列号选取。在实际的预测中，输入变量往往是测点二维或三维坐标、屋盖几何参数和来流条件参数等，必要时，也把平均风压系数作为输入参数之一；输出参数则为表 4.5-2 中的一个或多个风荷载统计量或频谱参数。具体如何选择输入、输出参数能够使得预测效果最优，需要进行大量的试算。本书仅给出计算的框架和平台。

（3）数据训练操作栏是该功能模块的核心,主要功能包括设置神经网络结构、初始化、确定交叉验证相关参数、对数据进行训练及训练结果保存。其中,本书提供模糊神经网络(FNN)及广义回归(GRNN)神经网络两种预测模型分别用于统计参数预测和频谱参数预测,其神经网络结构图如图4.5-5所示。为保证预测模型具有一定的泛化能力,需要进行交叉验证,即从训练数据中选取一定比例的数据作为预测数据,反复操作调整预测模型的参数,可保证神经网络具有一定的数据外推能力。保存训练得到的最优神经网络参数,以备在工程应用中调用。

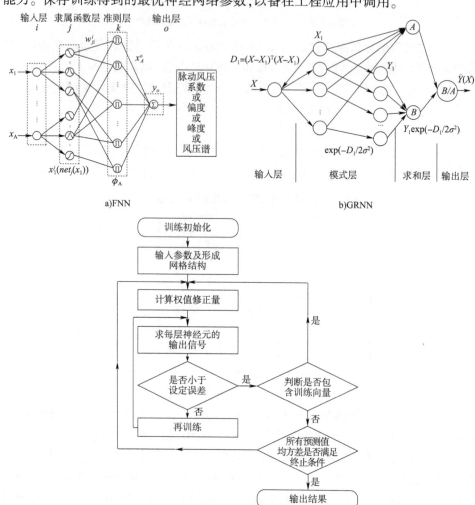

图4.5-5 本书采用的人工神经网络结构

4 港口大型石化储罐结构抗风优化设计方法

(4)数据训练操作栏结合相应的神经网络训练结果,数据预测与试验结果对比如图4.5-6所示。对训练集以外的输入数据进行预测,相当于工程设计人员入口的操作预演。

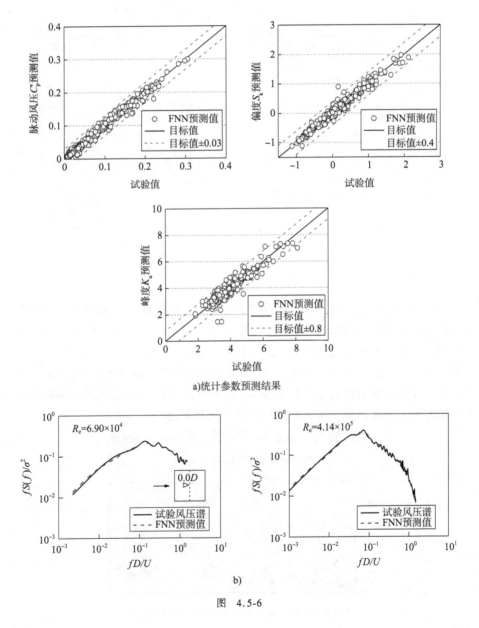

图 4.5-6

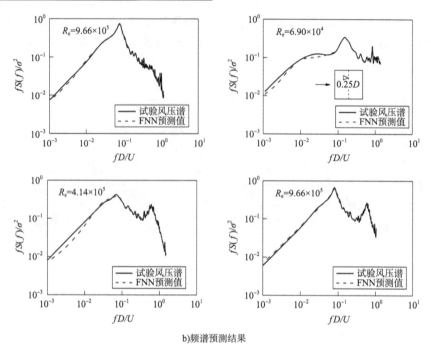

b) 频谱预测结果

图 4.5-6 数据挖掘预测结果

利用数据挖掘结果可以进行风场重现，风荷载随机模拟功能模块主要提供风速时程模拟和风压场模拟两个功能，如图 4.5-7 所示。风速场模拟需要输入来流风速、湍流强度、参考尺度、频谱类型、模拟时距及频率间隔。风压场模拟可根据情况选择非高斯场模拟和高斯场模拟、是否考虑空间相关性进行模拟，模拟时可采用风荷载统计量及频谱参数文件作为输入，也可以指定自功率谱和互功率谱的数据文件作为输入进行模拟。风荷载随机模拟重现结果如图 4.5-8 所示。

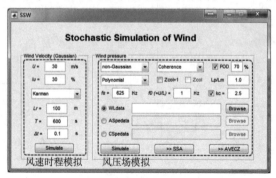

图 4.5-7 风荷载随机模拟重现模块功能模块界面

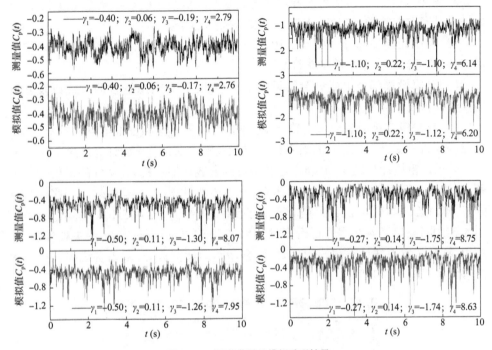

图4.5-8 风荷载随机模拟重现结果

3) 风效应分析与优化设计功能模块

风效应分析,首先需要进行有限元建模或模型转化,本软件平台提供了不同的有限元模型接口,有限元模型接口功能模块实现将 MIDAS 结构软件有限元模型 mgt 文件,或 SAP2000 结构分析软件有限元模型 s2k 文件转化为 ANSYS 软件的 APDL 语言 mac 文件,其界面如图4.5-9所示。模型转化后对模型的信息(节点数、单元数等)输出,实现提取质量、刚度矩阵等,并转化为4.5.2节介绍的有限元数据文件格式。

图4.5-9 有限元模型接口功能模块界面

模块主要基于本书第3.4.1小节的频域算法,调用风压统计量及频谱参数数据 WLdata 对有限元模型进行风振响应分析。风振响应分析模块功能界面及功能介绍如图4.5-10a)所示,主要有如下四部分:

(1) 风荷载数据输入主要对风压统计量及频谱参数数据 WLdata 进行调用和

参数调整，根据输入的结构跨度和风速将无量纲峰值频率换算到原型尺度上，以及对坐标尺度和方向进行转换，使其与有限元模型相吻合。

（2）有限元模型部分主要要求用户指定含有有限元模型数据的路径，确定阻尼比，以及进行模态分析等初步计算。

（3）计算设置部分主要设置结果输出路径，计算时模态组合的方式以及并行运算时计算线程数量。

（4）结果输出部分主要负责输出动力响应、背景响应和基准响应的计算结果、节点等效风荷载、校验节点力、查看模态贡献及模态耦合效应的计算结果。

采用该模块计算风振响应时，还要考虑到参数调整和校验、文件的批处理等问题，在计算时根据用户填写的计算工况信息可生成日志文件，其中包含程序运行时间、计算过程的等效可执行代码以及计算结果摘要，如图4.5-10b）所示。此外，图4.5-10c）给出了4线程并行运算时CPU（Central Processing Unit，中央处理器）使用记录曲线，发现在计算频域积分时，可全面调动计算资源，采用多线程计算技术能够大幅缩短计算时间。

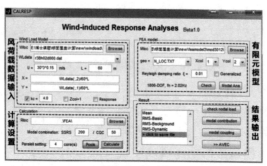

a）模块界面及功能

b）计算日志及等效代码

图 4.5-10

4 港口大型石化储罐结构抗风优化设计方法

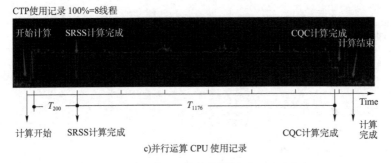

c)并行运算 CPU 使用记录

图 4.5-10　风振响应分析模块功能模块界面及功能介绍

风致屈曲效应分析软件模块截面如图 4.5-11a)所示,本模块利用第 4.4.2 小节的等效静力简化分析方法对储罐结构风风致屈曲承载力进行计算分析,主要包括以下内容:

(1)可按照截面指引,输入储罐模型的参数(包括罐壁参数和抗风圈参数),或将模型参数输入 Excel 模板中后生成储罐有限元模型,如图 4.5-11b)、图 4.5-11c)所示。

(2)输入计算参数(网格划分密度参数、迭代步数、几何缺陷系数),利用第 4.4.2 小节的分析方法对储罐结构的屈曲承载力进行分析和数据提取,如图 4.5-11d)所示。

(3)分析后可以提取屈曲模态、应变、应力、反力等其他屈曲分析结果,绘制屈曲全过程曲线及动画。

(4)此外,还可以批量输入参数进行随机分析,分析储罐结构风效应的不确定性,评估结构易损性。

(5)在此基础上结合第 4.4 节的优化设计方法,可实现储罐结构的抗风优化设计,如图 4.5-11e)所示。

a)风致屈曲分析截面

图　4.5-11

港口大型石化储罐结构风致灾变控制技术

	A	B	C	D	E	F	G	H	I	J
1	Basic info		Tank Shell			wind girder		0		
2	D[m]		height[m]	thickness[mm]		location[m]	width[mm]	thickness[mm]	height[mm]	
3	100		0	42.96		19.2	300	15	100	
4	H[m]		2.4	41.63		16.8	300	20	150	
5	19.2		4.8	30.38						
6	Δα[deg]		7.2	26.27						
7	1		9.6	20.19						
8	Δh[m]		12	14.85						
9	0.6		14.4	10						
10			16.8	10						

b)储罐模型数据输入模板

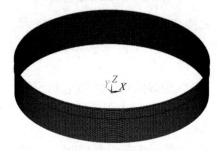

c)储罐有限元模型生成

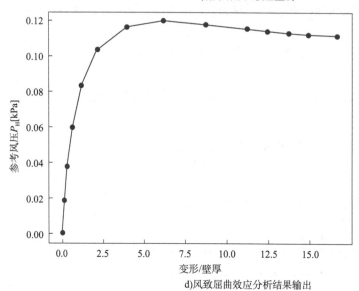

d)风致屈曲效应分析结果输出

图 4.5-11

4 港口大型石化储罐结构抗风优化设计方法

n=3		B									
		0.1	0.2	0.3	0.4	0.5	0.6	0.7	0.8	0.9	1
k	1	209.0	231.5								
	2	208.4	392.9								
	3			415.3								
	4			418.4	247.8							
	5			413.4	679.0							
	6				745.6	792.6						
	7				736.4	995.2						
	8					1148.3	1228.9					
	9					1118.0	1674.5	1802.4	1843.1	1869.7	1889.7	1906.1
	10						1489.4	1526.3				
	11											
	12											
	13											
	14											
	15											

e)抗风优化设计结果输出

图 4.5-11　风致屈曲效应分析及优化设计模块功能模块界面及功能介绍

4.6　本章小结

本章基于风荷载模型和风效应特性，对港口大型储罐结构的抗风设计方法进行了研究，得到了港口大型储罐结构的等效静力抗风设计方法、非定常风效应因子概率分布及取值建议，提出了基于深度神经网络的改进抗风圈优化设计方法，并集成了港口大型石化储罐风荷载数据平台，得到如下结论：

（1）提出了基于阵风响应包络法的港口大型石化储罐结构等效静力抗风设计方法，建立了基准响应-背景响应-动力响应之间的联系，推导了背景、共振效应系数的计算公式，并基于此简化得到了等效风振系数，用于储罐结构的抗风设计取值。

（2）考虑储罐群干扰效应，利用 CFD 数值模拟技术，得到了储罐典型的双罐、三罐和四罐罐组风荷载干扰因子随储罐间距和风向的变化规律，发现绝大多数情况下，储罐间的遮蔽会减小储罐的不利风荷载，在双罐罐组风向在 135°～165° 范围内，对储罐内表面风压有增大作用。随着高径比增大，储罐间群体干扰效应不断减弱。

（3）港口风环境复杂，时常受到突发阵风的侵袭，当突发阵风在风速加速的加速度不小于 $f_n \Delta U$ 时，会出现动态瞬态阵风风放大效应。与相应的平稳风效应情况进行比较，突发阵风放大效应随着加速度和速度比（U_1/U_0）的增加而增大。但湍流度的增加可以缓解瞬时的阵风动力冲击，动态突发阵风风引起的峰值响应遵循

261

Ⅲ型(Weibull)极值分布,95%的保证率峰值将被放大可达到17%。

(4)抗风圈能够有效提升储罐结构的抗风屈曲承载力,针对其优化设计,在遗传算法的基础上提出了一种基于深度神经网络的改进优化设计方法。该方法能够通过深度神经网络预测取代部分屈曲分析的迭代,提升计算效率,且提供更为丰富的可选择的优化设计结果,并在较短的迭代步数达到最优设计效果,较传统抗风圈设计方案得到的屈曲承载力提升2倍以上。

(5)结合港口大型石化储罐的抗风设计流程和需求,开发集成了港口大型石化储罐结构风荷载数据平台,该平台包含风荷载数据库分析、风荷载数据挖掘与重构、风效应计算评估与抗风优化设计功能,为港口大型石化储罐结构抗风设计提供了实用工具。采用的风效应计算方法提升计算效率2.6倍以上,以风效应分析占整个抗风设计时长的50%计,抗风设计周期可缩短30%以上。

5 港口大型石化储罐结构气动-机械联合风灾效应控制技术

针对港口大型石化储罐结构的风荷载和风致响应特性，本章着重讨论疏透覆面气动减载措施新型惯容增强吸振器对风致灾变效应的控制作用，进而提出一种气动-机械联合风灾效应控制技术，考虑实际不同安装位置和方式，对港口大型石化储罐平稳风、突发风的风致响应进行控制，针对不同的荷载特性提出阻尼器参数的优化方法及选型建议，为港口大型石化储罐结构抗风减灾提供依据。

5.1 港口大型石化储罐结构气动减载控制措施

5.1.1 气动减载控制措施方案

通过本报告第 4 章对港口大型石化储罐结构的风效应分析可知，对于圆筒形立式储罐结构，当储罐形式为开口的浮顶罐时，储罐结构的最不利风效应为自由端的风致动力屈曲。随着风速的增加，导致结构迎风面风压力增加，结构迎风部分的压力是风致屈曲的主要致灾因素。针对这一不利因素，针对性地提出迎风压力减载措施，能够从根本上有效控制结构灾变效应。

此外，在高液位运行状态，或封闭固定顶储罐结构，受钝体特征湍流效应的影响，结构侧风面和背风面受到边界层分离和漩涡脱落等气动效应的影响，造成较为显著的振动效应，在长期作用下，也会对结构产生损伤或疲劳效应。因此，针对这类不利因素，采取一定措施对储罐结构的特征湍流效应进行合理改变，也能够较为经济地控制其风致灾变效应。除此之外，还可以结合本书第 5.2 节的机械耗能装置对风振能量吸收达到较为理想的灾变控制效果。

针对球形储罐，从第 3 章的分析可知，增加球罐表面的粗糙度，能够使其提前进入高超临界雷诺数区间，产生一种"高尔夫球"效应，降低结构的风阻力系数。这类结构的最不利风效应往往是由其风致振动对支撑结构引起的不利影响，因此更推荐结合机械耗能装置(吸振器)对其进行风灾效应控制。

目前尚无针对上述不利风效应成熟的气动减载控制措施,需借鉴以往气动措施研究中针对建筑结构,尤其是圆形截面构筑物的气动措施。在建筑桥梁领域,采用主动吸吹气对钝体表面气流进行合理扰动,能够达到有效的减载效果。但由于需要增加额外的动力装置及吸吹气管道,考虑现实中风向的不确定性,这种方式较难应用在实际的大型储罐中。除此之外,还有研究将主动吸吹气转化为被动的吸吹气套环,作为一种气动装置安装在结构上,达到和主动吸吹气类似的效果,但又能够自适应地满足各类风况,无须提供额外的动力,是一种较为理想的气动控制减载方案。一些建筑结构采用表面处理的方式将覆面结构设计成双层,外层采用多孔疏透板,气流通过时,在覆面和建筑表面的夹层形成了一定的气流,减缓特征湍流效应,同样起到了类似的气动减载效果。

基于上述气动减载措施的基本原理,结合港口大型石化储罐的钝体空气动力学性能,本书以圆筒形储罐为例,提出采用在储罐外采用疏透覆面的气动控制措施,这种气动措施方案在实际应用中具有如下优势:

(1)无须外加能量供给装置,能够自适应地对各种来流条件的风致响应进行控制;

(2)能够结合抗风圈进行安装,也可作为爬梯的安全防护,具有一定的实用性;

(3)能够作为一种防风装置减缓迎风面的正压冲击,并将风荷载作用传递给抗风圈,提高屈曲承载力;

(4)除了作为气动减载装置之外,还可以作为吸振质量与机械减振装置结合在一起,对风致振动效应进一步控制。

考虑到上述诸多优势,下面对疏透覆面减载措施进行进一步精细化的试验研究,对不同疏透率、安装位置参数下的减灾效果进行试验研究。

5.1.2 疏透覆面气动减载效果风洞试验研究

1)试验模型及工况

对高跨比 $H/D=0.2$ 和 0.5 两个圆筒形储罐结构进行疏透覆面气动减载效果风洞试验研究。疏透覆面板采用不锈钢圆孔网片制成,疏透率考虑工程上常用的疏透网板疏透率,取为 20%、30%、40%,如图 5.1-1a)所示。在储罐模型粗糙条外粘贴疏透覆面网板,覆面高度从上至下分别为储罐的 20%、40%、60%、80%。疏透覆面气动控制模型如图 5.1-1 所示。疏透覆面气动控制模型的试验工况见表 5.1-1。

5 港口大型石化储罐结构气动-机械联合风灾效应控制技术

a) 三种不同覆面疏透率

H/D=0.2

H/D=0.5

b) 两种不同高径比圆筒形储罐

覆面高度比20%

覆面高度比40%

覆面高度比60%

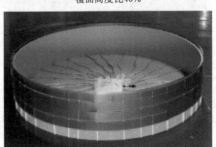
覆面高度比80%

c) $H/D = 0.2$ 四种覆面高度比

图 5.1-1

覆面高度比20%

覆面高度比40%

覆面高度比60%

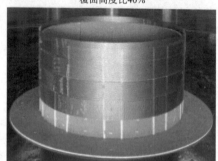
覆面高度比80%

d) $H/D = 0.5$ 四种覆面高度比

图 5.1-1　疏透覆面气动控制风洞试验模型

疏透覆面气动控制储罐风洞试验工况　　　　　表 5.1-1

储罐高径比	储罐形式	覆面疏透率	覆面高度比	风速（m/s）	工况数
0.2	开敞	20%	20%,40%,60%,80%	10、12、15	12
0.2	开敞	30%	20%,40%,60%,80%	10、12、15	12
0.2	开敞	40%	20%,40%,60%,80%	10、12、15	12
0.2	封闭	20%	20%,40%,60%,80%	10、12、15	12
0.2	封闭	30%	20%,40%,60%,80%	10、12、15	12
0.2	封闭	40%	20%,40%,60%,80%	10、12、15	12
0.5	开敞	20%	20%,40%,60%,80%	10、12、15	12
0.5	开敞	30%	20%,40%,60%,80%	10、12、15	12
0.5	开敞	40%	20%,40%,60%,80%	10、12、15	12
0.5	封闭	20%	20%,40%,60%,80%	10、12、15	12
0.5	封闭	30%	20%,40%,60%,80%	10、12、15	12
0.5	封闭	40%	20%,40%,60%,80%	10、12、15	12
合计					144

2) 气动减载效果分析

图 5.1-2 给出了两个高径比储罐在无覆面、覆面疏透率 20%、30% 和 40% 下的风压系数分布图。可以发现,采取疏透覆面能够有效降低分离区和尾流区的风吸力,背风面风压系数由 -0.4 降至 -0.2。在迎风面驻点处,正风压系数也由 0.88 降至 0.78。图 5.1-3 给出了不同覆面疏透率下的风压系数及减载率,可见,当覆面疏透率在 30%～40% 之间时,对最不利正压的减载率在 10% 以上。

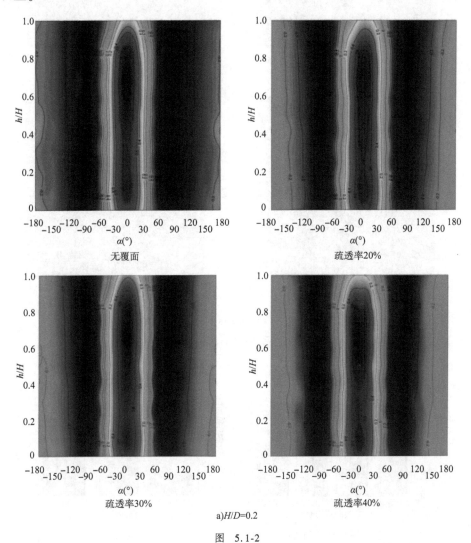

a) $H/D=0.2$

图 5.1-2

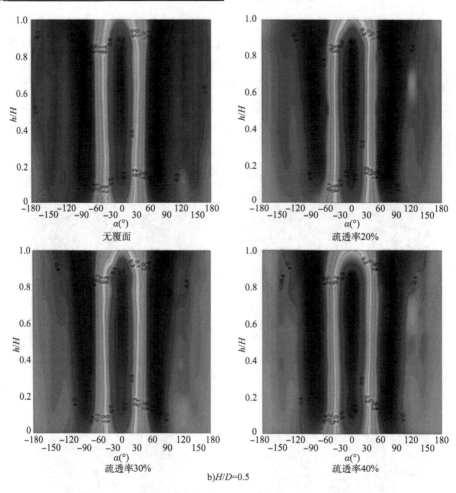

b) $H/D=0.5$

图 5.1-2 不同疏透率覆面气动控制下储罐风压系数等值线图

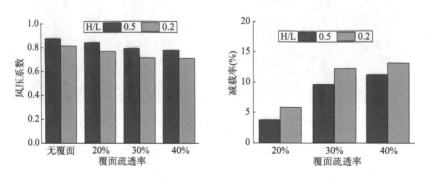

图 5.1-3 风压系数和减载率随不同覆面疏透率的变化

5 港口大型石化储罐结构气动-机械联合风灾效应控制技术

图 5.1-4 给出了两个高径比储罐在无覆面、覆面高度比 20%、40%、60% 和 40% 下的风压系数分布图。为了确定覆面的最经济安装高度,图 5.1-5 还给出了不同覆面高度比下的风压系数及减载率。可见,当覆面高度比在 40%~60% 以上时,可达到预期的减载效果,即对最不利风压的减载率为 10%~15%,结合抗风圈的安装,可有效提升圆筒形储罐的抗屈曲承载力。

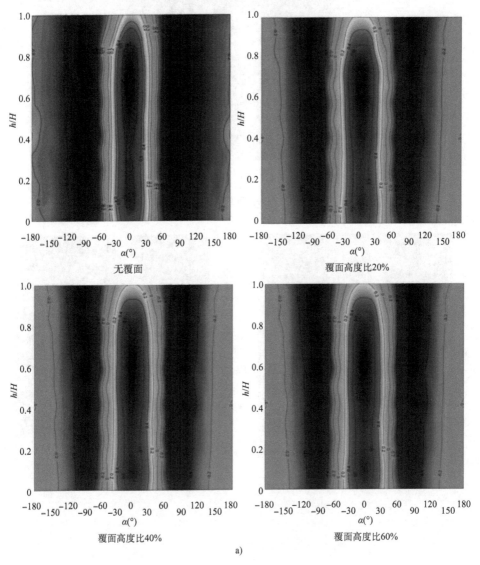

a)

图 5.1-4

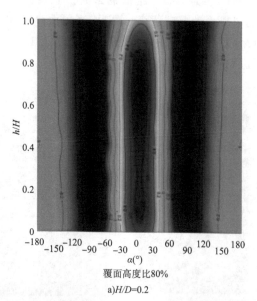

覆面高度比80%

a) $H/D=0.2$

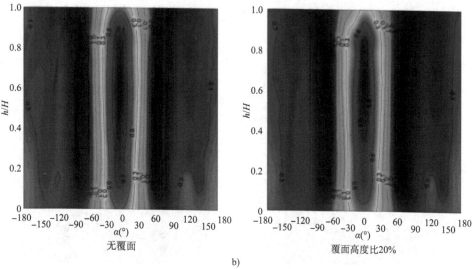

无覆面　　　　　　　　　　　　覆面高度比20%

b)

图 5.1-4

5 港口大型石化储罐结构气动-机械联合风灾效应控制技术

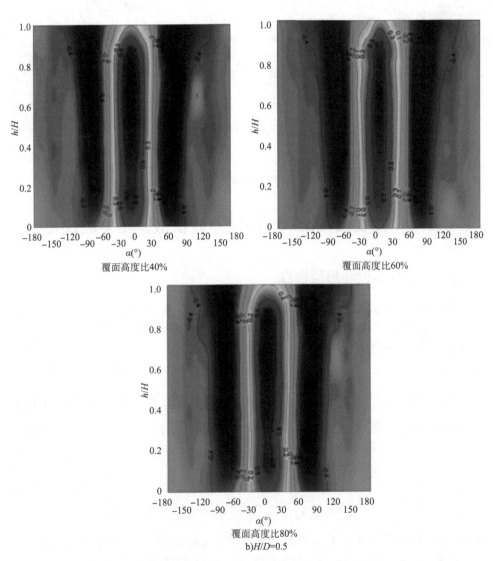

b) $H/D=0.5$

图 5.1-4 不同覆面高度比疏透覆面气动控制下储罐风压系数等值线图

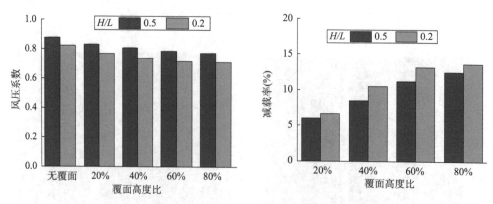

图 5.1-5 风压系数和减载率随覆面高度比的变化

5.2 广义变式调谐惯质阻尼器族机械减振参数优化

5.2.1 基本运动方程建立

将储罐主结构简化为广义单自由度,广义坐标为 $\eta(0 \leqslant \eta \leqslant H)$,广义质量为 M,广义阻尼为 C,广义刚度为 K,定义结构的自振频率、阻尼比分别为 ω_s 和 ζ_s。无控结构的运动方程表示为:

$$\ddot{x} + 2\zeta_s \omega_s \dot{x} + \omega_s^2 x = \xi(t) \tag{5.2-1}$$

针对风荷载,$\xi(t)$ 为归一化的广义风荷载,表示为 $\xi(t) = \int_0^H p(\eta,t)\Phi(\eta)\mathrm{d}\eta/M$。根据频域分析理论,无控状态下的结构响应由下式计算:

$$\begin{cases} \sigma_{x0}^2 = \int_0^\infty S_\xi(\omega)/|V(\mathrm{i}\omega)|^2 \mathrm{d}\omega \\ \sigma_{\ddot{x}0}^2 = \int_0^\infty \omega^4 \cdot S_\xi(\omega)/|V(\mathrm{i}\omega)|^2 \mathrm{d}\omega \end{cases} \tag{5.2-2}$$

式中:$S_\xi(\omega)$——归一化的广义荷载的功率谱密度函数。

$V(\varpi) = \varpi^2 + 2\zeta_s \omega_s \varpi + \omega_s^2$ 为复频率 $\varpi = \pm \mathrm{i}\omega$ 的频响多项式。

对于惯容增强吸振器,从传统的调谐质量阻尼器(Tuned Mass Damper,TMD)出发,利用惯容器增强 TMD 的效果,形成调谐惯质阻尼器(Tuned Mass Damper Inerter,TMDI)。一种常见的齿轮齿条式惯容器示意图如图 5.2-1 所示,惯容器提供的阻尼力与两个连接端相对加速度成正比。比例系数称为惯容系数,其取值仅

5 港口大型石化储罐结构气动-机械联合风灾效应控制技术

与齿轮和飞轮的机械参数有关,通过齿轮和飞轮的合理选型,惯容器能够借助自身重量成百上千倍的质量惯性效应,充分利用该效应来实现动力吸振器的轻量化设计,因而近年来得到广泛关注。

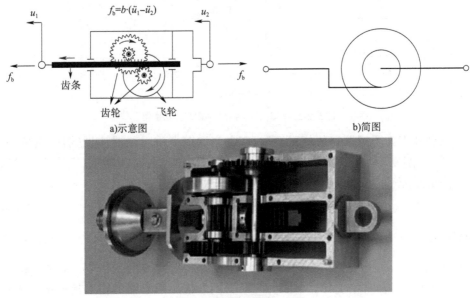

图 5.2-1　齿条齿轮式惯容器示意图

调谐惯质阻尼器(TMDI)一般连接在结构顶部和基础端,对地震灾害控制效果较好,但对于一般的大型结构,阻尼器的连接受到限制,因此,需要考虑不同的安装位置,如图 5.2-2a)所示。将 TMDI 的阻尼器从弹性端连接到惯容端,形成变式调谐惯质阻尼器(V-TMDI),以改善控制效率,如图 5.2-2b)所示。

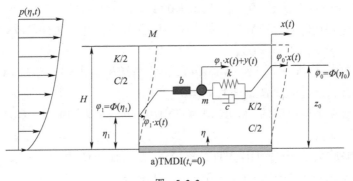

图 5.2-2

273

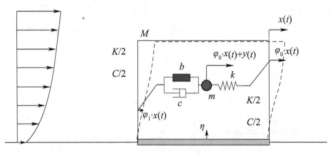

b) V-TMDI(t_v=1)

图 5.2-2 广义变式调谐惯质阻尼器示意图

参数化考虑阻尼器安装位置，形成广义变调谐惯质阻尼器，阻尼器由质量 m、弹性单元（刚度 k）、阻尼器（阻尼系数 c）、惯容器（惯容系数 b）组成，安装位置参数为 φ_0 和 φ_1，分别表示安装位置 η_0 和 η_1 处的振动模态 $\varphi_0 = \Phi(\eta_0), \varphi_1 = \Phi(\eta_1)$。振动模态为 $u(\eta,t) = \Phi(\eta) \cdot x(t)$，模态函数为归一化函数 $\Phi(H) = 1$。阻尼器的频率和阻尼比分别为 $\omega_d = \sqrt{\dfrac{k}{m+b}}, \zeta_d = \dfrac{c}{2\omega_d(m+b)}$。质量比定义为：$\mu = m/M$；惯质比定义为：$\beta = b/M$；频率比定义为：$v = \omega_d/\omega_s$。阻尼器的连接方式定义为参数 t_v，0 表示 TMDI，1 表示 V-TMDI。综上，广义变调谐惯质阻尼器的输入模型统一表示为一个五参数模型：$\text{GRM}(t_v,\mu,\beta,\varphi_0,\varphi_1)$。根据这五个输入参数确定阻尼器的优化参数$(v,\zeta_d)$，这一过程称为吸振器的参数优化。

根据上述五个输入参数，对参数取特定值，可以表示一系列传统阻尼器，例如：

(1) 传统 TMD（记为 cTMD），安装在结构自由端，可表示为 $\text{cTMD} = \text{GRM}(t_v = 0, \mu, \beta = 0, \varphi_0 = 1, \varphi_1 = 0)$；

(2) 传统变式 TMD（记为 cVTMD），安装在结构自由端和基础端，可表示为 $\text{cVTMD} = \text{GRM}(t_v = 1, \mu, \beta = 0, \varphi_0 = 1, \varphi_1 = 0)$；

(3) 传统 TMDI（记为 cTMDI），安装在结构自由端和基础端，可表示为 $\text{cTMDI} = \text{GRM}(t_v = 0, \mu, \beta, \varphi_0 = 1, \varphi_1 = 0)$；

(4) 传统变式 TMDI（记为 cVTMDI），安装在结构自由端和基础端，可表示为 $\text{cVTMDT} = \text{GRM}(t_v = 1, \mu, \beta, \varphi_0 = 1, \varphi_1 = 0)$；

(5) 安装在结构顶部的 TMDI（记为 tTMDI），可表示为 $\text{tTMDI} = \text{GRM}(t_v = 0, \mu, \beta, \varphi_0 = 1, \varphi_1 = \varphi)$；

(6) 忽略质量 m，形成 TID、VTID 等，表示为 $\text{cTID} = \text{GRM}(t_v = 0, \mu = 0, \beta, \varphi_0 = 1, \varphi_1 = 0)$，$\text{cVTID} = \text{GRM}(t_v = 1, \mu = 0, \beta, \varphi_0 = 1, \varphi_1 = 0)$。

此外,将上述阻尼器安装在任意位置,形成一系列广义变调谐惯质阻尼器,其参数见表5.2-1。

广义变式调谐惯质阻尼器的 GRM 模型参数　　　表5.2-1

变体名称	输入参数				
	t_v	μ	β	φ_0	φ_1
cTMD	0	μ	0	1	0
cVTMD	1	μ	0	1	0
gTMD	0	μ	0	φ	0
bVTMD	1	μ	0	φ	0
gVTMD	1	μ	0	φ_0	φ_1
cTID	0	0	β	1	0
cVTID(TVMD)	1	0	β	1	0
gTID	0	0	β	φ_0	φ_1
gVTID	1	0	β	φ_0	φ_1
cTMDI	0	μ	β	1	0
cVTMDI	1	μ	β	1	0
tTMDI	0	μ	β	1	φ
bVTMDI	1	μ	β	φ	0
gTMDI	0	μ	β	φ_0	φ_1
gVTMDI	1	μ	β	φ_0	φ_1

基于结构动力学的虚功原理和拉格朗日方程,上述广义变式调谐惯质阻尼器控制系统的运动方程表示为:

$$M\ddot{q} + C\dot{q} + Kq = r\xi(t) \tag{5.2-3}$$

其中,$q=\{x,y\}^T$ 为主结构和阻尼器的响应,M、C、K 为归一化的质量、阻尼、刚度矩阵,$r=\{1\ 0\}^T$ 为加载向量。

$$M = \begin{bmatrix} 1-\beta\varphi_1(\varphi_0-\varphi_1) & -\beta\varphi_1 \\ \varphi_0 - \dfrac{\beta}{\mu+\beta}\varphi_1 & 1 \end{bmatrix} \tag{5.2-4}$$

$$C = \begin{bmatrix} 2\zeta_s\omega_s - 2t_v(\mu+\beta)\zeta_d v\omega_s\varphi_1(\varphi_0-\varphi_1) & -2(\mu+\beta)\zeta_d v\omega_s\varphi_{t_v} \\ 2t_v\zeta_d v\omega_s(\varphi_0-\varphi_1) & 2\zeta_d v\omega_s \end{bmatrix} \tag{5.2-5}$$

$$K = \begin{bmatrix} \omega_s^2 & -(\mu+\beta)v^2\omega_s^2\varphi_0 \\ 0 & v^2\omega_s^2 \end{bmatrix} \quad (5.2\text{-}6)$$

根据随机振动的频域分析理论,响应的协方差矩阵表示为:

$$\Sigma_q = \int_0^\infty S_\xi(\omega)H(\mathrm{i}\omega)rr^\mathrm{T}H^\mathrm{T}(-\mathrm{i}\omega)\mathrm{d}\omega \quad (5.2\text{-}7)$$

其中,$H(\mathrm{i}\omega) = H(\varpi)$为传递函数矩阵:

$$H(\varpi) = [M\varpi^2 + C\varpi + K]^{-1} = \frac{1}{\Gamma(\varpi)}\begin{bmatrix} h_{11}(\varpi) & h_{12}(\varpi) \\ h_{21}(\varpi) & h_{22}(\varpi) \end{bmatrix} \quad (5.2\text{-}8)$$

其中,矩阵分量表示为:

$$\begin{cases} h_{11}(\varpi) = \varpi^2 + 2\zeta_d v\omega_s\varpi + v^2\omega_s^2 \\ h_{12}(\varpi) = \beta\varphi_1\varpi^2 + 2\zeta_d v\omega_s(\mu+\beta)\varphi_{t_v}\varpi + v^2\omega_s^2(\mu+\beta)\varphi_0 \\ h_{21}(\varpi) = \left(\frac{\beta}{\mu+\beta}\varphi_1 - \varphi_0\right)\varpi^2 - 2t_v\zeta_d v\omega_s(\varphi_0 - \varphi_1)\varpi \\ h_{22}(\varpi) = [1 - \beta\varphi_1(\varphi_0 - \varphi_1)]\varpi^2 \\ \qquad\qquad + [2\zeta_s\omega_s - 2t_v(\mu+\beta)\zeta_d v\omega_s\varphi_1(\varphi_0 - \varphi_1)]\varpi + \omega_s^2 \end{cases} \quad (5.2\text{-}9)$$

滤波多项式$\Gamma(\varpi)$为四次多项式,$\gamma_j (j=0,1,2,3,4)$为其无量纲系数,表示为式(5.2-11):

$$\Gamma(\varpi) = \begin{vmatrix} h_{11}(\varpi) & h_{12}(\varpi) \\ h_{21}(\varpi) & h_{22}(\varpi) \end{vmatrix} = \sum_{j=0}^4 \gamma_j \omega_s^{4-j}\varpi^j \quad (5.2\text{-}10)$$

$$\begin{cases} \gamma_0 = v^2 \\ \gamma_1 = 2v[\zeta_s v + \zeta_d(1 + \Gamma_1 v^2)] \\ \gamma_2 = 1 + 4\zeta_s\zeta_d v + \Gamma_2 v^2 \\ \gamma_3 = 2(\zeta_s + \Gamma_3\zeta_d v) \\ \gamma_4 = \Gamma_4 \end{cases} \quad (5.2\text{-}11)$$

其中,$\Gamma_j(j=1,2,3,4)$为传递函数与$(t_v,\mu,\beta,\varphi_0,\varphi_1)$有关的关键参数,表示为:

$$\begin{cases} \Gamma_1 = t_v(\mu+\beta)(\varphi_0 - \varphi_1)^2 \\ \Gamma_2 = 1 + \mu\varphi_0^2 + \beta(\varphi_0 - \varphi_1)^2 \\ \Gamma_3 = 1 + \mu\varphi_{t_v}^2 + (1-t_v)\beta(\varphi_0 - \varphi_1)^2 \\ \Gamma_4 = \det(M) = 1 + \frac{\mu}{\mu+\beta}\beta\varphi_1^2 \end{cases} \quad (5.2\text{-}12)$$

不同广义变式调谐惯质阻尼器的参数 $\varGamma_j$ 取值见表5.2-2。

广义变式调谐惯质阻尼器的传递函数参数　　　表5.2-2

变体名称	$\varGamma_1$	$\varGamma_2$	$\varGamma_3$	$\varGamma_4$
cTMD	0	$1+\mu$	$1+\mu$	1
cVTMD	$\mu+\beta$	$1+\mu$	1	1
gTMD	0	$1+\mu\varphi^2$	$1+\mu\varphi^2$	1
bVTMD	$\mu\varphi^2$	$1+\mu\varphi^2$	1	1
gVTMD	$\mu(\varphi_0-\varphi_1)^2$	$1+\mu\varphi_0^2$	$1+\mu\varphi_1^2$	1
cTID	0	$1+\beta$	$1+\beta$	1
cVTID	β	$1+\beta$	1	1
gTID	0	$1+\beta(\varphi_0-\varphi_1)^2$	$1+\beta(\varphi_0-\varphi_1)^2$	1
gVTID	$\beta(\varphi_0-\varphi_1)^2$	$1+\beta(\varphi_0-\varphi_1)^2$	1	1
cTMDI	0	$1+\mu+\beta$	$1+\mu+\beta$	1
cVTMDI	$\mu+\beta$	$1+\mu+\beta$	1	1
tTMDI	0	$1+\mu+\beta(1-\varphi)^2$	$1+\mu+\beta(1-\varphi)^2$	$1+\mu\beta\varphi^2/(\mu+\beta)$
bVTMDI	$(\mu+\beta)\varphi^2$	$1+(\mu+\beta)\varphi^2$	1	1
gTMDI	0	$1+\mu\varphi_0^2+\beta(\varphi_0-\varphi_1)^2$	$1+\mu\varphi_0^2+\beta(\varphi_0-\varphi_1)^2$	$1+\mu\beta\varphi_1^2/(\mu+\beta)$
gVTMDI	$(\mu+\beta)\cdot(\varphi_0-\varphi_1)^2$	$1+\mu\varphi_0^2+\beta(\varphi_0-\varphi_1)^2$	$1+\mu\varphi_1^2$	$1+\mu\beta\varphi_1^2/(\mu+\beta)$

根据式(5.2-7),得到储罐主结构响应传递函数,表示为:

$$H_x(\varpi)=\frac{h_{11}(\varpi)}{\varGamma(\varpi)} \qquad (5.2\text{-}13)$$

则储罐主结构响应表示为:

$$\begin{cases}\sigma_x^2=\int_0^\infty S_\xi(\omega)\cdot|H_x(i\omega)|^2\mathrm{d}\omega\\ \sigma_{\ddot{x}}^2=\int_0^\infty \omega^4\cdot S_\xi(\omega)\cdot|H_x(i\omega)|^2\mathrm{d}\omega\end{cases} \qquad (5.2\text{-}14)$$

5.2.2　风振响应控制 H 范数参数优化

1) H_∞ 解析优化

对于吸振器的参数优化,Den Hartog 基于频响函数的特性提出了定点理论,其基本思想为：针对无阻尼主系统，在频率比固定的情况下，频响函数曲线总通过两个固定点，通过调配顶点的位置可使频响函数的模的最大值最小，即在简谐荷载作用下，振幅的动力放大系数最小。基于上述思想，结合 GRM 模型，对广义变式调谐惯质阻尼器进行 H_∞ 参数优化。

无阻尼系统的无量纲动力系数放大函数定义为：

$$D(\lambda) = \omega_s^2 |H_x(i\omega)| = \sqrt{\frac{R_1(\lambda) + \zeta_d^2 T_1(\lambda)}{R_2(\lambda) + \zeta_d^2 T_2(\lambda)}} \quad (5.2\text{-}15)$$

其中，自变量为频率比的平方 $\lambda = \omega^2/\omega_s^2$。函数 R_1、T_1、R_2、T_1 分别表示为：

$$\begin{cases} R_1(\lambda) = \dfrac{1}{2}(v^2 - \lambda)^2 \\ T_1(\lambda) = 2v^2\lambda \\ R_2(\lambda) = \dfrac{1}{2}[\Gamma_4\lambda^2 - (1 + \Gamma_2 v^2)\lambda + v^2]^2 \\ T_2(\lambda) = 2v^2\lambda(1 + \Gamma_1 v^2 - \Gamma_3\lambda)^2 \end{cases} \quad (5.2\text{-}16)$$

根据固定点理论，取阻尼比 ζ_d 为 0 和 ∞ 两个特殊情况联立得到固定点：

$$\begin{cases} D_0(\lambda) = D(\lambda)\big|_{\zeta_d = 0} = \sqrt{\dfrac{R_1(\lambda)}{R_2(\lambda)}} = \left|\dfrac{v^2 - \lambda}{\Gamma_4\lambda^2 - (1 + \Gamma_2 v^2)\lambda + v^2}\right| \\ D_0(\lambda_{P,Q}) = D_\infty(\lambda_{P,Q}) \\ D_\infty(\lambda) = D(\lambda)\big|_{\zeta_d \to \infty} = \sqrt{\dfrac{T_1(\lambda)}{T_2(\lambda)}} = \left|\dfrac{1}{1 + \Gamma_1 v^2 - \Gamma_3\lambda}\right| \end{cases} \quad (5.2\text{-}17)$$

则固定点 P,Q 所对应的频率比求解为：

$$\lambda_{P,Q} = \Lambda_1 \pm \sqrt{\Lambda_1^2 - \Lambda_2^2} \quad (5.2\text{-}18)$$

$$\begin{cases} \Lambda_1 = \dfrac{\lambda_P + \lambda_Q}{2} = \dfrac{(\Gamma_2 + \Gamma_3 + \Gamma_1)v^2 + 2}{2(\Gamma_4 + \Gamma_3)} \\ \Lambda_2 = \sqrt{\lambda_P \cdot \lambda_Q} = \sqrt{\dfrac{2 + \Gamma_1 v^2}{\Gamma_4 + \Gamma_3}} v \end{cases} \quad (5.2\text{-}19)$$

当频率比 $v = v_\infty$，达到 H_∞ 为最优时，最优固定点 $(\lambda_{P,Q\mathrm{opt}}, D_\mathrm{opt})$ 满足 $D_\mathrm{opt} = D(\lambda_{P\mathrm{opt}}) = D(\lambda_{Q\mathrm{opt}})$，则：

$$D_\mathrm{opt} = \frac{1}{1 + \Gamma_1 v_\infty^2 - \Gamma_3\lambda_{P\mathrm{opt}}} = -\frac{1}{1 + \Gamma_1 v_\infty^2 - \Gamma_3\lambda_{Q\mathrm{opt}}} \quad (5.2\text{-}20)$$

将其与式(5.2-19)联立可得：

$$v_\infty = \sqrt{\frac{2\varGamma_4 - \varGamma_3 + \varGamma_3}{\varGamma_3^2 + \varGamma_2\varGamma_3 - 2\varGamma_1\varGamma_4 - \varGamma_1\varGamma_3}} \tag{5.2-21}$$

进而，最优固定点坐标求解为：

$$\begin{cases} \lambda_{P,Q\text{opt}} = \varLambda_{1\text{opt}} \pm \sqrt{\varLambda_{1\text{opt}}^2 - \varLambda_{2\text{opt}}^2} \\ D_{\text{opt}} = \dfrac{1}{\varGamma_3} \cdot \sqrt{\dfrac{1}{\varLambda_{1\text{opt}}^2 - \varLambda_{2\text{opt}}^2}} \end{cases} \tag{5.2-22}$$

其中，

$$\begin{cases} \varLambda_{1\text{opt}} = \dfrac{1 + \varGamma_1 v_\infty^2}{\varGamma_3} \\ \varLambda_{2\text{opt}} = \sqrt{\dfrac{2 + \varGamma_1 v_\infty^2}{\varGamma_4 + \varGamma_3}} v_\infty \end{cases} \tag{5.2-23}$$

进而，当阻尼比 $\zeta_d = \zeta_{d\infty}$ 达到 H_∞ 为最优时，固定点处的频响函数取得峰值，即 $\dfrac{\mathrm{d}D_{\text{opt}}^2(\lambda_{P,Q\text{opt}})}{\mathrm{d}\lambda} = 0$。根据微分的商法则，可得：

$$D_{\text{opt}}^2(\lambda_{P,Q\text{opt}}) = \frac{R'_{1P,Q} + \zeta_{d\infty}^2 T'_{1P,Q}}{R'_{2P,Q} + \zeta_{d\infty}^2 T'_{2P,Q}} = D_{\text{opt}}^2 \tag{5.2-24}$$

其中，导函数参数为：

$$\begin{cases} R'_{1P,Q} = \lambda_{P,Q\text{opt}} - v_\infty^2 \\ T'_{1P,Q} = 2v_\infty^2 \\ R'_{2P,Q} = [\varGamma_4 \lambda_{P,Q\text{opt}}^2 - (1 + \varGamma_2 v_\infty^2)\lambda_{P,Q\text{opt}} + v_\infty^2] \cdot (2\varGamma_4 \lambda_{P,Q\text{opt}} - \varGamma_2 v_\infty^2 - 1) \\ T'_{2P,Q} = 2v_\infty^2 (3\varGamma_3 \lambda_{P,Q\text{opt}} - \varGamma_1 v_\infty^2 - 1)(\varGamma_3 \lambda_{P,Q\text{opt}} - \varGamma_1 v_\infty^2 - 1) \end{cases} \tag{5.2-25}$$

则 H_∞ 最优阻尼比 $\zeta_{d\infty}$ 在最优固定点 P,Q 处的取值为：

$$\zeta_{d\infty P,Q}^2 = \frac{R'_{1P,Q} - D_{\text{opt}}^2 R'_{2P,Q}}{D_{\text{opt}}^2 T'_{2P,Q} - T'_{1P,Q}} \tag{5.2-26}$$

但发现，频响函数的峰值仅在一个固定点取得，综合考虑两个固定点，一般取为：

$$\zeta_{d\infty} = \sqrt{\frac{\zeta_{d\infty P}^2 + \zeta_{d\infty Q}^2}{2}} \tag{5.2-27}$$

根据上述推导，得到不同广义变式调谐惯质阻尼器的 H_∞ 最优频率比 v_∞、动力

放大系数 D_{opt}、阻尼比 $\zeta_{d\infty}$，分别见表 5.2-3～表 5.2-5。

广义变式调谐惯质阻尼器的 H_∞ 最优频率比 v_∞　　　　表 5.2-3

变体形式	v_∞
cTMD	$\dfrac{1}{1+\mu}$
cVTMD	$\sqrt{\dfrac{1}{1-\mu}}$
gTMD	$\dfrac{1}{1+\mu\varphi^2}$
bVTMD	$\sqrt{\dfrac{1}{1-\mu\varphi^2}}$
gVTMD	$\sqrt{\dfrac{1}{1-\mu\varphi_0^2+\mu\varphi_0\varphi_1(1-\mu\varphi_1^2)}}$
cTID	$\dfrac{1}{1+\beta}$
cVTID	$\sqrt{\dfrac{1}{1-\beta}}$
gTID	$\dfrac{1}{1+\beta(\varphi_0-\varphi_1)^2}$
gVTID	$\sqrt{\dfrac{1}{1-\beta(\varphi_0-\varphi_1)^2}}$
cTMDI	$\dfrac{1}{1+\mu+\beta}$
cVTMDI	$\sqrt{\dfrac{1}{1-\mu-\beta}}$
tTMDI	$\dfrac{\sqrt{1+\dfrac{\mu}{\mu+\beta}\beta\varphi^2}}{1+\mu+\beta(1-\varphi)^2}$
bVTMDI	$\sqrt{\dfrac{1}{1-(\mu+\beta)\varphi^2}}$
gTMDI	$\dfrac{\sqrt{1+\dfrac{\mu}{\mu+\beta}\beta\varphi_1^2}}{1+\mu\varphi_0^2+\beta(\varphi_0-\varphi_1)^2}$
gVTMDI	$\sqrt{\dfrac{1+\dfrac{\mu}{\mu+\beta}\beta\varphi_1^2}{(1+\mu\varphi_1^2)(1-\mu\varphi_0\varphi_1)-(\mu+\beta+\mu\beta\varphi_1^2)(\varphi_0-\varphi_1)^2}}$

广义变式调谐惯质阻尼器的 H_∞ 最优动力放大系数 D_{opt}　　　　表 5.2-4

变体形式	D_{opt}
cTMD	$\sqrt{\dfrac{2+\mu}{\mu}}$
gTMD	$\sqrt{\dfrac{2+\mu\varphi^2}{\mu\varphi^2}}$

续上表

变体形式	D_{opt}
cTID	$\sqrt{\dfrac{2+\beta}{\beta}}$
gTID	$\sqrt{\dfrac{2+\beta(\varphi_0-\varphi_1)^2}{\beta(\varphi_0-\varphi_1)^2}}$
cTMDI	$\sqrt{\dfrac{2+\mu+\beta}{\mu+\beta}}$
tTMDI	$\sqrt{\dfrac{2+\mu+\beta(1-\varphi)^2+\dfrac{\mu}{\mu+\beta}\beta\varphi^2}{\mu+\beta(1-\varphi)^2-\dfrac{\mu}{\mu+\beta}\beta\varphi^2}}$
gTMDI	$\sqrt{\dfrac{2+\mu\varphi_0^2+\beta(\varphi_0-\varphi_1)^2+\dfrac{\mu}{\mu+\beta}\beta\varphi_1^2}{\mu\varphi_0^2+\beta(\varphi_0-\varphi_1)^2-\dfrac{\mu}{\mu+\beta}\beta\varphi_1^2}}$
cVTMD	$(1-\mu)\sqrt{\dfrac{2}{\mu}}$
bVTMD	$(1-\mu\varphi^2)\sqrt{\dfrac{2}{\mu\varphi^2}}$
cVTID	$(1-\beta)\sqrt{\dfrac{2}{\beta}}$
gVTID	$[1-\beta(\varphi_0-\varphi_1)^2]\sqrt{\dfrac{2}{\beta(\varphi_0-\varphi_1)^2}}$
cVTMDI	$[1-(\mu+\beta)]\sqrt{\dfrac{2}{\mu+\beta}}$
bVTMDI	$[1-(\mu+\beta)\varphi^2]\sqrt{\dfrac{2}{(\mu+\beta)\varphi^2}}$

广义变式调谐惯质阻尼器的 H_∞ 最优阻尼比 $\zeta_{d\infty}$ 表 5.2-5

变体形式	D_{opt}
cTMD	$\sqrt{\dfrac{3\mu}{8(1+\mu)}}$
gTMD	$\sqrt{\dfrac{3\mu\varphi^2}{8(1+\mu\varphi^2)}}$
cTID	$\sqrt{\dfrac{3\beta}{8(1+\beta)}}$
gTID	$\sqrt{\dfrac{3\beta(\varphi_0-\varphi_1)^2}{8[1+\beta(\varphi_0-\varphi_1)^2]}}$
cTMDI	$\sqrt{\dfrac{3(\mu+\beta)}{8(1+\mu+\beta)}}$

续上表

变体形式	D_{opt}
tTMDI	$\sqrt{\dfrac{3}{8}\dfrac{\mu+\beta(1-\varphi)^2-\dfrac{\mu}{\mu+\beta}\beta\varphi^2}{1+\mu+\beta(1-\varphi)^2}}$
gTMDI	$\sqrt{\dfrac{3}{8}\dfrac{\mu\varphi_0^2+\beta(\varphi_0-\varphi_1)^2-\dfrac{\mu}{\mu+\beta}\beta\varphi_1^2}{1+\mu\varphi_0^2+\beta(\varphi_0-\varphi_1)^2}}$
cVTMD	$\sqrt{\dfrac{3\mu}{4(2-\mu)}}$
bVTMD	$\sqrt{\dfrac{3\mu\varphi^2}{4(2-\mu\varphi^2)}}$
cVTID	$\sqrt{\dfrac{3\beta}{4(2-\beta)}}$
gVTID	$\sqrt{\dfrac{3\beta(\varphi_0-\varphi_1)^2}{4[2-\beta(\varphi_0-\varphi_1)^2]}}$
cVTMDI	$\sqrt{\dfrac{3(\mu+\beta)}{4[2-(\mu+\beta)]}}$
bVTMDI	$\sqrt{\dfrac{3(\mu+\beta)\varphi^2}{4[2-(\mu+\beta)\varphi^2]}}$

图5.2-3给出了一个典型算例 GRM($t_v=0$ 或 $1,\mu=0.05,\beta=0.2,\varphi_0=0.9,\varphi_1=0.5$) 的 H_∞ 优化结果。可见,频响函数曲线的双峰与 Den Hartog 的假设情况一致,验证了推导的正确性。图5.2-4给出了解析优化的流程图,供设计参考。

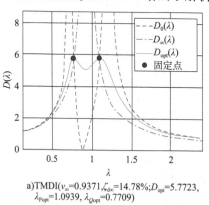
a)TMDI($\nu_\infty=0.9371,\zeta_{d\infty}=14.78\%;D_{opt}=5.7723,$
$\lambda_{Popt}=1.0939,\lambda_{Qopt}=0.7709$)

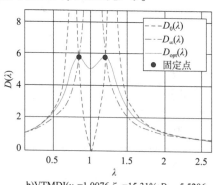
b)VTMDI($\nu_\infty=1.0076,\zeta_{d\infty}=15.31\%;D_{opt}=5.5206,$
$\lambda_{Popt}=1.2067,\lambda_{Qopt}=0.8489$)

图5.2-3 基准工况 GRM 的 H_∞ 优化结果

5 港口大型石化储罐结构气动-机械联合风灾效应控制技术

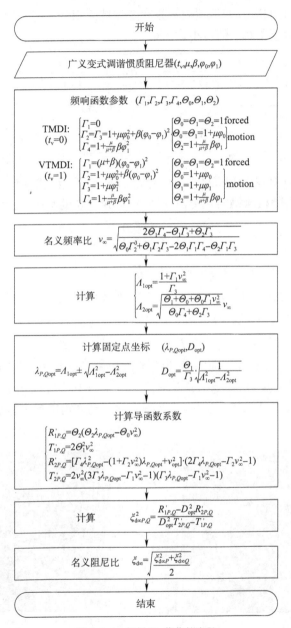

图 5.2-4　解析 H_∞ 优化的流程

2) H_2 半解析优化

针对随机荷载,在 H_∞ 的基础上,进一步对频响函数的积分进行最小化优化,这是由于随机振动的响应方差是频响函数在全频域的积分。定义均方根响应控制比 J，则 H_2 优化实际上是对 J 的最小化求解：

$$\begin{cases} J_x = \dfrac{\sigma_x}{\sigma_{x0}} = \sqrt{\int_0^\infty \dfrac{S_\xi(\omega)\cdot\Theta(\omega)}{|\Gamma(\mathrm{i}\omega)|^2}\mathrm{d}\omega \Big/ \int_0^\infty \dfrac{S_\xi(\omega)}{|V(\mathrm{i}\omega)|^2}\mathrm{d}\omega} \\ J = \sqrt{J_x \cdot J_{\ddot{x}}} \\ J_{\ddot{x}} = \dfrac{\sigma_{\ddot{x}}}{\sigma_{\ddot{x}0}} = \sqrt{\int_0^\infty \dfrac{\omega^4\cdot S_\xi(\omega)\cdot\Theta(\omega)}{|\Gamma(\mathrm{i}\omega)|^2}\mathrm{d}\omega \Big/ \int_0^\infty \dfrac{\omega^4\cdot S_\xi(\omega)}{|V(\mathrm{i}\omega)|^2}\mathrm{d}\omega} \end{cases} \quad (5.2\text{-}28)$$

其中，J 可考虑位移相关量，也可以考虑加速度相关的物理量。

最基本地，将随机激励简化为白噪声，可以得到 J 的解析解，如下：

$$J_\mathrm{w} = \sqrt{\dfrac{\zeta_\mathrm{s} D_{x\mathrm{w}}}{D_{0\mathrm{w}}}} \quad (5.2\text{-}29)$$

$$\begin{cases} D_{x\mathrm{w}} = (1-\Gamma_4 v^2)[\zeta_\mathrm{s} v + \zeta_\mathrm{d}(1+\Gamma_1 v^2)] + \\ \qquad v(\zeta_\mathrm{s}+\Gamma_3\zeta_\mathrm{d} v)[2(2\zeta_\mathrm{d}^2-1)+\Theta_0^2(1+4\zeta_\mathrm{s}\zeta_\mathrm{d} v + \Gamma_2 v^2)] \\ D_{0\mathrm{w}} = (\zeta_\mathrm{s}+\Gamma_3\zeta_\mathrm{d} v)(1+4\zeta_\mathrm{s}\zeta_\mathrm{d} v + \Gamma_2 v^2)[\zeta_\mathrm{s} v + \zeta_\mathrm{d}(1+\Gamma_1 v^2)] - \\ \qquad v\Gamma_4[\zeta_\mathrm{s} v + \zeta_\mathrm{d}(1+\Gamma_1 v^2)]^2 - v^2(\zeta_\mathrm{s}+\Gamma_3\zeta_\mathrm{d} v)^2 \end{cases} \quad (5.2\text{-}30)$$

对此，可以通过 $J(v,\zeta_\mathrm{d})$ 曲面对其进行数值寻优，形成 H_2 的半解析优化。取算例 GRM（$t_v=0$ 或 $1, \mu=0.05, \beta=0.2, \varphi_0=0.9, \varphi_1=0.5$），优化结果如图 5.2-5 所示。其中，可以看出，VTMDI 的 $J(v,\zeta_\mathrm{d})$ 曲面形式与 TMDI 具有显著差异，但 H_2 解接近 H_∞ 解。

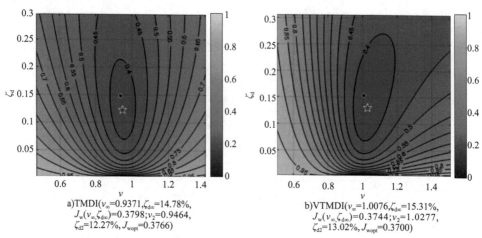

a) TMDI($v_\infty=0.9371,\zeta_{\mathrm{d}\infty}=14.78\%$, $J_\mathrm{w}(v_\infty,\zeta_{\mathrm{d}\infty})=0.3798; v_2=0.9464$, $\zeta_{\mathrm{d}2}=12.27\%, J_{\mathrm{wopt}}=0.3766$)

b) VTMDI($v_\infty=1.0076,\zeta_{\mathrm{d}\infty}=15.31\%$, $J_\mathrm{w}(v_\infty,\zeta_{\mathrm{d}\infty})=0.3744; v_2=1.0277$, $\zeta_{\mathrm{d}2}=13.02\%, J_{\mathrm{wopt}}=0.3700$)

图 5.2-5 基准工况 GRM 的 H_2 白噪声优化结果

进一步考虑风荷载作用的频谱特性,将本书第 2 章得到的频谱解析模型考虑到 H_2 优化过程中,仍能基于滤波理论得到 $J(v,\zeta_d)$ 曲面的解析解,将风荷载的滤波格式表示如下：

$$S_\xi(\omega) = \frac{\Delta(\omega)}{|\Lambda(\mathrm{i}\omega)|^2} \cdot S_0, \quad \begin{cases} \Lambda(\varpi) = \sum_{j=0}^{n} \alpha_j \omega_s^{n-j} \varpi^j \\ \Delta(\omega) = \omega_s^r \sum_{j=0}^{l} \delta_j \omega_s^{2l-2j} \omega^{2j} \end{cases} \quad (5.2\text{-}31)$$

$$\begin{cases} \sigma_{x0}^2 = \int_0^\infty \dfrac{S_0 \cdot \Delta_g(\omega)}{|\Lambda(\mathrm{i}\omega) \cdot V(\mathrm{i}\omega)|^2} \mathrm{d}\omega = \dfrac{\pi S_0}{2} \omega_s^{r-2(n-l)-3} \dfrac{N_x}{N_0} \\ \sigma_{\ddot{x}0}^2 = \int_0^\infty \dfrac{S_g \cdot \omega^4 \Delta_g(\omega)}{|\Lambda(\mathrm{i}\omega) \cdot V(\mathrm{i}\omega)|^2} \mathrm{d}\omega = \dfrac{\pi S_0}{2} \omega_s^{r-2(n-l)+1} \dfrac{N_{\ddot{x}}}{N_0} \end{cases} \quad (5.2\text{-}32)$$

$$\begin{cases} \sigma_x^2 = \int_0^\infty \dfrac{S_0 \cdot \Delta(\omega) |h_{11}(\omega)|^2}{|\Lambda(\mathrm{i}\omega) \cdot \Gamma(\mathrm{i}\omega)|^2} \mathrm{d}\omega = \dfrac{\pi S_0}{2\Gamma_4} \omega_s^{r-2(n-l)-3} \dfrac{D_x}{D_0} \\ \sigma_{\ddot{x}}^2 = \int_0^\infty \dfrac{S_0 \cdot \omega^4 \Delta(\omega) |h_{11}(\omega)|^2}{|\Lambda(\mathrm{i}\omega) \cdot \Gamma(\mathrm{i}\omega)|^2} \mathrm{d}\omega = \dfrac{\pi S_0}{2\Gamma_4} \omega_s^{r-2(n-l)+1} \dfrac{D_{\ddot{x}}}{D_0} \end{cases} \quad (5.2\text{-}33)$$

$$\begin{cases} J_x = \sqrt{\dfrac{1}{\Gamma_4} \dfrac{N_0}{D_0} \dfrac{D_x}{N_x}} \\ J_{\ddot{x}} = \sqrt{\dfrac{1}{\Gamma_4} \dfrac{N_0}{D_0} \dfrac{D_{\ddot{x}}}{N_{\ddot{x}}}} \\ J = \sqrt{\dfrac{1}{\Gamma_4} \dfrac{N_0}{D_0}} \sqrt{\dfrac{D_x}{N_x} \dfrac{D_{\ddot{x}}}{N_{\ddot{x}}}} \end{cases} \quad (5.2\text{-}34)$$

其中,N_0、N_x、$N_{\ddot{x}}$ 和 D_0、D_x、$D_{\ddot{x}}$ 为滤波多项式系数相关的行列式,并分别按照式(5.2-35)～式(5.2-37)、式(5.2-38)～式(5.2-40)计算。

$$N_0 = \begin{vmatrix} \varepsilon_{n+1} & -\varepsilon_{n-1} & \cdots & & 0 & 0 \\ -\varepsilon_{n+2} & \varepsilon_n & -\varepsilon_{n-2} & \cdots & & 0 & 0 \\ 0 & -\varepsilon_{n+1} & \varepsilon_{n-1} & \ddots & & \vdots & 0 \\ 0 & \varepsilon_{n+2} & -\varepsilon_n & \ddots & -\varepsilon_1 & 0 & \vdots \\ \vdots & 0 & \ddots & \ddots & \varepsilon_2 & -\varepsilon_0 & 0 \\ 0 & \vdots & \cdots & \varepsilon_5 & -\varepsilon_3 & \varepsilon_1 & 0 \\ 0 & 0 & & \cdots & \varepsilon_4 & -\varepsilon_2 & \varepsilon_0 \end{vmatrix} \quad (5.2\text{-}35)$$

$$N_x = \begin{vmatrix} 0 & 0 & \delta_{n-1} & \delta_{n-2} & \cdots & \delta_1 & \delta_0 \\ -\varepsilon_{n+2} & \varepsilon_n & -\varepsilon_{n-2} & \cdots & & 0 & 0 \\ 0 & -\varepsilon_{n+1} & \varepsilon_{n-1} & \ddots & & \vdots & 0 \\ 0 & \varepsilon_{n+2} & -\varepsilon_n & \ddots & -\varepsilon_1 & 0 & \vdots \\ \vdots & 0 & \ddots & \ddots & \varepsilon_2 & -\varepsilon_0 & 0 \\ 0 & \vdots & \cdots & \varepsilon_5 & -\varepsilon_3 & \varepsilon_1 & 0 \\ 0 & 0 & & \cdots & \varepsilon_4 & -\varepsilon_2 & \varepsilon_0 \end{vmatrix} \quad (5.2\text{-}36)$$

$$N_{\ddot{x}} = \begin{vmatrix} \delta_{n-1} & \delta_{n-2} & \cdots & \delta_1 & \delta_0 & 0 & 0 \\ -\varepsilon_{n+2} & \varepsilon_n & -\varepsilon_{n-2} & \cdots & & 0 & 0 \\ 0 & -\varepsilon_{n+1} & \varepsilon_{n-1} & \ddots & & \vdots & 0 \\ 0 & \varepsilon_{n+2} & -\varepsilon_n & \ddots & -\varepsilon_1 & 0 & \vdots \\ \vdots & 0 & \ddots & \ddots & \varepsilon_2 & -\varepsilon_0 & 0 \\ 0 & \vdots & \cdots & \varepsilon_5 & -\varepsilon_3 & \varepsilon_1 & 0 \\ 0 & 0 & & \cdots & \varepsilon_4 & -\varepsilon_2 & \varepsilon_0 \end{vmatrix} \quad (5.2\text{-}37)$$

$$D_0 = \begin{vmatrix} \kappa_{n+3} & -\kappa_{n+1} & \cdots & & & 0 & 0 \\ -\kappa_{n+4} & \kappa_{n+2} & -\kappa_n & \cdots & & 0 & 0 \\ 0 & -\kappa_{n+3} & \kappa_{n+1} & \ddots & & \vdots & 0 \\ 0 & \kappa_{n+4} & -\kappa_{n+2} & \ddots & -\kappa_1 & 0 & \vdots \\ \vdots & 0 & \ddots & \ddots & \kappa_2 & -\kappa_0 & 0 \\ 0 & \vdots & \cdots & \kappa_5 & -\kappa_3 & \kappa_1 & 0 \\ 0 & 0 & & \cdots & \kappa_4 & -\kappa_2 & \kappa_0 \end{vmatrix} \quad (5.2\text{-}38)$$

$$D_x = \begin{vmatrix} 0 & 0 & \chi_{n+1} & \chi_n & \cdots & \chi_1 & \chi_0 \\ -\kappa_{n+4} & \kappa_{n+2} & -\kappa_n & \cdots & & 0 & 0 \\ 0 & -\kappa_{n+3} & \kappa_{n+1} & \ddots & & \vdots & 0 \\ 0 & \kappa_{n+4} & -\kappa_{n+2} & \ddots & -\kappa_1 & 0 & \vdots \\ \vdots & 0 & \ddots & \ddots & \kappa_2 & -\kappa_0 & 0 \\ 0 & \vdots & \cdots & \kappa_5 & -\kappa_3 & \kappa_1 & 0 \\ 0 & 0 & & \cdots & \kappa_4 & -\kappa_2 & \kappa_0 \end{vmatrix} \quad (5.2\text{-}39)$$

$$D_{\ddot{x}} = \begin{vmatrix} \chi_{n+1} & \chi_n & \cdots & \chi_1 & \chi_0 & 0 & 0 \\ -\kappa_{n+4} & \kappa_{n+2} & -\kappa_n & \cdots & & 0 & 0 \\ 0 & -\kappa_{n+3} & \kappa_{n+1} & \ddots & & \vdots & 0 \\ 0 & \kappa_{n+4} & -\kappa_{n+2} & \ddots & -\kappa_1 & 0 & \vdots \\ \vdots & 0 & \ddots & \ddots & \kappa_2 & -\kappa_0 & \\ 0 & \vdots & \cdots & \kappa_5 & -\kappa_3 & \kappa_1 & \\ 0 & 0 & \cdots & \kappa_4 & -\kappa_2 & \kappa_0 \end{vmatrix} \quad (5.2\text{-}40)$$

在式(5.2-35)~式(5.2-37)中,系数 $\varepsilon_j(j=0,1,\cdots,n+2)$ 由式(5.2-41)得到:

$$\begin{Bmatrix} \varepsilon_0 \\ \varepsilon_1 \\ \vdots \\ \varepsilon_{n-1} \\ \varepsilon_n \\ \varepsilon_{n+1} \\ \varepsilon_{n+2} \end{Bmatrix} = \begin{bmatrix} \alpha_0 & 0 & 0 \\ \alpha_1 & \alpha_0 & 0 \\ \vdots & \alpha_1 & \alpha_0 \\ \alpha_{n-1} & \vdots & \alpha_1 \\ \alpha_n & \alpha_{n-1} & \vdots \\ 0 & \alpha_n & \alpha_{n-1} \\ 0 & 0 & \alpha_n \end{bmatrix} \begin{Bmatrix} 1 \\ 2\zeta_s \\ 1 \end{Bmatrix} \quad (5.2\text{-}41)$$

在式(5.2-38)~式(5.2-40)中,系数 $\kappa_j(j=0,1,\cdots,n+4)$ 由式(5.2-42)得到,系数 $\chi_j>0(j=0,1,\cdots,l+2\leqslant n+1)$, $\chi_j=0(j=l+2,\cdots,n+1)$ 由式(5.2-43)得到,系数 $\vartheta_j(j=0,1,2)$ 由式(5.2-44)得到。

$$\begin{Bmatrix} \kappa_0 \\ \kappa_1 \\ \vdots \\ \kappa_{n-1} \\ \kappa_n \\ \kappa_{n+1} \\ \kappa_{n+2} \\ \kappa_{n+3} \\ \kappa_{n+4} \end{Bmatrix} = \begin{bmatrix} \alpha_0 & 0 & 0 & 0 & 0 \\ \alpha_1 & \alpha_0 & 0 & 0 & 0 \\ \vdots & \alpha_1 & \alpha_0 & 0 & 0 \\ \alpha_{n-1} & \vdots & \alpha_1 & \alpha_0 & 0 \\ \alpha_n & \alpha_{n-1} & \vdots & \alpha_1 & \alpha_0 \\ 0 & \alpha_n & \alpha_{n-1} & \vdots & \alpha_1 \\ 0 & 0 & \alpha_n & \alpha_{n-1} & \vdots \\ 0 & 0 & 0 & \alpha_n & \alpha_{n-1} \\ 0 & 0 & 0 & 0 & \alpha_n \end{bmatrix} \begin{Bmatrix} \gamma_0 \\ \gamma_1 \\ \gamma_2 \\ \gamma_3 \\ \gamma_4 \end{Bmatrix} \quad (5.2\text{-}42)$$

$$\begin{Bmatrix} \chi_0 \\ \vdots \\ \chi_l \\ \chi_{l+1} \\ \chi_{l+2} \\ \vdots \\ \chi_{n+1} \end{Bmatrix} = \begin{bmatrix} \delta_0 & 0 & 0 \\ \vdots & \delta_0 & 0 \\ \delta_l & \vdots & \delta_0 \\ \vdots & \delta_l & \vdots \\ \delta_{n-1} & \vdots & \delta_l \\ 0 & \delta_{n-1} & \vdots \\ 0 & 0 & \delta_{n-1} \end{bmatrix} \begin{Bmatrix} \vartheta_0 \\ \vartheta_1 \\ \vartheta_2 \end{Bmatrix} \quad (5.2\text{-}43)$$

$$\begin{cases} \vartheta_0 = \theta_0^2 = v^4 \\ \vartheta_1 = \theta_1^2 - 2\theta_0\theta_2 = 2v^2(2\zeta_d^2 - 1) \\ \vartheta_2 = \theta_2^2 = 1 \end{cases} \quad (5.2\text{-}44)$$

对于风荷载,滤波多项式取为:

$$\begin{cases} \Lambda_a(\varpi) = \varpi + \omega_a \\ \Delta_a(\omega) = \left[\int_0^\infty |\Lambda_a(i\omega)|^{-2} d\omega \right]^{-1} = \frac{2}{\pi}\omega_a \\ S_{0a} = \sigma_{\xi a}^2 = \int_0^\infty S_{\xi a}(\omega) d\omega \end{cases} \quad (5.2\text{-}45)$$

$$\begin{cases} \Lambda_c(\varpi) = \varpi^2 + \rho_c \omega_c \varpi + v_c^2 \omega_c^2 \\ \Delta_c(\omega) = \left[\int_0^\infty |\Lambda_c(i\omega)|^{-2} d\omega \right]^{-1} = \frac{2}{\pi}\rho_c v_c^2 \omega_c^3 \\ S_{0c} = \sigma_{\xi c}^2 = \int_0^\infty S_{\xi c}(\omega) d\omega \end{cases} \quad (5.2\text{-}46)$$

其中,下标 a 和 c 分别表示顺风向宽带特性和横风向窄带特性的滤波频谱,如图 5.2-6 所示。在无控状态下的响应表示为:

$$\begin{cases} \dfrac{\sigma_{x0}}{\sigma_\xi/\omega_s^2} = \sqrt{\dfrac{\psi_2}{\psi_1\psi_2 - \psi_{12}^2}} \\ \dfrac{\sigma_{\ddot{x}0}}{\sigma_\xi} = \sqrt{\dfrac{\psi_1}{\psi_1\psi_2 - \psi_{12}^2}} \end{cases} \quad (5.2\text{-}47)$$

$$\begin{cases} \psi_1^a = 1 + 2\zeta_s \Omega_a \\ \psi_{12}^a = 1 \\ \psi_2^a = 1 + 2\zeta_s/\Omega_a \end{cases} \quad (5.2\text{-}48)$$

$$\begin{cases} \psi_1^c = 1 + 2\zeta_T \Omega_c v_c^2/\rho_c \\ \psi_{12}^c = 1 + 2\zeta_T/(\rho_c \Omega_c) \\ \psi_2^c = 1 + 2\zeta_T \cdot [2\zeta_T + 1/(\rho_c \Omega_c) + \rho_c \Omega_c]/(v_c \Omega_c)^2 \end{cases} \quad (5.2\text{-}49)$$

式中, $\Omega_{a,c} = \omega_{a,c}/\omega_s$ 为无量纲频率比。

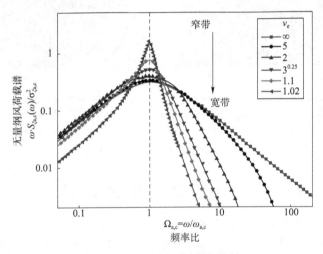

图 5.2-6 风荷载频谱参数与带宽

图 5.2-7 给出了不同带宽风荷载作用下的 $J(v,\zeta_d)$ 曲面的解析解以及 H_2 优化解, 由图可见, 宽带风荷载的最优解更接近白噪声。

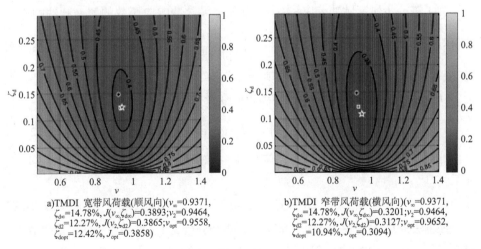

a)TMDI 宽带风荷载(顺风向)($v_\infty=0.9371$, $\zeta_{d\infty}=14.78\%$, $J(v_\infty,\zeta_{d\infty})=0.3893$; $v_2=0.9464$, $\zeta_{d2}=12.27\%$, $J(v_2,\zeta_{d2})=0.3865$; $v_{opt}=0.9558$, $\zeta_{dopt}=12.42\%$, $J_{opt}=0.3858$)

b)TMDI 窄带风荷载(横风向)($v_\infty=0.9371$, $\zeta_{d\infty}=14.78\%$, $J(v_\infty,\zeta_{d\infty})=0.3201$; $v_2=0.9464$, $\zeta_{d2}=12.27\%$, $J(v_2,\zeta_{d2})=0.3127$; $v_{opt}=0.9652$, $\zeta_{dopt}=10.94\%$, $J_{opt}=0.3094$)

图 5.2-7

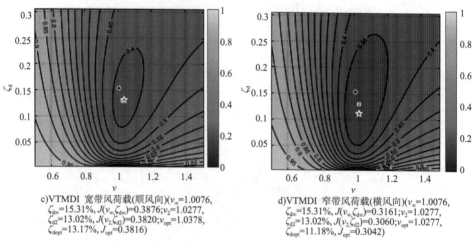

c) VTMDI 宽带风荷载(顺风向)(v_∞=1.0076,
$\zeta_{d\infty}$=15.31%, $J(v_\infty,\zeta_{d\infty})$=0.3876;$v_2$=1.0277,
ζ_{d2}=13.02%, $J(v_2,\zeta_{d2})$=0.3820;v_{opt}=1.0378,
ζ_{dopt}=13.17%, J_{opt}=0.3816)

d) VTMDI 窄带风荷载(横风向)(v_∞=1.0076,
$\zeta_{d\infty}$=15.31%, $J(v_\infty,\zeta_{d\infty})$=0.3161;$v_2$=1.0277,
ζ_{d2}=13.02%, $J(v_2,\zeta_{d2})$=0.3060;v_{opt}=1.0277,
ζ_{dopt}=11.18%, J_{opt}=0.3042)

图 5.2-7　基准工况 GRM 考虑风荷载频谱特性的 H_2 优化

5.2.3　考虑非定常风效应的极点调配参数优化

虽然第 5.2.2 小节得到的优化原则对控制随机激励的响应方差较为有效,但对于具有脉冲效应的突发阵风灾最不利响应,控制效果仍然不足。本小节针对吸振器的抗冲击效应进行进一步研究,拟将该类吸振器推广到非平稳脉冲效应的控制中。

1) 稳定性最大化

为了进一步研究脉冲响应,本小节首先推导脉冲响应函数的解。脉冲响应函数(IRF)是结构在理想脉冲函数 $\delta(t) = \begin{cases} \infty, t=0 \\ 0, 其他 \end{cases}$, $\int_{-\infty}^{\infty} \delta(t)\mathrm{d}t = 1$ 作用下的结构响应,表示为 $\boldsymbol{h}(t) = [h_x(t)\ h_y(t)]^\mathrm{T}$,其中 $h_q(t)$ ($q=x,y$) 对应于不同响应分量。理论上,$h_q(t)$ 为频响函数 $H_q(\mathrm{j}\omega)$ 的逆傅里叶变换,如下:

$$h_q(t) = \frac{1}{2\pi}\int_{-\infty}^{\infty} H_q(\mathrm{j}\omega)\exp(\mathrm{j}\omega t)\mathrm{d}\omega \qquad (5.2\text{-}50)$$

然而,很难通过该方法得到其解析解,一般要通过柯西留数定理进行计算,如下:

$$h_q(t) = \sum_i h_{qi}(t) = \sum_i \mathrm{Res}[H_q(s)\exp(st), s_i] \qquad (5.2\text{-}51)$$

该方法将 $h_q(t)$ 分解为多个分量 $h_{qi}(t)$,每个分量 $h_{qi}(t)$ 对应于传递函数的 $H_q(s)$ 极点 $\Gamma(s_i)=0$。当极点为 r 级极点(s_i 为 $\Gamma(s)=0$ 的 r 重根)时,由下式计算:

$$
\begin{aligned}
h_{qi}(t) &= \mathrm{Res}[H_q(s)\exp(st), s_i] \\
&= \exp(s_i t)\sum_{j=1}^{r}\frac{t^{j-1}}{(r-j)!\ (j-1)!}\lim_{s\to s_i}\frac{\mathrm{d}^{r-j}}{\mathrm{d}s^{r-j}}[(s-s_i)^r H_q(s)]
\end{aligned} \tag{5.2-52}
$$

当极点为 1 级极点（s_i 为 $\Gamma(s)=0$ 的单重根）时，有：

$$
h_{qi}(t) = \exp(s_i t)\lim_{s\to s_i}[(s-s_i)H_q(s)] = \frac{\Theta_q(s_i)}{\Gamma'(s_i)}\exp(s_i t) \tag{5.2-53}
$$

基于上述考虑，将滤波函数表示的四次实系数滤波函数表示为根的形式，如下：

$$
\Gamma(s) = \prod_{i=1}^{4}(s-s_i) = \prod_{i=1}^{4}(s-\lambda_i-\mathrm{j}\omega_i) \tag{5.2-54}
$$

其中，λ_i 和 ω_i 分别为根 s_i 的实部和虚部。根据实系数四次多项式的求根公式，可分为如下九种情况讨论，如图 5.2-8 所示。

情况	$\Gamma(s)=(s-s_1)(s-s_2)(s-s_3)(s-s_4)$							
	s_1		s_2		s_3		s_4	
	λ_1	ω_1	λ_2	ω_2	λ_3	ω_3	λ_4	ω_4
$\Delta=0$，$\Delta_A\Delta_B\Delta_C=0$，$\Delta_E=\Delta_F=0$，$\Delta_D=0$	λ_0	0	λ_0	0	λ_0	0	λ_0	0
$\Delta=0$，$\Delta_A\Delta_B\Delta_C=0$，$\Delta_E=\Delta_F=0$，$\Delta_D>0$	λ_1	0	λ_2	0	λ_1	0	λ_2	0
$\Delta=0$，$\Delta_A\Delta_B\Delta_C=0$，$\Delta_E=\Delta_F=0$，$\Delta_D<0$	λ_0	ω_0	λ_0	$-\omega_0$	λ_0	ω_0	λ_0	$-\omega_0$
$\Delta=0$，$\Delta_A\Delta_B\Delta_C=0$，$\Delta_D\Delta_E\Delta_F\neq0$	λ_1	0	λ_2	0	λ_1	0	λ_1	0
$\Delta=0$，$\Delta_A\Delta_B\Delta_C\neq0$，$\Delta_A\Delta_B>0$	λ_1	0	λ_2	0	λ_3	0	λ_1	0
$\Delta=0$，$\Delta_A\Delta_B\Delta_C\neq0$，$\Delta_A\Delta_B<0$	λ_1	0	λ_1	0	λ_0	ω_0	λ_0	$-\omega_0$
$\Delta>0$	λ_1	0	λ_2	0	λ_0	ω_0	λ_0	$-\omega_0$
$\Delta<0$，$\Delta_D>0$且$\Delta_F>0$	λ_1	0	λ_2	0	λ_3	0	λ_4	0
$\Delta<0$，$\Delta_D\leqslant0$或$\Delta_F\leqslant0$	λ_0	ω_1	λ_2	ω_2	λ_1	$-\omega_1$	λ_2	$-\omega_2$

图 5.2-8　滤波多项式的根及所对应的脉冲响应函数

图中，根的判别式表示为：

$$
\begin{cases}
\Delta_D = (3\gamma_3^2-8\gamma_2)\omega_\mathrm{n}^2 \\
\Delta_E = (-\gamma_3^3+4\gamma_3\gamma_2-8\gamma_4^2\gamma_1)\omega_\mathrm{n}^3 \\
\Delta_F = (3\gamma_3^4+16\gamma_2^2-16\gamma_3^2\gamma_2+16\gamma_3\gamma_1-64\gamma_0)\omega_\mathrm{n}^4 \\
\Delta_A = \Delta_D^2-3\Delta_F \\
\Delta_B = \Delta_D\Delta_F-9\Delta_E^2 \\
\Delta_C = \Delta_F^2-3\Delta_D\Delta_E^2 \\
\Delta = \Delta_B^2-4\Delta_A\Delta_C
\end{cases} \tag{5.2-55}
$$

下面给出上述九种情况下极点及脉冲响应函数的解析表达式，如下：

(1) 当 $\Delta_D = \Delta_E = \Delta_F = 0$ 时，$\lambda_0 = \lambda_i (i=1,2,3,4)$，有：

$$\Gamma(s) = (s-\lambda_0)^4 \tag{5.2-56}$$

$$\lambda_0 = -\frac{\gamma_3}{4}\omega_s \tag{5.2-57}$$

$$h_q(t) = \frac{1}{6}[\Theta_q(\lambda_0)t^3 + 3\Theta_q'(\lambda_0)t^2 + 3\Theta_q''(\lambda_0)t + \Theta_q'''(\lambda_0)] \cdot \exp(\lambda_0 t) \tag{5.2-58}$$

(2) 当 $\Delta_E = \Delta_F = 0$ 且 $\Delta_D > 0$ 时，有：

$$\Gamma(s) = (s-\lambda_1)^2(s-\lambda_2)^2 \tag{5.2-59}$$

$$\lambda_{1,2} = \left(-\frac{\gamma_3}{4} \pm \frac{\sqrt{\Delta_D}}{4}\right)\omega_s \tag{5.2-60}$$

$$h_q(t) = \left[\Theta_q(\lambda_1)t + \Theta_q'(\lambda_1) - \frac{2\Theta_q(\lambda_1)}{\lambda_1-\lambda_2}\right] \cdot \frac{\exp(\lambda_1 t)}{(\lambda_1-\lambda_2)^2} + \left[\Theta_q(\lambda_2)t + \Theta_q'(\lambda_2) + \frac{2\Theta_q(\lambda_2)}{\lambda_1-\lambda_2}\right] \cdot \frac{\exp(\lambda_2 t)}{(\lambda_1-\lambda_2)^2} \tag{5.2-61}$$

(3) 当 $\Delta_E = \Delta_F = 0$ 且 $\Delta_D < 0$ 时，有：

$$\Gamma(s) = (s-\lambda_0 - j\omega_0)^2(s-\lambda_0 + j\omega_0)^2 \tag{5.2-62}$$

$$\lambda_0 = -\frac{\gamma_3}{4}\omega_s, \quad \omega_0 = \frac{\sqrt{\Delta_D}}{4}\omega_s \tag{5.2-63}$$

$$h_q(t) = D_q(t)\exp(\lambda_0 t)\cos[\omega_0 t + \alpha_q(t)] \tag{5.2-64}$$

$$D_q(t)\exp[j\alpha_q(t)] = -\frac{\Theta_q(\lambda_0+j\omega_0)t + \Theta_q'(\lambda_0+j\omega_0)}{2\omega_0^2} - j\frac{\Theta_q(\lambda_0+j\omega_0)}{2\omega_0^3} \tag{5.2-65}$$

(4) 当 $\Delta_D\Delta_E\Delta_F \neq 0$ 且 $\Delta_A = \Delta_B = \Delta_C = 0$ 时，有：

$$\Gamma(s) = (s-\lambda_1)^3(s-\lambda_2) \tag{5.2-66}$$

$$\lambda_1 = \left(-\frac{\gamma_3}{4} - \frac{3\Delta_E}{4\Delta_D}\right)\omega_s, \quad \lambda_2 = \left(-\frac{\gamma_3}{4} + \frac{9\Delta_E}{4\Delta_D}\right)\omega_s \tag{5.2-67}$$

$$h_q(t) = \left\{\frac{\Theta_q(\lambda_1)}{2}t^2 + \left[\Theta_q'(\lambda_1) - \frac{\Theta_q(\lambda_1)}{\lambda_1-\lambda_2}\right]t + \left[\frac{\Theta_q''(\lambda_1)}{2} - \frac{\Theta_q'(\lambda_1)}{\lambda_1-\lambda_2} + \frac{\Theta_q(\lambda_1)}{(\lambda_1-\lambda_2)^2}\right]\right\} \cdot \frac{\exp(\lambda_1 t)}{\lambda_1-\lambda_2} - \frac{\Theta_q(\lambda_2) \cdot \exp(\lambda_2 t)}{(\lambda_1-\lambda_2)^3} \tag{5.2-68}$$

(5) 当 $\Delta_A\Delta_B\Delta_C \neq 0$ 且 $\Delta = 0, \Delta_A\Delta_B > 0$ 时,有:

$$\Gamma(s) = (s-\lambda_1)^2(s-\lambda_2)(s-\lambda_3) \tag{5.2-69}$$

$$\lambda_1 = \left(-\frac{\gamma_3}{4} - \frac{\Delta_A\Delta_E}{2\Delta_B}\right)\omega_s, \quad \lambda_{2,3} = \left(-\frac{\gamma_3}{4} + \frac{\Delta_A\Delta_E}{2\Delta_B} \pm \frac{1}{4}\sqrt{\frac{\Delta_A}{\Delta_B}}\right)\omega_s \tag{5.2-70}$$

$$h_q(t) = \left[\Theta_q(\lambda_1)t + \Theta_q'(\lambda_1) + \frac{\lambda_2+\lambda_3-2\lambda_1}{(\lambda_1-\lambda_2)(\lambda_1-\lambda_3)}\Theta_q(\lambda_1)\right] \cdot \frac{\exp(\lambda_1 t)}{(\lambda_1-\lambda_2)(\lambda_1-\lambda_3)} +$$

$$\frac{1}{\lambda_2-\lambda_3}\left[\frac{\Theta_q(\lambda_2)\cdot\exp(\lambda_2 t)}{(\lambda_2-\lambda_1)^2} - \frac{\Theta_q(\lambda_3)\cdot\exp(\lambda_3 t)}{(\lambda_3-\lambda_1)^2}\right] \tag{5.2-71}$$

(6) 当 $\Delta_A\Delta_B\Delta_C \neq 0$ 且 $\Delta = 0, \Delta_A\Delta_B < 0$ 时,有:

$$\Gamma(s) = (s-\lambda_1)^2(s-\lambda_0-j\omega_0)(s-\lambda_0+j\omega_0) \tag{5.2-72}$$

$$\lambda_{0,1} = \left(-\frac{\gamma_3}{4} \pm \frac{\Delta_A\Delta_E}{2\Delta_B}\right)\omega_s, \quad \omega_0 = \frac{1}{4}\sqrt{\frac{\Delta_A}{\Delta_B}}\omega_s \tag{5.2-73}$$

$$h_q(t) = A_q\exp(\lambda_0 t)\sin(\omega_0 t + \psi_q) +$$

$$\left[\Theta_q(\lambda_1)t + \Theta_q'(\lambda_1) - \frac{2(\lambda_1-\lambda_0)}{(\lambda_1-\lambda_0)^2+\omega_0^2}\Theta_q(\lambda_1)\right] \cdot \frac{\exp(\lambda_1 t)}{(\lambda_1-\lambda_0)^2+\omega_0^2}$$

$$\tag{5.2-74}$$

$$A_q\exp(j\psi_q) = \frac{\Theta_q(\lambda_0+j\omega_0)}{\omega_0[(\lambda_1-\lambda_0)^2-\omega_0^2]-2j\omega_0^2(\lambda_1-\lambda_0)} \tag{5.2-75}$$

(7) 当 $\Delta > 0$ 时,有:

$$\Gamma(s) = (s-\lambda_1)(s-\lambda_2)(s-\lambda_0-j\omega_0)(s-\lambda_0+j\omega_0) \tag{5.2-76}$$

$$\begin{cases}\lambda_{1,2} = \left(-\dfrac{\gamma_3}{4} \pm \dfrac{\operatorname{sgn}(\Delta_E)}{4}\sqrt{\dfrac{\Delta_D+\eta_1^{1/3}+\eta_2^{1/3}}{3}} \pm \dfrac{1}{4}\sqrt{\dfrac{2(\sqrt{\eta_0}+\Delta_D)-(\eta_1^{1/3}+\eta_2^{1/3})}{3}}\right)\omega_s \\ \lambda_0 = \left(-\dfrac{\gamma_3}{4} - \dfrac{\operatorname{sgn}(\Delta_E)}{4}\sqrt{\dfrac{\Delta_D+\eta_1^{1/3}+\eta_2^{1/3}}{3}}\right)\omega_s \\ \omega_0 = \dfrac{1}{4}\sqrt{\dfrac{2(\sqrt{\eta_0}-\Delta_D)+(\eta_1^{1/3}+\eta_2^{1/3})}{3}}\omega_s\end{cases}$$

$$\tag{5.2-77}$$

$$\begin{cases}\eta_{1,2} = \Delta_A\Delta_D + \dfrac{3}{2}(-\Delta_B \pm \sqrt{\Delta}) \\ \eta_0 = \Delta_D^2 - \Delta_D(\eta_1^{1/3}+\eta_2^{1/3}) + (\eta_1^{1/3}+\eta_2^{1/3})2 - 3\Delta_A\end{cases} \tag{5.2-78}$$

$$h_q(t) = A_q\exp(\lambda_0 t)\cos(\omega_0 t - \psi_q) +$$

$$\frac{1}{\lambda_1-\lambda_2}\left[\frac{\Theta_q(\lambda_1)\cdot\exp(\lambda_1 t)}{(\lambda_1-\lambda_0)^2+\omega_0^2}-\frac{\Theta_q(\lambda_2)\cdot\exp(\lambda_2 t)}{(\lambda_2-\lambda_0)^2+\omega_0^2}\right] \quad (5.2\text{-}79)$$

$$A_q\exp(j\psi_q)=\frac{\Theta_q(\lambda_0+j\omega_0)}{(\lambda_0-\lambda_1)(\lambda_0-\lambda_2)-\omega_0^2-j\omega_0(\lambda_1+\lambda_2-2\lambda_0)} \quad (5.2\text{-}80)$$

(8) 当 $\Delta<0$，且 $\Delta_D>0$，$\Delta_F>0$ 时，有：

$$\Gamma(s)=(s-\lambda_1)(s-\lambda_2)(s-\lambda_3)(s-\lambda_4) \quad (5.2\text{-}81)$$

$$\begin{cases}\lambda_{1,2}=\left[-\dfrac{\gamma_3}{4}+\dfrac{\operatorname{sgn}(\Delta_E)}{4}\sqrt{\rho_0}\pm\dfrac{1}{4}(\sqrt{\rho_1}+\sqrt{\rho_2})\right]\omega_s \\ \lambda_{3,4}=\left[-\dfrac{\gamma_3}{4}-\dfrac{\operatorname{sgn}(\Delta_E)}{4}\sqrt{\rho_0}\pm\dfrac{1}{4}(\sqrt{\rho_1}-\sqrt{\rho_2})\right]\omega_s\end{cases} \quad (5.2\text{-}82)$$

$$\begin{cases}\rho_0=\dfrac{1}{3}\left[\Delta_D-2\sqrt{\Delta_A}\cos\left(\dfrac{1}{3}\arccos\dfrac{3\Delta_B-2\Delta_A\Delta_D}{2\Delta_A^{3/2}}\right)\right] \\ \rho_{1,2}=\dfrac{1}{3}\left[\Delta_D-2\sqrt{\Delta_A}\cos\left(\dfrac{1}{3}\arccos\dfrac{3\Delta_B-2\Delta_A\Delta_D}{2\Delta_A^{3/2}}\pm\dfrac{2\pi}{3}\right)\right]\end{cases} \quad (5.2\text{-}83)$$

$$h_q(t)=\frac{1}{\lambda_1-\lambda_2}\left[\frac{\Theta_q(\lambda_1)\cdot\exp(\lambda_1 t)}{(\lambda_1-\lambda_3)(\lambda_1-\lambda_4)}-\frac{\Theta_q(\lambda_2)\cdot\exp(\lambda_2 t)}{(\lambda_2-\lambda_3)(\lambda_2-\lambda_4)}\right]+$$
$$\frac{1}{\lambda_3-\lambda_4}\left[\frac{\Theta_q(\lambda_3)\cdot\exp(\lambda_3 t)}{(\lambda_3-\lambda_1)(\lambda_3-\lambda_2)}-\frac{\Theta_q(\lambda_4)\cdot\exp(\lambda_4 t)}{(\lambda_4-\lambda_1)(\lambda_4-\lambda_2)}\right]$$
$$(5.2\text{-}84)$$

(9) 当 $\Delta<0$，且 $\Delta_D\leq0$ 或 $\Delta_F\leq0$ 时，有：

$$\Gamma(s)=(s-\lambda_1-j\omega_1)(s-\lambda_1+j\omega_1)(s-\lambda_2-j\omega_2)(s-\lambda_2+j\omega_2) \quad (5.2\text{-}85)$$

$$\lambda_{1,2}=-\left(\frac{\gamma_3\pm\sqrt{\rho_1}}{4}\right)\omega_s, \quad \omega_{1,2}=\frac{\operatorname{sgn}(\Delta_E)\sqrt{-\rho_0}\mp\sqrt{-\rho_2}}{4}\omega_s \quad (5.2\text{-}86)$$

$$h_q(t)=A_{q1}\exp(\lambda_1 t)\sin(\omega_1 t+\psi_{q1})+A_{q2}\exp(\lambda_2 t)\sin(\omega_2 t+\psi_{q2}) \quad (5.2\text{-}87)$$

$$\begin{cases}A_{q1}\exp(j\psi_{q1})=\dfrac{\Theta_q(\lambda_1+j\omega_1)}{\omega_1[(\lambda_1-\lambda_2)^2-(\omega_1^2-\omega_2^2)]+2j\omega_1^2(\lambda_1-\lambda_2)} \\ A_{q2}\exp(j\psi_{q2})=\dfrac{\Theta_q(\lambda_2+j\omega_2)}{\omega_2[(\lambda_1-\lambda_2)^2+(\omega_1^2-\omega_2^2)]-2j\omega_2^2(\lambda_1-\lambda_2)}\end{cases} \quad (5.2\text{-}88)$$

由上述解析表达式可以发现，无论根的情况如何复杂，脉冲响应函数中均包含一个指数项，以根的实部为衰减系数，即 $\exp(\lambda_i t)$。由此可以推断，λ_i 的值越负，振动衰减越快。

图 5.2-9 给出了一个二阶振动系统脉冲响应函数随传递函数极点（滤波多项式的根）的变化情况，可以发现根的虚部表示振动频率，实部表征衰减情况。虽然

振动控制系统为四阶系统,情况更为复杂,但有理由据此类比,振动的稳定最大化等价于极点实部的相反数最大化。

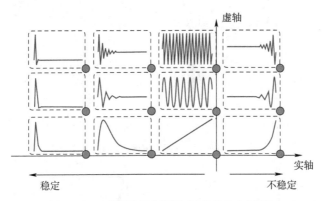

图 5.2-9 二阶系统极点及所对应的脉冲响应函数

因此,可将稳定最大化(Stability Maximization, SM)问题总结为如下优化问题:

$$\begin{cases} \text{求} \quad \text{解:} \quad v_{SM}, \zeta_{dSM} \\ \text{最大化:} \quad \Lambda = -\max_{i=1,2,3,4}(\lambda_i/\omega_s) \\ \text{约} \quad \text{束:} \quad \Gamma(s_i) = \sum_{j=0}^{4}\gamma_j\omega_s^{4-j}s_i^j = 0 \\ \qquad\qquad\quad \lambda_i = Re(s_i); i = 1,2,3,4 \end{cases} \quad (5.2\text{-}89)$$

其中,优化函数 Λ 是无量纲化的极点实部相反数。根据韦达定理,有:

$$-\frac{\lambda_1 + \lambda_2 + \lambda_3 + \lambda_4}{4\omega_s} = \frac{\gamma_3}{4} = \zeta_s + \zeta_d v(1 + t'_v\beta_{eq}) \quad (5.2\text{-}90)$$

从一定的角度看来,Λ 也具有阻尼比的性质。

2) 优化参数特性分析

假设在吸振器中不考虑质量,采用 TVMD 和 TID,对比其稳定性最大解(后文简称 SM 解)的计算结果,如图 5.2-10 所示。从图中可以看出,对于 TVMD,SM 解与 H_∞ 解相差较远;而对于 TID,SM 解较为接近 H_∞ 解,二者有本质的差别。

进一步分析其脉冲响应函数,如图 5.2-11 所示,发现 TVMD 的 SM 解将自由振动衰减曲线几乎变为临界阻尼的无回弹状态,远优于 H_∞ 的控制效果,但相应的刚度和阻尼也较高。但对于 Kelvin-Voigt 型阻尼器(以这里的 TID 为例),SM 解与 H_∞ 解较为接近,虽然 SM 控制下的最大响应略小于 H_∞,但整体振动衰减情况并不优于 H_∞ 控制。因此,对于突发阵风灾这样具有脉冲效应的激励减振控制,推荐采用变式的连接 VTMDI($t_v = 1$)。

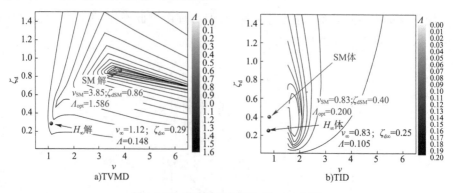

图 5.2-10 稳定性最大解的 $\Lambda(v,\zeta_d)$ 曲面

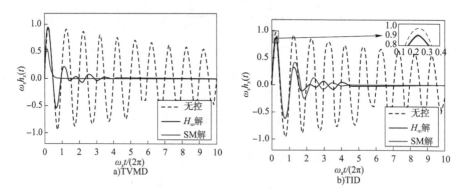

图 5.2-11 SM 与 H_∞ 解下的脉冲响应函数

为进一步探究 VTMDI(TVMD) 的 SM 解的特点,绘制极点辐角随 (v,ζ_d) 的变化等值线图,如图 5.2-12 所示,可以发现 SM 解处于临界阻尼的边缘状态。

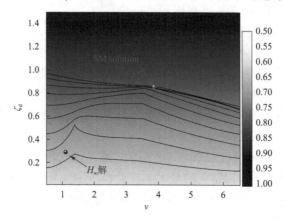

图 5.2-12 稳定性最大解的辐角 (v,ζ_d) 曲面

从 H_∞ 到 SM 解,取组合系数 κ,进行特性的演化分析:

$$\begin{cases} v = (1-\kappa)v_\infty + \kappa v_{\text{SM}} \\ \zeta_d = (1-\kappa)\zeta_{d\infty} + \kappa\zeta_{d\text{SM}} \end{cases} \quad (5.2\text{-}91)$$

其位移脉冲响应函数如图 5.2-13a)所示,TVMD 阻尼力的脉冲响应函数如图 5.2-13b)所示。可以看出,从 H_∞ 到 SM 解甚至超过 SM 解演变,阻尼力逐渐增大,控制比逐渐减小(控制效果增强),如图 5.2-13c)所示。对于动力放大系数,函数由双峰变为单峰,再逐渐消失;峰值先略微增大,后单调减小。而 TMDI 无此类规律。因此,基于固定点理论的 H_∞ 优化解,只针对双峰型动力放大系数函数的区间,超出一定范围,响应曲面可能单调下降无最优解。然而,对于 TVMD,在实际应用中,刚度和阻尼也不是无限制地增大,需要根据相应的设计准则进行调配,这部分内容将在第 5.3 节中讨论。

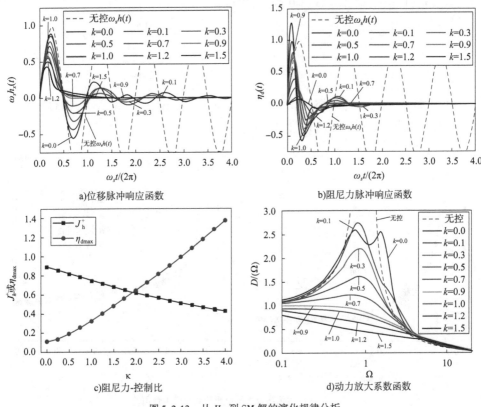

图 5.2-13 从 H_∞ 到 SM 解的演化规律分析

由于 SM 解能够提供脉冲响应的临界阻尼控制状态,具有一定的物理意义,因此,本小节给出 SM 解的计算公式,基于四次方程根的结构,判别式,(5.2-45)中,当 $\Delta=0$ 时,方程存在重根。而当 $\Delta_A=\Delta_B=\Delta_C=\Delta_D=\Delta_E=\Delta_F=0$ 时,$\Gamma(s)=0$ 有四重实根,为 $\lambda_0=-\frac{\gamma_3}{4}\omega_n$。考虑 ζ_{dopt} 远大于 ζ_n,忽略 ζ_n 及其高阶量,可求得 $\beta=0.16$,$v_{\text{opt}}=5.0$,$\zeta_{\text{dopt}}=\sqrt{0.8}\approx 0.894$。当 $\beta>0.16$ 时,根据数值分析结果,发现 $\Gamma(s)=0$ 有二重实根和一对复根,且复根的实部与实根相等,忽略 ζ_n 及其高阶量,可得:

$$\begin{cases} v_{\text{opt}}=\sqrt{\dfrac{3}{4\sqrt{\beta}-3\beta-1}} \\ \zeta_{\text{dopt}}=\sqrt{\dfrac{4}{3}(1-\sqrt{\beta})} \end{cases} \quad (5.2\text{-}92)$$

当 $\beta<0.16$ 时,根据数值分析结果,发现 $\Gamma(s)=0$ 有四个实根,其中主导极点为三重实根,可根据式 $\Delta_A=\Delta_B=0$ 确定,可得:

$$v_{\text{opt}}=\begin{cases}\sqrt{\dfrac{1}{\sqrt{\beta}(\beta+0.34)}},\beta<0.16\\ \sqrt{\dfrac{3}{4\sqrt{\beta}-3\beta-1}},\beta\geq 0.16\end{cases},\quad \zeta_{\text{dopt}}=\begin{cases}\sqrt{\dfrac{0.4096}{\beta(6-7\sqrt{\beta})}},\beta<0.16\\ \sqrt{\dfrac{4}{3}(1-\sqrt{\beta})},\beta\geq 0.16\end{cases} \quad (5.2\text{-}93)$$

基于参数分析,对等效惯质比考虑为 $\beta_{\text{eq}}=\mu_b$。如图 5.2-14 所示,拟合不同情况下的分析结果,得到有理式拟合公式如下:

$$v_{\text{SM}}=\frac{1}{\beta_{\text{eq}}+\chi_1},\quad \zeta_{\text{dSM}}=\frac{\beta_{\text{eq}}+\chi_1}{\beta_{\text{eq}}(\beta_{\text{eq}}+\chi_2)} \quad (5.2\text{-}94)$$

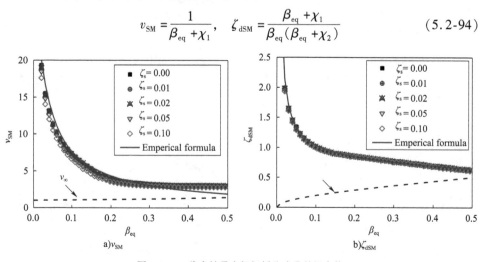

图 5.2-14 稳定性最大解解析公式及其拟合值

其中,拟合参数取为 $\chi_1=0.03$,$\chi_2=1.15$。

5.3 考虑实际应用的气动-机械联合风灾控制技术

结构风响应分为静力和动力两个部分,第5.2节的机械减振装置能够控制振动响应(动力部分),但对静力响应无显著效果;第5.1节的气动减载措施能够降低平均风荷载(静力部分),将二者结合在一起,能够发挥两方面的优势。基于此,本节提出联合减振技术,针对储罐结构的实际安装限制提出实用性设计准则。

5.3.1 气动-机械联合装置安装方案

在第5.2节得到的机械减振装置用在大型储罐的风振响应控制中,可以按照图5.3-1a)、图5.3-1d)的顺序进行吸振连接,这种连接方式为接地的支撑式连接方式,其中调谐质量可以有惯容器完全替代,由于接地设置,设计时可按照 $\varphi_1 = 0$ 进行计算。对于圆筒形储罐结构,当另一端连接罐顶时,取 $\varphi_0 = 1$,否则,可按照线性模态近似取为 $\varphi_0 = h/H$。对于球形储罐结构,可直接连接在球形储罐下部,按照 $\varphi_0 = 1$ 进行设计计算。值得说明的是,当储罐内液位不同时,调谐质量比可能发生变化,可通过第5.3.2小节的方法对调谐参数进行合理调整,也可以按最不利进行设计,同时采用 TID 或 TVMD 取代减振装置中的阻尼器,形成双调谐的振动控制装置(如 RIDTMD),进一步加宽频率响应函数的控制带宽,达到更好的控制效果。除此之外,对于地震烈度较大区域采用隔振设计的储罐,也可利用上述装置对隔震层进行进一步的吸振,进一步降低隔震层的振动响应,达到更优的振动控制效果。

将疏透覆面气动控制与机械减振技术进行结合,可采取适当的连接方法,如图5.3-1g)、图5.3-1h)所示,将疏透覆面材料兼做减振装置的耗能质量。连接时如构件空间,不足也可采用图中的链杆连接方式,这种连接方式能够通过调整链杆的角度对惯容系数进行一定范围内的调整和缩放,此外,弹性元件和阻尼元件也可采用这种方式进行连接和缩放。

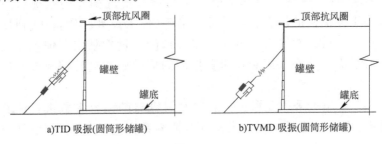

a)TID 吸振(圆筒形储罐)　　　　b)TVMD 吸振(圆筒形储罐)

图 5.3-1

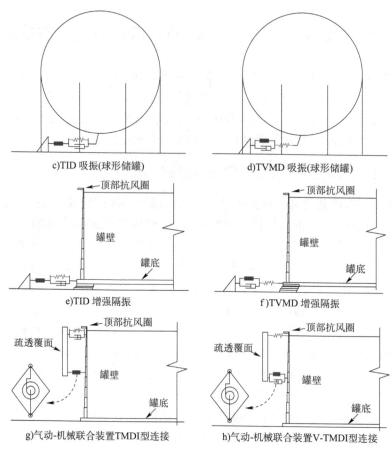

图 5.3-1　气动-机械联合装置连接方式示意图

5.3.2　变调谐参数调控补偿方案

在实际应用中,往往会出现调谐质量与设计出现偏差的情况。一方面可能由于储罐主体结构的模态质量估计不准确,使得设计的质量比、惯质比出现偏离情况;另一方面,存在液位变化对主结构的质量贡献出现偏差导致调谐参数变化,因此,有必要在实际结构风振控制的应用中对这些偏离效应进行一定的补偿。

图 5.3-2 给出了采用菱形链杆装置对惯容器的惯容系数进行缩放的一种装置及方案,图中可通过链杆的夹角 θ 对惯容系数进行放大,等效惯容系数表示为:

$$b_e = b \cdot \tan^2\theta \tag{5.3-1}$$

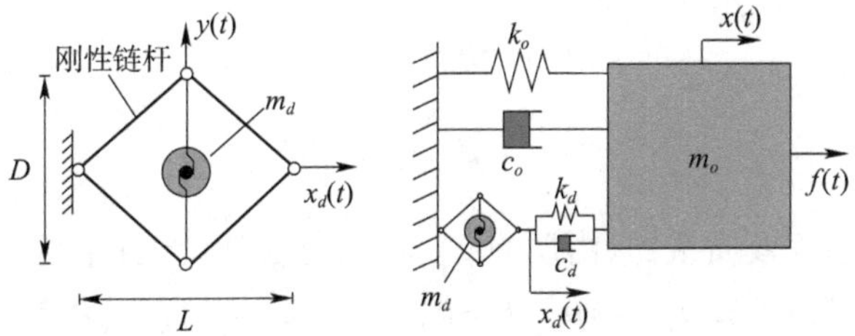

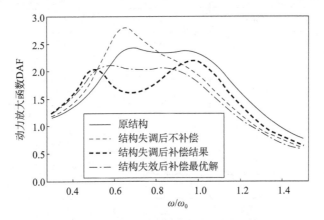

图 5.3-2 变调谐装置补偿方案示意图

通过调节链杆几何构造,可使得惯容系数在 0.5~3 倍间变化,实现对变调谐效应的补偿,使得频响函数出现等值双峰的最优状态,如图 5.3-3 所示。

图 5.3-3 变调谐装置补偿的动力放大函数

5.3.3 基于等效质量比的惯容增强吸振器设计准则

由于广义变式调谐惯质阻尼器参数较多,H_∞ 解表达形式较为复杂,且 H_2 优化解又无解析表达式,因此,需要根据优化结果提供便捷设计的经验公式,以简化吸振器的设计过程。本小节提出一种等效质量比的设计方法,给出参数优化的经验公式以及优化设计准则。

1)优化参数经验公式

通过第 5.2.3 小节的 H_∞ 最优频率比 v_∞、动力放大系数 D_{opt}、阻尼比 $\zeta_{d\infty}$(表 5.2-3~表 5.2-5),可以总结出优化参数和一种等效质量比有关,这样就可以把惯容的作用等效为质量作用。将 TMDI/VTMDI 简化为 TMD/VTMD 分析,提高设计效率。等效质量比定义为:

$$\mu_{eq} = \mu_m + \mu_b = \mu\varphi_0^2 + \beta(\varphi_0 - \varphi_1)^2 \tag{5.3-2}$$

$$\begin{cases} \mu_m = \mu\varphi_0^2 \\ \mu_b = \beta(\varphi_0 - \varphi_1)^2 \end{cases} \tag{5.3-3}$$

其中,μ_{eq}为总等效质量比,由质量μ_m和惯容μ_b两部分组成。由此,GRM(t_v, μ, β, φ_0, φ_1)转化为GRM(t_v, $\mu=\mu_{eq}$, $\beta=0$, $\varphi_0=1$, $\varphi_1=0$)。各种吸振器的等效质量比见表5.3-1。

广义变式调谐惯质阻尼器的等效质量比　　　　　表5.3-1

变体名称		μ_m	μ_b	μ_{eq}
TMDI($t_v=0$)	cTMD	μ	0	μ
	gTMD	$\mu\varphi^2$	0	$\mu\varphi^2$
	cTID	0	β	β
	gTID	0	$\beta(\varphi_0-\varphi_1)^2$	$\beta(\varphi_0-\varphi_1)^2$
	cTMDI	μ	β	$\mu+\beta$
	tTMDI	μ	$\beta(1-\varphi)^2$	$\mu+\beta(1-\varphi)^2$
	gTMDI	$\mu\varphi_0^2$	$\beta(\varphi_0-\varphi_1)^2$	$\mu\varphi_0^2+\beta(\varphi_0-\varphi_1)^2$
VTMDI($t_v=1$)	cVTMD	μ	0	μ
	bVTMD	$\mu\varphi^2$	0	$\mu\varphi^2$
	gVTMD	$\mu\varphi_0^2$	0	$\mu\varphi_0^2$
	cVTID	0	β	β
	gVTID	0	$\beta(\varphi_0-\varphi_1)^2$	$\beta(\varphi_0-\varphi_1)^2$
	cVTMDI	μ	β	$\mu+\beta$
	bVTMDI	$\mu\varphi^2$	$\beta\varphi^2$	$(\mu+\beta)\varphi^2$
	gVTMDI	$\mu\varphi_0^2$	$\beta(\varphi_0-\varphi_1)^2$	$\mu\varphi_0^2+\beta(\varphi_0-\varphi_1)^2$

根据考虑风荷载频谱的H_2优化结果,对优化参数进行拟合,得到最优参数经验公式如下:

$$v_{opt}^{TMDI} = \frac{1}{1+\mu_{eq}}, \quad \zeta_{dopt}^{TMDI} = \frac{1}{2}\sqrt{\frac{\mu_{eq}}{1+\mu_{eq}}} \tag{5.3-4}$$

$$v_{\text{opt}}^{\text{VTMDI}} = \sqrt{\frac{1}{1-\mu_{\text{eq}}}}, \quad \zeta_{\text{dopt}}^{\text{TMDI}} = \sqrt{\frac{3\mu_{\text{eq}}}{4(2-\mu_{\text{eq}})}} \quad (5.3\text{-}5)$$

图 5.3-4 给出了由经验公式得到的最优控制比与数值分析结果的对比,可以发现当惯容对质量比的贡献超过质量块时,$\mu_b/\mu_m \geq 1$,经验公式是有效的,否则存在一定偏差,公式的使用范围将在下一节进一步讨论。经验公式计算吸振器最优参数(v_{opt}, ζ_{dopt})随等效质量比的变化如图 5.3-5 所示。

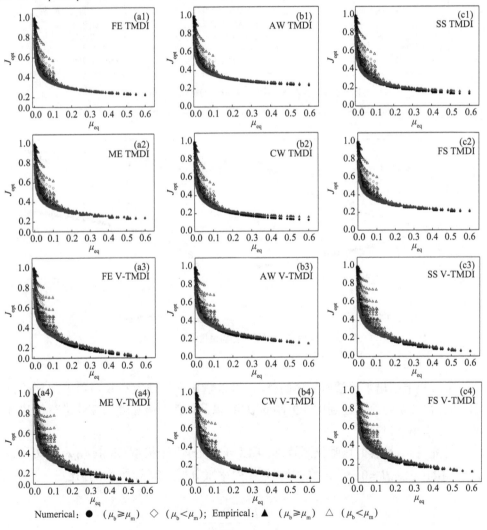

图 5.3-4

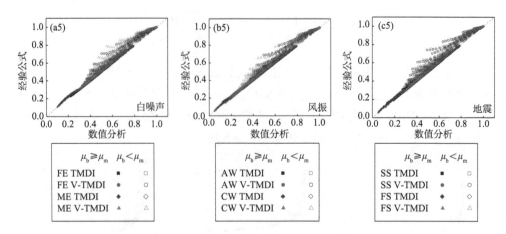

图 5.3-4 经验公式计算的控制比与数值分析的对比

FE 为荷载激励；AW 为顺风向；SS 为软土；ME 为振动激励；CW 为横风向；F 为硬土

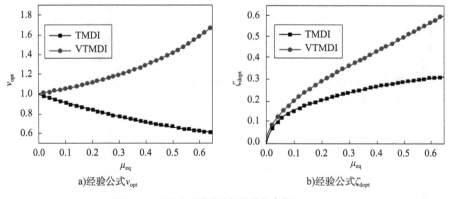

a)经验公式 v_{opt}　　　　　　　　　b)经验公式 ζ_{dopt}

图 5.3-5 经验公式计算吸振器最优参数（v_{opt}, ζ_{dopt}）

2）优化设计准则

上一小节给出了等效质量比的概念，可以量化评估惯容在吸振器中起到的作用，那么惯容是否总是起到增强控制的效果，以及如何对吸振器的变体进行优化选型，将在本小节讨论。

首先，针对惯容的增强控制效果，可以通过对比两个模型 $\mathrm{GRM}(t_v, \mu, \boldsymbol{\beta}>0, \varphi_0, \varphi_1)$、$\mathrm{GRM}(t_v, \mu, \boldsymbol{\beta}=0, \varphi_0, \varphi_1)$ 的最优控制效率来分析。定义惯容增强比：

$$R_{in} = \frac{J_{opt}(\beta>0)}{J_{opt}(\beta=0)} \tag{5.3-6}$$

当 $R_{in}<1$ 时惯容起到增强控制的作用,反之,惯容器的施加并不能够在 TMD/VTMD 的基础上增强控制效率。

根据上一小节的讨论发现,$\mu_b/\mu_m \geq 1$ 时,经验公式适用。假设此时 $R_{in}<1$,通过统计假设检验方法验证该假设。定义如下假设命题:

(1) 零假设(Hyp0): $\mu_b/\mu_m \geq 1 => R_{in}<1$。
(2) 备择假设(Hyp1): $\mu_b/\mu_m \geq 1 => R_{in} \geq 1$。
(3) 第Ⅰ类统计错误的概率 $p_1 = P(R_{in}<1 | \mu_b/\mu_m <1)$。
(4) 第Ⅱ类统计错误的概率 $p_2 = P(R_{in} \geq 1 | \mu_b/\mu_m \geq 1)$。

如图 5.3-6 所示,利用大量算例分析结果统计两类统计错误的概率可以发现,$p_1 = 1296/4500 = 0.288$,$p_2 = 0/7200 < 0.001$。p_1 较大而 p_2 非常小,说明该假设虽然具有很强的检验效能,但限制条件过强,可适当放宽。因此,定义一个等效质量比之商的临界值 $\mu_b/\mu_m \geq m_{Cr}$ 重新迭代检验。

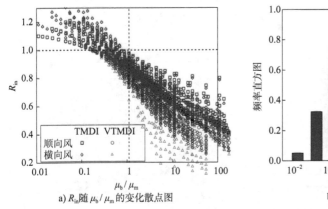
a) R_{in} 随 μ_b/μ_m 的变化散点图

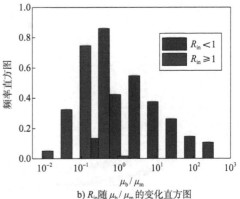
b) R_{in} 随 μ_b/μ_m 的变化直方图

图 5.3-6 R_{in} 随 μ_b/μ_m 的变化数值分析结果

迭代假设检验的结果,p_1 和 p_2 随临界值的变化情况如图 5.3-7 所示。可见当临界值取为 0.3 时,两类统计错误的概率接近,均不超过 3.5%。由此得到,惯容增强作用的准则为 $\mu_b/\mu_m \geq 0.3$。经进一步验证发现,此时经验公式的适用性较强,且最优控制比主要随总等效质量比呈现单调变化,如图 5.3-8 所示。

工程上使用吸振器还需要考虑阻尼连接形式的选型,即选择 TMDI 的连接形式还是 VTMDI 的连接形式。由于 VTMDI 达到最优控制时,所需的阻尼和刚度较大,控制效果可能使得成本增加,因此,需要一个显著性准则进行判别。为此,定义变体增强比:

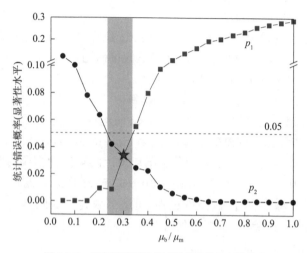

图 5.3-7 两类统计错误概率随临界值的变化曲线

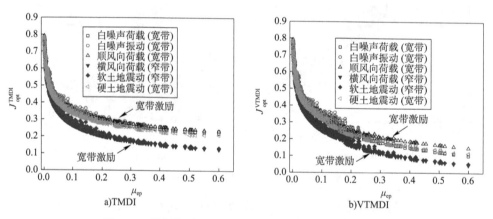

图 5.3-8 惯容增强控制条件下最优控制比随等效质量比的变化

$$R_v = \frac{J_{opt}(t_v=1,\mu,\beta,\varphi_0,\varphi_1)}{J_{opt}(t_v=0,\mu,\beta,\varphi_0,\varphi_1)} \quad (5.3\text{-}7)$$

当 $R_v<1$ 时，VTMDI 控制效果比 TMDI 好，反之则相反。将所得数值分析结果在图 5.3-9a) 中展示，可以发现当总等效质量比超过一定临界值时，VTMDI 显著优于 TMDI。为确定该临界值，考虑质量比的随机性进行假设检验，显著性指标随等效质量比的变化如图 5.3-9b) 所示。可以发现，对于宽带激励，该临界值略高于窄带激励，总体看来，当 $\mu_{eq}>0.15$ 时，VTMDI 控制效果显著优于 TMDI。

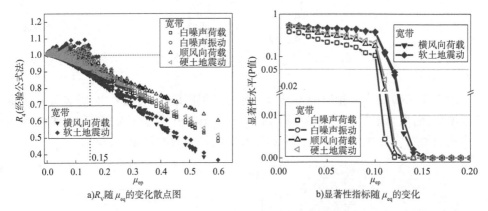

a) R_v 随 μ_{eq} 的变化散点图   b) 显著性指标随 μ_{eq} 的变化

图 5.3-9 R_v 及其显著性指标随 μ_{eq} 的变化

5.3.4 考虑实际应用的阻尼力-脉冲控制比联合优化方法

考虑实际应用中设计准则的多种选择，一种是尽量减小阻尼力到一个合理的范围，使得阻尼器持续提供控制效果，减少维护成本；二是尽可能加大阻尼，不惜阻尼器破坏和更换的成本以保护主结构。基于不同的设计需求，可采取不同的优化策略。

基于 5.2.3 节的演变分析，定义不同组合系数 κ 下的阻尼力和脉冲控制比，如下：

$$\eta_{dmax} = \max\left[2\beta\zeta_d v\, \dot{h}_y(t)\right] \tag{5.3-8}$$

$$J_h^+ = \frac{\max[h_x(t)]}{\max[h(t)]} \tag{5.3-9}$$

对于阻尼力-脉冲控制比联合优化，寻求最优的组合系数，使得 $\eta_{dmax}(\kappa) \cdot [J_h^+(\kappa)]^\alpha$ 达到最大，该指标为阻尼力和脉冲控制比的幂乘积，幂指数 α 可根据设计需求调控，这里假设 κ 不超过 1 的设计条件，建议取 α 为 3。优化时还需要同时兼顾控制比的需求 $J_h^+ \leq (J_h^+)_{req}$，以及阻尼力的限制条件 $\eta_{dmax} \leq (\eta_{dmax})_{ltd}$。综上，联合优化表示为如下优化问题：

$$\begin{cases} 求\ 解: & \kappa_{opt} \\ 最大化: & \eta_{d\,max}(\kappa) \cdot [J_h^+(\kappa)]^\alpha \\ 约\ 束: & \kappa_{min} \leq \kappa \leq \kappa_{max} \\ & J_h^+(\kappa_{min}) = (J_h^+)_{req} \\ & \eta_{d\,max}(\kappa_{max}) = (\eta_{d\,max})_{ltd} \end{cases} \tag{5.3-10}$$

对不同等效惯质比的 H_∞ 和 SM 结果进行联合优化，可得到图 5.3-10 所示的优化结果。对优化后的最优参数进行进一步的有理函数拟合，见下式：

$$v_{opt} = \frac{\beta_{eq} + \delta_1}{\beta_{eq} + \delta_2}, \quad \zeta_{dopt} = \frac{\beta_{eq} + \delta_2}{\delta_3 \beta_{eq}} \qquad (5.3\text{-}11)$$

其中,拟合参数为 $\delta_1 = 0.5, \delta_2 = 0.025, \delta_3 = 1.75$,拟合效果如图 5.3-10b)和图 5.3-10c)所示。

图 5.3-10d)给出了相应的阻尼力和脉冲控制比结果,可以看出,随着等效惯质比的增加,阻尼力增加,控制比减小,当 $\beta_{eq} > 0.2$,变化趋势不显著,由此建议等效惯质比取值建议为 $0.05 \sim 0.2$,最不利脉冲响应控制效率可超过 30%。

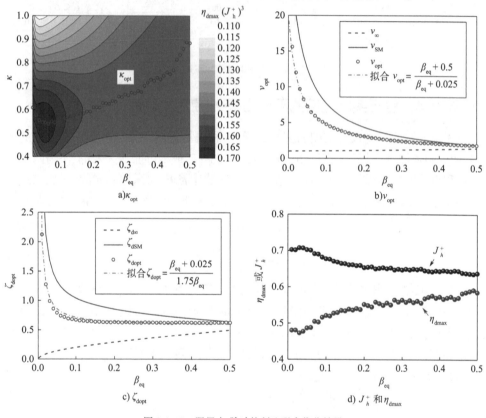

图 5.3-10 阻尼力-脉冲控制比联合优化结果

5.4 港口大型石化储罐风振控制减灾效果分析

本节基于上述吸振器的参数优化方法及设计准则,结合本研究得到的港口大型石化储罐风荷载及风效应特性给出一系列数值算例,一方面对本章提出的准则进行实际工程验证,另一方面也给出港口大型石化储罐风振控制减灾效果分析。

5.4.1 平稳强风响应控制效果

针对平稳常态风振响应,利用第 5.2 节的分析方法,结合第 5.3 节的吸振器参数优化方法给出如下数值算例,验证所提出的优化方法、经验公式、设计准则的实际效果。分析的吸振器工况见表 5.4-1。其中基本工况取为 GRM($t_v = 0$ 或 $1, \mu = 0.05, \beta = 0.2, \varphi_0 = 0.9, \varphi_1 = 0.5$),在此基础上为进一步验证准则的效果,将连接位置变化参数 φ_1 分别变化为 $0.1, 0.3, 0.7$,使得等效质量比之商 μ_b/μ_m 从 0.198 变化到 3.160,总等效质量比从 0.485 变化到 0.1685,涵盖了准则两侧的区间。

港口大型石化储罐平稳常态风振响应控制算例分析吸振器参数　　表 5.4-1

变体名称	t_v	μ	β	φ_0	φ_1	μ_m	μ_b	μ_{eq}	μ_b/μ_m	v_{opt}	ζ_{dopt}(%)
TMDI	0	0.05	0.2	0.9	0.1	0.0405	0.128	0.1685	3.160	0.856	18.99
eqcTMD	0	0.1685	0	1	0	—	—	—	—	0.856	18.99
gTMD	0	0.05	0	0.9	0.1	—	—	—	—	0.952	10.91
VTMDI	1	0.05	0.2	0.9	0.1	0.0405	0.128	0.1685	3.160	1.097	26.27
eqcVTMD	1	0.1685	0	1	0	—	—	—	—	1.097	26.27
gVTMD	1	0.05	0	0.9	0.1	—	—	—	—	1.026	13.87
TMDI	0	0.05	0.2	0.9	0.3	0.0405	0.072	0.1125	1.178	0.899	15.90
eqcTMD	0	0.1125	0	1	0	—	—	—	—	0.899	15.90
gTMD	0	0.05	0	0.9	0.3	—	—	—	—	0.952	10.91
VTMDI	1	0.05	0.2	0.9	0.3	0.0405	0.072	0.1125	1.178	1.062	21.14
eqcVTMD	1	0.1125	0	1	0	—	—	—	—	1.062	21.14
gVTMD	1	0.05	0	0.9	0.3	—	—	—	—	1.026	13.87
TMDI	0	0.05	0.2	0.9	0.5	0.0405	0.032	0.0725	0.790	0.932	13.00
eqcTMD	0	0.0725	0	1	0	—	—	—	—	0.932	13.00

续上表

变体名称	t_v	μ	β	φ_0	φ_1	μ_m	μ_b	μ_{eq}	μ_b/μ_m	v_{opt}	ζ_{dopt} (%)
gTMD	0	0.05	0	0.9	0.5	—	—	—	—	0.952	10.91
VTMDI	1	0.05	0.2	0.9	0.5	0.0405	0.032	0.0725	0.790	1.038	16.80
eqcVTMD	1	0.0725	0	1	0	—	—	—	—	1.038	16.80
gVTMD	1	0.05	0	0.9	0.5	—	—	—	—	1.026	13.87
TMDI	0	0.05	0.2	0.9	0.7	0.0405	0.008	0.0485	0.198	0.954	10.75
eqcTMD	0	0.0485	0	1	0	—	—	—	—	0.954	10.75
gTMD	0	0.05	0	0.9	0.7	—	—	—	—	0.952	10.91
VTMDI	1	0.05	0.2	0.9	0.7	0.0405	0.008	0.0485	0.198	1.025	13.65
eqcVTMD	1	0.0485	0	1	0	—	—	—	—	1.025	13.65
gVTMD	1	0.05	0	0.9	0.7	—	—	—	—	1.026	13.87

典型基准工况的风振响应控制情况如图5.4-1所示,可以发现,吸振器对具有窄带特性的横风共振控制效果更显著。所有工况下的平稳常态风振控制统计结果如图5.4-2所示,通过对比可以发现如下规律:

(1)通过等效质量比,在$\varphi_1=0.1,0.3,0.5$的工况下,$\mu_b/\mu_m \geq 0.790(>0.3)$ TMDI/VTMDI与其相应的等效工况 eq cTMD/eq cVTMD 控制结果较为接近,验证了本书第5.3.3小节等效质量比方法的适用性。

(2)在上述工况,TMDI/VTMDI 的控制效果优于相应的 TMD/VTMD 工况,而当$\varphi_1=0.7$时,TMDI/VTMDI控制效果不如相应的 TMD/VTMD 工况,从而验证了本书第5.3.3小节惯容增强准则的适用性。

(3)在$\varphi_1=0.1$工况,$\mu_{eq}=0.1685>0.15$可以明显观察到 VTMDI 控制效果由于 TMDI,验证了本书第5.3.3小节变体选型准则的适用性。

(4)统计分析发现,采用 TMDI/V-TMDI 对大型储罐结构最不利风振响应控制时,顺风向脉动响应控制率可达40%以上,横风向脉动响应控制率可达60%以上,综合看来,最不利极值风致响应控制率约为30%。

5 港口大型石化储罐结构气动-机械联合风灾效应控制技术

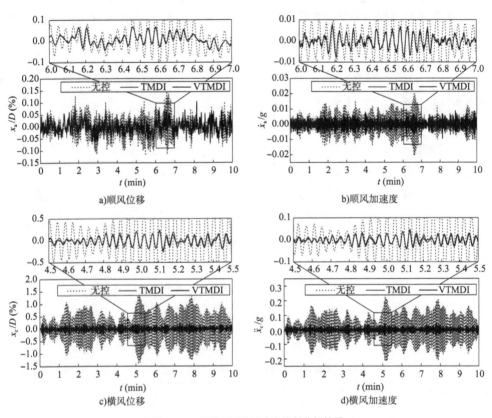

图 5.4-1 基准工况风振响应控制分析结果

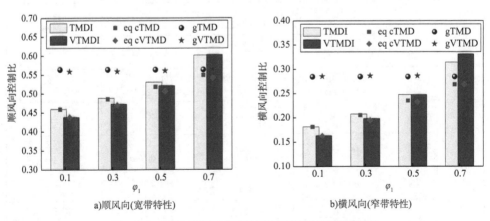

图 5.4-2 所有工况平稳常态风振响应控制分析结果统计量

除此之外,还可考虑将 TMD 中的阻尼器替换为惯质串并联系统 C3、C4 和 C6,形成惯容双调谐控制系统,如图 5.4-3 所示。基于第 5.2 节的解析优化算法得到系统的解析优化参数,将结果进行有理式简化形成经验公式,见表 5.4-2。

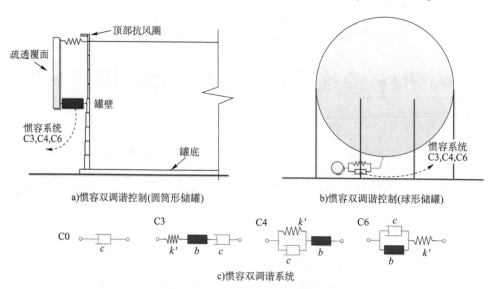

图 5.4-3 惯容双调谐系统对大型石化储罐风振响应的控制

惯容双调谐系统优化参数经验公式 表 5.4-2

参数		C3	C4	C6	TMD(C0)
H_∞	δ_{opt}	$\dfrac{2.6\mu}{1+\mu}$	$\dfrac{2.5\mu}{1+2.5\mu}$	$\dfrac{2.3\mu}{(1+2.3\mu)^2}$	—
	v_{opt}	$\dfrac{1}{1+\mu}$	$\dfrac{1}{1+0.52\mu}$	$\dfrac{1}{1+1.6\mu}$	$\dfrac{1}{1+\mu}$
	β_{opt}	$1+0.5\mu$	$\dfrac{1+3.4\mu}{1+5\mu}$	$1+2.4\mu$	—
	ζ_{dopt}	$\sqrt{\dfrac{0.3\mu}{1+\mu}}$	$\left(\dfrac{2\mu}{1+4\mu}\right)^{3/2}$	$\left(\dfrac{1.8\mu}{1+2\mu}\right)^{3/2}$	$\sqrt{\dfrac{3\mu}{8(1+\mu)}}$
H_2	δ_{opt}	$\dfrac{2\mu}{1+\mu}$	$\dfrac{\mu}{0.53+\mu}$	$\dfrac{2\mu}{(1+2\mu)^2}$	—
	v_{opt}	$\dfrac{1}{1+0.6\mu}$	$\dfrac{1}{1+0.36\mu}$	$\dfrac{1}{1+0.94\mu}$	$\sqrt{\dfrac{2+\mu}{2(1+\mu)^2}}$
	β_{opt}	$1+0.5\mu$	$\dfrac{1+3\mu}{1+4\mu}$	$1+2\mu$	—
	ζ_{dopt}	$\sqrt{\dfrac{\mu}{3(1+\mu)}}$	$\left(\dfrac{1.35\mu}{1+3\mu}\right)^{3/2}$	$\left(\dfrac{1.45\mu}{1+2\mu}\right)^{3/2}$	$\sqrt{\dfrac{\mu(4+3\mu)}{8(1+\mu)(2+\mu)}}$

对上述惯容双调谐系统进行频率响应分析，得到频响函数如图5.4-4所示，可以发现双调谐系统频响函数以三峰为主，较传统TMD控制系统控制频率更宽，能够更好地控制储罐变频系统的振动响应。此外，还可以发现C3、C4、C6三种连接方式的频响函数较为接近，控制效果也比较接近。

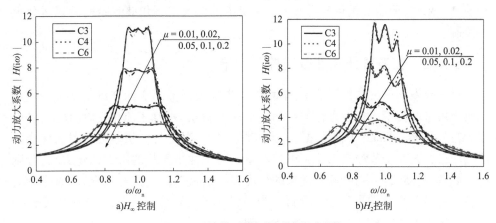

图5.4-4 惯容双调谐系统最优频响函数

为进一步分析该系统对储罐结构风振控制的优势，给出最优控制比随结构阻尼比和调谐质量比的变化规律，可将最优控制比按照式(5.4-1)进行经验公式拟合，其中，α、β和χ为根据参数分析得到的待定参数，r为阻尼比指数，顺风向取2.0，横风向取1.5，见表5.4-3。

惯容双调谐系统控制比拟合参数　　　　表5.4-3

参数		χ	α	β
顺风向 （宽带特性）	双调谐系统	0.20	0.63	0.40
	传统TMD	0.17		
横风向 （窄带特性）	双调谐系统	0.80	0.80	
	传统TMD	0.64		

$$J = \frac{1}{[1+\chi(\mu/\zeta_n^r)^\alpha]^\beta} \quad (5.4\text{-}1)$$

将双调谐系统和传统TMD分析结果进行比较可发现，双调谐系统换算为等效单调谐系统的等效质量比，按式(5.4-2)计算：

$$\frac{\mu_{\text{IDTMD}}}{\mu_{\text{TMD}}} = \left(\frac{\chi_{\text{TMD}}}{\chi_{\text{IDTMD}}}\right)^{1/\alpha} \quad (5.4\text{-}2)$$

将表 5.4-3 中的参数拟合结果代入式(5.4-2)中可得,对于顺风向和横风向,$\mu_{\text{IDTMD}}/\mu_{\text{TMD}}$ 值分别为 0.76 和 0.77,说明采用双调谐系统进行吸振设计,在同等振动控制效果时,调谐质量可降低 24%,实现了港口大型石化储罐结构的轻量化风振控制。

5.4.2 突发阵风灾变效应控制效果

对于突发阵风灾的控制效果,本算例首先取天津港的实际气象数据进行理想突风建模考虑其不确定性进行非平稳效应统计分析,再基于 WindEEE Dome 实验室的雷暴风 Benchmark 试验数据,考虑实际雷暴风况进行分析。吸振器的优化方法按照第 5.2.3 小节和第 5.3.4 小节的基于稳定性最大化的参数优化方法,分别取 SM 解[式(5.2-94)]和联合优化的最优解[式(5.3-11)]进行计算,同时作为对比,对 H_∞ 解的控制效果也进行分析。为确保分析具有统计意义,对于不确定性分析开展了 10^4 次重复随机模拟,进行显著性检验。

在实测天津港的实际气象数据进行理想突风分析中,对于某一个样本的风振控制和阻尼力时程响应如图 5.4-5 所示。从图中可以发现,采用本书提出的最优控制方法,控制后的最不利响应为 H_∞ 解的 83.4%,仅超过 SM 最优控制的 2%,而阻尼力却仅为 SM 控制的 71.8%。对 10^4 次重复随机模拟结果进行显著性分析的结果如图 5.4-6 所示。可见,本书最优控制方法能够较 H_∞ 解显著提升控制效果,其响应控制效果与 SM 解无显著性差异,但阻尼力显著低于 SM 解。

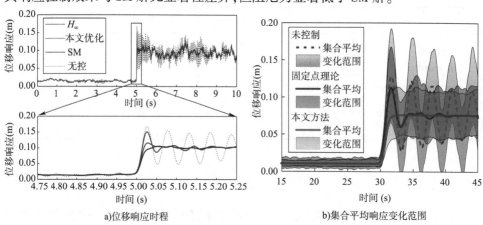

a)位移响应时程　　　　b)集合平均响应变化范围

图 5.4-5

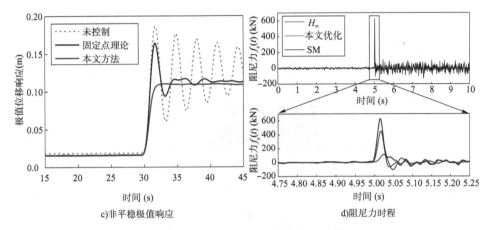

c) 非平稳极值响应　　　　　　　d) 阻尼力时程

图 5.4-5　突发阵风风振控制时程响应曲线

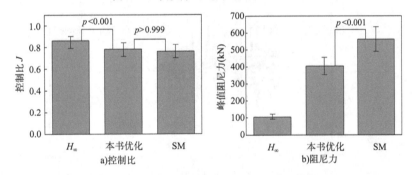

a) 控制比　　　　　　　　b) 阻尼力

图 5.4-6　突发阵风风振控制效果的显著性分析

基于 WindEEE Dome 实验室的雷暴风 Benchmark 试验数据，风速样本时程如图 5.4-7 所示。进行雷暴风作用下的港口大型石化储罐结构风振响应时程分析以及风振控制效果分析，得到最不利风振响应位移时程、阻尼力时程，如图 5.4-8 所示。

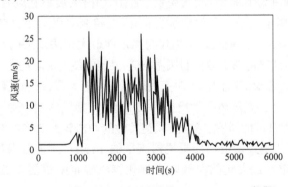

图 5.4-7　雷暴风样本风速时程曲线（WindEEE Dome 数据）

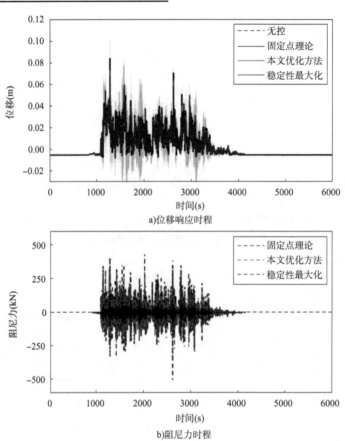

图 5.4-8 雷暴风作用下港口大型石化储罐结构风振响应

由图可见,与理想突发阵风模型得到的结果类似,采用本书方法能够较好地控制雷暴风作用下的非平稳风振响应,采用稳定性最大化法,最不利风振响应控制率可达31.2%,考虑实际阻尼力最不利效应综合优化后,控制率仍达25.6%,控制率较传统固定点理论提高64%。且最大阻尼力仅为稳定性最大化法结果的67.6%,说明本书提出的综合优化方法既能够有效控制风振响应,又能够使附加阻尼力在可接受范围内。

根据统计分析结果,综合看来,对突发阵风作用下大型石化储罐最不利响应控制率达均到20%以上(突发阵风数学模型为22.1%,雷暴风为25.6%)。而根据第5.3节对突发阵风致灾机理的研究,考虑阵风突发性的冲击放大效应在10%~20%之间。由此可见,采用广义变式调谐惯质阻尼器族中的TVMD(调谐黏滞质量阻尼器),利用本书中基于稳定性最大化的参数联合优化算法确定阻尼器参数,能够有效控制突发阵风的灾害效应。

5.4.3 抗风屈曲承载力提升效果

针对储罐的风致屈曲效应,在第5.4节得出的抗风圈设计方法能够提供大量可选择的优化设计供设计研究选择,但该方法仍不便于工程设计人员掌握,基于对设计结果的进一步分析并考虑实际构造需求,结合本章的气动-机械联合控制减灾技术,进一步形成了港口大型圆筒形储罐结构抗风圈实用优化设计方法,能够快速有效地得到储罐钢结构抗风圈的最经济设计方案。具体步骤如下:

(1)建立储罐有限元模型,利用壳单元模拟储罐罐壁和抗风圈,单元划分时在抗风圈的相应高度上设置节点,并输入抗风圈的截面和数量自动建模,以实现抗风圈的参数化建模。

(2)根据风洞试验或CFD数值模拟结果得到的储罐净压系数,如采取气动措施构造采用本书第5.1节风洞试验结果,再乘以可调整的参考风压 w,换算到节点或单元相应的位置,加载在有限元模型上。

(3)进行特征值屈曲分析,并以一阶模态的模式在储罐上施加初始缺陷,用于后续承载力分析。

(4)定义抗风圈设计参数空间(其中圈数为 n,用钢量为 B,间距为 d)及各个参数的取值范围和步长增量,得到设计参数空间: (n_i, B_j, d_k),其中 $i=1,\cdots,N; j=1,\cdots,J; k=1,\cdots,K$。

(5)在抗风圈设计参数空间选取参数取值,利用有限元方法进行储罐动力屈曲分析(可采用等效的简化分析方法,见本书第4.4节),得到设计参数与储罐动力抗风屈曲承载力之间的关系 $w_{cr}(n,B,d)$。

其中具体优化策略迭代方法如下:

①对于抗风圈圈数 $n=n_i=i$,用钢量 $B=B_j=j\Delta B$,依次计算间距 $d=d_k=k\Delta d$ 时的 $w_{cr}(n_i,B_j,d_k)$,初始地,k 从1开始依次增大,直到 $w_{cr}(n_i,B_j,d_k)<w_{cr}(n_i,B_j,d_{k-1})$ 时停止,将此时的 $k-1$ 记为 k_{ij},为抗风圈圈数 i,用钢量 B_j 下的最优间距 d_k,此时的承载力记为 w_{crij}。

②对于抗风圈圈数 $n=n_i=i$,对下一个用钢量 $B=B_{j+1}=(j+1)\Delta B$,依次计算间距 $d=d_k=k\Delta d$ 时的 $w_{cr}(n_i,B_j,d_k)$,k 从 k_{ij} 依次增大,直到 $w_{cr}(n_i,B_{j+1},d_k)>w_{cr}(n_i,B_{j+1},d_{k+1})$ 时停止,得到 k_{ij+1}。

③对于抗风圈圈数 $n=n_i=i$,当出现增加用钢量,最优间距不变,$k_{ij}=k_{ij-1}$ 时,继续增加用钢量,最优间距保持为 $k_{ij}\Delta d$,继续增加用钢量,计算 w_{crij},直到 $(w_{crij}-w_{crij-1})<<(w_{crij-1}-w_{crij-2})$ 为止,将此时的 w_{crij-1} 记为 w_{cri},表示抗风圈圈数 i 时的承载力最优解;此时再继续增大用钢量,承载力提升程度较低。

④改变抗风圈圈数,重复上述Ⅰ~Ⅲ,得到$w_{cri}(i=1,\cdots,N)$,w_{crij},$k_{ij}(i=1,\cdots,N;j=1,\cdots,J)$。

(6)在$w_{cri}(i=1,\cdots,N)$中进行选择或微调。

上述方法流程图如图5.4-9所示。

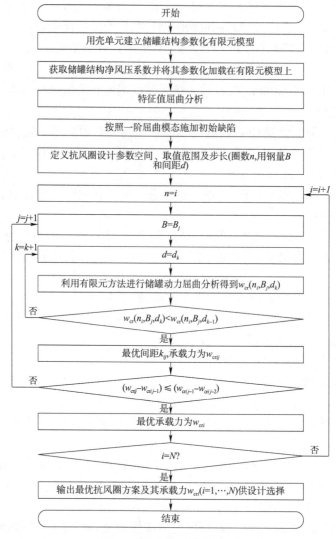

图5.4-9 储罐抗风屈曲优化设计流程图

通过采取以上方案,可取得如下效果:

(1)该方法能够提升港口大型钢制石化储罐动力抗风屈曲承载力,节约抗风圈钢材用量，兼顾了结构安全性与经济性的量化指标，为港口大型钢制圆柱形石化储罐抗风安全和设计经济性提供科学依据。

（2）该方法以储罐钢结构抗风圈设计参数空间为优化参数空间，采用有限元方法得到设计参数与储罐动力抗风屈曲承载力 w_{cr} 之间的关系，以偏导数 $\partial w_{cr}/\partial B \approx 0$，$\partial^2 w_{cr}/\partial B^2 \leq 0$ 时所对应的抗风圈圈数 n 和间距 d 为抗风圈优化设计方案，供设计选择。

（3）可根据该方法得到的抗风圈优化设计方案，为不同抗风圈圈数 n 时的用钢量设计最经济方案。实际抗风设计时，结合设计风速和构造要求在方案中进行选择和调整。

以大型圆筒形储罐结构为算例，说明采用本方法进行抗风屈曲设计的承载力提升效果。储罐直径 85m，高度 16.8m，罐壁厚度按照美国 API 规范确定，最小厚度为 $t=10$mm，初始缺陷取为最小壁厚的 0.5 倍。

首先根据设计参数建立钢储罐有限元模型，利用 ANSYS 有限元软件壳单元模拟储罐罐壁和抗风圈，单元尺寸选择为 1.48m（对应 1°圆心角）×0.3m。根据第 5.1 节风洞试验结果得到的储罐风压系数，乘以可调整的参考风压 w，换算到节点或单元相应的位置加载在结构有限元模型上。进行特征值屈曲分析，并以一阶模态的模式在储罐上施加初始缺陷，取为 1 倍罐壁最小厚度。

定义抗风圈设计参数空间（圈数 n，用钢量表示为抗风圈高度总和 B，间距 d）及各个参数的取值范围和步长增量，得到设计参数空间 (n_i,B_j,d_k)，$i=1,\cdots,5$；$j=1,\cdots,20,B=0.1$m；$k=1,\cdots,15,d=0.3$m（同单个网格高度）。利用第 4.4 节等效静力分析方法进行储罐动力屈曲分析，得到设计参数与储罐动力抗风屈曲承载力之间的关系 $w_{cr}(n,B,d)$。以 $n=3$ 为例展示具体优化策略迭代方法，如下：

①计算 $B_1=0.1,d_k=k\Delta d(k=1,2)$ 时的 w_{cr}，发现 $w_{cr}(3,0.1,d_2)<w_{cr}(3,0.1,d_1)$，则 $k_{31}=1$；

②计算 $B_2=0.2,d_k=k\Delta d(k=1,2\cdots,5)$ 时的 w_{cr}，发现 $w_{cr}(3,0.2,d_5)<w_{cr}(3,0.2,d_4)$，则 $k_{32}=4$；

③计算 $B_3=0.3,d_k=k\Delta d(k=4,5\cdots,7)$ 时的 w_{cr}，发现 $w_{cr}(3,0.3,d_7)<w_{cr}(3,0.3,d_6)$，则 $k_{33}=6$；

④计算 $B_4=0.4,d_k=k\Delta d(k=6,7\cdots,9)$ 时的 w_{cr}，发现 $w_{cr}(3,0.4,d_9)<w_{cr}(3,0.4,d_8)$，则 $k_{34}=8$；

⑤计算 $B_5=0.5,d_k=k\Delta d(k=8,9,10)$ 时的 w_{cr}，发现 $w_{cr}(3,0.5,d_{10})<w_{cr}(3,0.5,d_9)$，则 $k_{35}=9$；

⑥计算 $B_6=0.6,d_k=k\Delta d(k=9,10)$ 时的 w_{cr}，发现 $w_{cr}(3,0.5,d_{10})<w_{cr}(3,0.5,d_9)$，则 $k_{36}=9=k_{35}$；

⑦计算 $B_7=0.7, d_k=k\Delta d(k=9)$ 时的 w_{cr} 发现 $w_{cr37}-w_{cr36}=40.7 \ll w_{cr36}-w_{cr35}=127.9$,因此,取 $w_{cr3}=w_{cr36}=1802.4\mathrm{kPa}$。

依此类推,可得 $n=1,2,3,4,5$ 时的 w_{crn},如图5.4-10a)所示。横坐标表示截面的材料用量(以截面总长度表示),纵坐标表示不同抗风圈数量下的结构抗风屈曲承载力。图中星号为API推荐方法的设计结果。由图可见,在同等材料用量的情况下,可将抗风圈数量增加至4个,使抗风承载力提高2倍。在相同抗风承载力的情况下也可缩减抗风圈材料用量降低30%以上。图5.4-10b)给出了不同抗风圈数量下优化设计的储罐的荷载位移曲线,可见随着抗风圈数量增加,储罐抗风承载力呈倍数增加,在同等材料用量下,在用本设计方法计算满足抗风圈最小截面的情况下,合理分配材料用量,使抗风屈曲性能更加有效地发挥出来。

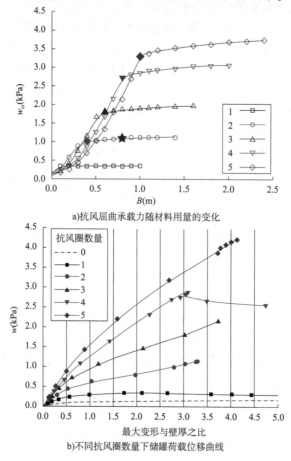

a)抗风屈曲承载力随材料用量的变化

b)不同抗风圈数量下储罐荷载位移曲线

图5.4-10　储罐抗风屈曲优化设计结果

5.5 本章小结

本章结合港口大型石化储罐结构的风荷载及风振响应特性,采用疏透覆面对储罐结构进行气动减载,应用广义变式调谐惯质阻尼器对其进行风振控制,提出了一种气动-机械联合风灾效应控制技术,分析了不同优化目标下的吸振器最优参数计算方法,提出了一种针对脉冲特性激励的控制优化方法,并结合抗风圈优化设计,实现了对港口大型石化储罐结构风灾效应的控制,得到如下结论:

(1)针对圆筒形储罐结构的气动减载,提出了采用疏透覆面的气动控制措施,能够有效减缓迎风面的正压冲击,当覆面疏透率在30%~40%之间,覆面高度比在40%~60%以上时,对最不利正压的减载率在10%以上,结合抗风圈的安装,可有效提升圆筒形储罐的抗屈曲承载力。

(2)提出了广义变式调谐惯质阻尼器对港口大型石化储罐风振效应进行控制,针对平稳风随机风振效应的控制,基于解析 H_∞ 和半解析 H_2 优化解,提出了等效质量比的概念,用于表示吸振器优化参数的经验公式,并给出了相应的选型准则如下:

①等效质量比方法的适用范围为 $\mu_b/\mu_m \geq 0.3$;

②惯容增强作用的准则为 $\mu_b/\mu_m \geq 0.3$;

③当 $\mu_{eq} > 0.15$ 时,VTMDI 控制效果显著优于 TMDI。

(3)针对具有脉冲特性的突发阵风灾变风振效应的控制,提出稳定性最大化准则进行 VTMDI(TVMD)的参数优化,提升阻尼器的抗冲击吸振性能,并给出了相应的经验公式。考虑到实际应用中对阻尼力-脉冲控制效果的不同需求,基于 H_∞ 和 SM 优化解,提出了一种阻尼力-脉冲控制比联合优化方法,并给出了相应的经验公式。

(4)通过港口石化储罐结构平稳风和突发阵风作用下的风振响应分析发现,采用 TMDI/V-TMDI 对大型储罐结构最不利风振响应进行控制时,综合最不利极值风致响应控制率约为30%,在同等振动控制效果时,相比传统 TMD,调谐质量可降低24%。采用 TVMD,对具有脉冲特性的突发风效应(突发阵风、雷暴风)最不利响应的控制率达到20%以上。而根据本章对突发阵风致灾机理的研究,考虑阵风突发性的冲击放大效应可达17%。由此可见,利用本书基于稳定性最大化的参数联合优化算法确定阻尼器参数,能够有效控制储罐风致振动灾害效应。

(5)采用气动减载措施结合抗风圈优化设计,可对港口大型圆筒形储罐结构风致屈曲灾害效应进行有效控制。提出了基于材料用量和性能最优的抗风圈实用设计方法,采用该方法设计抗风圈,相较 API 规范推荐的设计方法,使抗风承载力提高 2 倍。在相同抗风承载力的情况下也可减少抗风圈材料用量 30% 以上。该方法能够在用本设计方法计算满足抗风圈最小截面的情况下,合理分配材料用量,使抗风屈曲性能更加有效地发挥出来。

6 结论与展望

6.1 结　　论

通过大量风洞试验、数值模拟对港口大型石化储罐风致灾变效应及控制技术进行了系统研究,形成了港口大型石化储罐结构智能化抗风设计、风致灾害效应分析评估方法以及气动-机械联合风灾效应控制技术等成果。得到主要结论如下：

(1)基于大量风洞试验,研究了港口大型圆筒形、球形石化储罐结构风荷载随风场参数、结构形状、表面粗糙度等的变化规律,系统分析了雷诺数对气动力和风压分布的影响,建立了考虑高雷诺数效应的港口大型石化储罐结构风荷载模型,形成了港口大型石化储罐结构风荷载数据库。一方面为实际工程风荷载取值提供科学依据,另一方面为类似曲面钝体工程结构风洞试验考虑雷诺数效应提供参考借鉴。

(2)基于数字图像无接触测量技术,全面测量储罐气弹模型迎风区域最不利位置的风致响应,对试验结果统计分析发现,精准采样率可达97%,克服了单点采样对最不利位置识别的局限性,可对屈曲失效模态进行有效识别。通过气弹模型风洞试验和有限元模拟得到了港口大型石化储罐结构的风致振动和屈曲效应特性及变化规律。

(3)提出了港口大型石化储罐结构风致振动和屈曲效应的简化分析方法,并通过气弹模型试验结果验证了方法的有效性。采用本书方法,屈曲承载力预测误差在5%以内,风振响应计算效率为传统时程动力分析方法的2.6倍,采用等效静力分析方法,较传统增量动力分析法提升约6.3倍。将风荷载数据库以及上述方法进行了集成,形成了港口大型石化储罐结构风荷载数据平台,该平台包含风荷载数据库分析、风荷载数据挖掘与重构、风效应计算评估与抗风优化设计功能,为港口大型石化储罐结构抗风设计提供了实用工具。以风效应分析占整个抗风设计时长的50%计,采用该方法,石化储罐抗风设计周期可缩短30%以上。

(4)通过上述风致振动和屈曲效应的简化分析方法,开展了港口大型石化储罐结构风致灾变效应的不确定性和易损性分析。结果表明,风荷载和几何缺陷对储罐风效应的不确定性贡献最大,当采用抗风圈加强储罐时,几何缺陷不确定性的影响有所降低,风荷载不确定性是造成储罐风效应不确定性的最主要因素。圆筒形储罐结构当 $H/D<1.0$ 时,风致损毁主要是迎风面正压引起的屈曲凹瘪;在抗风圈加强作用下,当 $H/D \geqslant 1.0$ 时,风致破坏主要是由脉动风引起的罐壁振动所导致的,长期作用下还会引起疲劳效应。球形储罐结构的风致破坏主要是由脉动风动力效应引起的风致振动导致基底反力过大引起的破坏。因此,对低矮型大跨度储罐应着重关注屈曲效应,对于高径比大于1.0的圆筒形储罐和球形储罐,应重点通过对储罐结构风致振动进行有效控制来减小风致灾害效应。

(5)针对港口大型石化储罐结构的抗风减灾,提出了基于疏透覆面气动减载-吸振器机械控制的气动-机械联合风灾效应控制技术。其中,疏透覆面的气动控制措施,能够有效减缓迎风面的正压冲击,在覆面疏透率在30%~40%之间,覆面高度比在40%~60%以上时,对最不利正压的减载率在10%以上,结合抗风圈的安装,可有效提升圆筒形储罐的抗屈曲承载力。利用疏透覆面结构兼做吸振控制的调谐质量,提出了广义变式调谐惯质阻尼器对风致振动效应进行联合控制。结果表明,采用TMDI/V-TMDI对大型储罐结构最不利风振响应控制时,综合最不利极值风致响应控制率约为30%,在同等振动控制效果时,相比传统TMD,调谐质量可降低24%。采用TVMD,对具有脉冲特性的突发风效应(突发阵风、雷暴风)最不利响应的控制率达到20%以上。而根据突发阵风致灾机理的研究,考虑阵风突发性的冲击放大效应可达17%。由此可见,利用本研究基于稳定性最大化的参数联合优化算法确定阻尼器参数,能够有效控制储罐风致振动灾害效应。

(6)针对港口大型石化储罐结构的抗风圈设计,提出了一种一种基于深度神经网络的改进优化设计方法。该方法能够通过深度神经网络预测取代部分屈曲分析的迭代,提升计算效率,且提供更为丰富的可选择的优化设计结果,并在较短的迭代步数达到最优设计效果,较传统抗风圈设计方案,提升了抗风设计的智能化水平。总结形成了基于材料用量和性能最优的抗风圈实用设计方法,采用该方法设计抗风圈,相比于API规范推荐的设计方法,抗风承载力提高2倍。在相同抗风承载力的情况下也可缩减抗风圈材料用量降低30%以上。该方法能够在用本设计方法计算满足抗风圈最小截面的情况下,合理分配材料用量,使抗风屈曲性能越能有效发挥出来。

6.2 创 新 点

(1)基于大数据的港口大型石化储罐结构风荷载智能预测技术。

港口大型石化储罐结构种类和形式多样,其气动风荷载的取值是抗风设计中的重点和难点。港口大型石化储罐结构的气动风荷载受到来流风场形式、储罐形状尺寸、周边环境干扰等多方面因素的影响,大型储罐结构还存在一定的雷诺数效应,其平均及脉动风荷载特性复杂,难以用简单的解析表达式所概括。本研究开展大量风洞试验,全面、系统地对各类港口大型石化储罐的气动风荷载进行数据积累和挖掘,在对平均及脉动风荷载统计及频谱特性展开参数化研究的基础上,建立港口大型石化储罐结构的气动风荷载统计模型及频谱模型,便于数据的压缩和存储。重点结合大数据理论建立港口大型石化储罐结构气动风荷载数据库,考虑雷诺数效应等的影响,建立了响应的风荷载模型。突破传统抗风设计中风荷载取值缺乏相关依据和资料的局限性,对不同输入条件下的港口大型石化储罐结构气动风荷载关键参数(包括统计参数及频谱参数)进行精细化预测,实现港口大型石化储罐结构的智能化抗风设计,以缩短设计周期,提高结构安全性和经济性。

(2)港口大型石化储罐结构风致动力屈曲效应快速算法。

港口大型石化储罐结构在脉动风作用下产生的动力屈曲会导致结构的失效,传统基于时程响应的分析手段虽然能够考虑结构的非线性特性,但具有一定的统计局限性,且分析效率较低。此外,目前针对薄壁结构屈曲效应的研究多集中于静力和准静力效应的分析阶段,还没有一种针对动力屈曲效应的高效精确评估手段。本书结合港口大型石化储罐结构的气动风荷载统计模型及频谱模型,在现有静态及准静态屈曲理论分析手段的基础上,结合港口大型石化储罐结构风荷载的频域特性,提出一套港口大型石化储罐结构风致动力屈曲效应快速估计方法,并结合气弹模型风洞试验,对分析方法的有效性进行验证,突破传统动力风振效应分析方法计算量巨大、分析效率低下的瓶颈,实现港口大型石化储罐结构风致动力屈曲效应的高效精确估计。将该方法与港口大型石化储罐结构气动风荷载数据库相结合,形成港口大型石化储罐结构的智能化抗风设计数据平台,为该类结构的设计提供依据。将该方法与结合结构可靠度、易损性分析理论相结合,为港口大型石化储罐结构的风致灾害效应的评估奠定基础。

(3)港口大型石化储罐结构气动-机械联合风灾控制技术。

港口大型石化储罐结构的风致振动及屈曲效应是影响结构安全及使用性能的主要因素,目前还没有一套成熟的风振控制措施以保障该类结构在风致灾害作用下的安全和耐久性。本研究结合港口大型石化储罐结构的随机风效应特性,针对结构的风致灾变失效模式,从疏透覆面减载和增加机械阻尼耗能装置振动两个方面研发相应的气动减振措施及阻尼控制减振(广义变式调谐惯质阻尼器)技术,并考虑储罐结构的实际安装情况,将相关的振动控制措施进行合理配置及优化组合,针对性地提出港口大型石化储罐结构风振控制的实用化方案,并以结构风致灾害效应控制效果进行合理评估,最终达到减轻港口大型石化储罐结构的风致灾害效应、提高港口大型石化储罐的抗风安全性的目的。

6.3 展　　望

本书对大型石化储罐风致灾变效应及控制技术进行了系统研究,提出了一系列港口大型石化储罐风灾效应分析、优化设计、风灾效应控制方法。今后,可在如下方面进一步开展更为精细化的研究:

(1)鉴于在风灾效应的现场实测方面仍缺乏更为精细化的实测数据,今后可开展港口风环境的长期系统观测,掌握更为全面的港口风环境数据,为灾害机理分析、控制及预警提供支撑。

(2)本文的研究方法多为风洞试验研究和数值模拟,缺乏进一步的现场原型试验数据对结果进行进一步的验证,今后可开展相关的研究,更好地服务港口抗风减灾。

(3)针对风振控制系统目前的研究在理论层面有所突破,但未开展进一步的阻尼器应用研发,对阻尼器参数的精准实现以及安装过程中存在的问题尚未深入考虑,后续也将深入基于工程实际的研究,以指导工程减灾。

参 考 文 献

[1] LIN J C, TOWFIGHI J, ROCKWELL D. Instantaneous structure of the near-wake of a circular cylinder: on the effect of Reynolds number[J]. Journal of Fluids and Structures, 19959:409-418.

[2] BLOOR M S. The transition to turbulence in the wake of a circular cylinder[J]. Journal of Fluid Mechanics, 1964, 19(2):290-304.

[3] ACHENBACH E. Distribution of local pressure and skin friction around a circular cylinder in cross-flow up to $Re = 5 \times 10^6$[J]. Journal of Fluid Mechanics, 1968, 34(4):625-639.

[4] ROSHKO A. Experiments on the flow past a circular cylinder at very high Reynolds number[J]. Journal of Fluid Mechanics, 1961, 10(3):345-356.

[5] SCHEWE G. On the force fluctuations acting on a circular cylinder in crossflow from subcritical up totranscritical Reynolds numbers[J]. Journal of Fluid Mechanics, 1983, 133:265-285.

[6] MACDONALD P A, KWOK K C S, HOLMES J D. Wind loads on circular storage bins, silos and tanks: I. Point pressure measurements on isolated structures[J]. Journal of Wind Engineering and Industrial Aerodynamics, 1989, 31(2):165-188.

[7] GÜVEN O, FARELL C, PATEL V C. Surface-roughness effects on the mean flow past circular cylinders[J]. Journal of Fluid Mechanics, 1980, 98(4):673-701.

[8] CHEN C H, CHANG C H, LIN Y Y. The influence of model surface roughness on wind loads of the RC chimney by comparing the full-scale measurements and wind tunnel simulations[J]. Wind and Structures, 2013, 16(2):137-156.

[9] SABRANSKY I J, MELBOURNE W H. Design Pressure Distribution on Circular Silos with Conical Roofs[J]. Journal of Wind Engineering and Industrial Aerodynamics, 1987, 26(1):65-84.

[10] SUN Y, WU Y, QIU Y, et al. Effects of free-stream turbulence and Reynolds number on the aerodynamic characteristics of a semicylindrical roof[J]. Journal of Structural Engineering, 2015, 141(9):04014230.

[11] 李星.大型圆筒型煤气柜风致响应实测研究[D].长沙:湖南大学,2014.
[12] 李国琛.浮顶油罐的强度和稳定性计算公式[J].力学与实践,1982,3(2):36-40.
[13] MASHER F J. Wind loads on dome-cylinders and dome-cone shapes[J]. ASCE Journal of Structural Division,1966,92(5):79-96.
[14] PURDY D M,MASHER P E,FREDERICK D. Model studies of wind loads on flat-top cylinders[J]. ASCE Journal of Structural Division,1967,93(2):379-395.
[15] PORTELA G,GODOY L A. Wind pressures and buckling of cylindrical steel tanks with a dome roof[J]. Journal of Constructional Steel Research,2005,61(6):808-824.
[16] PORTELA G,GODOY L A. Wind pressures and buckling of cylindrical steel tanks with a conical roof[J]. Journal of Constructional Steel Research,2005,61(6):786-807.
[17] 陈寅,梁枢果,杨彪.大型储气罐风洞试验研究[J].华中科技大学学报(城市科学版),2010,27(4):53-58.
[18] OKAMOTO S,SUNABASHIRI Y. Vortex shedding from a circular cylinder of finite length placed on a ground plane. Journal of Fluids Engineering, 1992, 114:512-521.
[19] SUMNER D,HESELTINE J L,DANSEREAU O J P. Wake structure of a finite circular cylinder of small aspect ratio. Experiments in Fluids,2004,37:720-730.
[20] PASLEY H,CLARK C. Computational fluid dynamics study of flow around floating-roof oil storage tanks[J]. Journal of Wind Engineering and Industrial Aerodynamics,2000,86(1):37-54.
[21] FALCINELLI O A,ELASKAR S A,GODOY L A. Influence of topography on wind pressures in tanks using CFD[J]. Latin American Applied Research,2011,41(4):379-388.
[22] 林寅.大型钢储罐结构的风荷载和风致屈曲[D].杭州:浙江大学,2014.
[23] 中华人民共和国住房和城乡建设部,中华人民共和国国家质量监督检验检疫总局.建筑结构荷载规范:GB 50009—2012[S].北京:中国建筑工业出版社,2012.
[24] BRIASSOULIS D,PECKNOLD D A. Behaviour of empty steel grain silos under wind loading:part1:the stiffened cylindrical shell, Eng[J]. Struct,1986(8):260-275.

[25] HOLMES J D, MACDONALD P A, KWOK, K C S. Wind Loads on Storage Bins and Silos of Circular Cross-section[C]. First National Structural Engineering Conference, Melbourne, 1985:7-11.

[26] GREINER R, DERLER P. Effect of imperfections on wind-loaded cylindrical shells [J]. Thin-Walled Structures, 1995, 23(1):271-281.

[27] PIRCHER M, BRIDGER R G, GREINER R. Case study of a medium-length silo under wind loading [C]. Advances in Steel Structures Third International Conference on Advanced in Steel Structures, Hong Kong, 2002:667-674.

[28] ACI 334-2R. Reinforced concrete cooling tower shells-practice and commentary [S]. ACI-ASCE Committee 334, 1991.

[29] ENV 1993-4-1. Eurocode 3. Design of Steel Structures-Part 4-1:Silos [S]. European Committee for Standardization, Brussel, 2007.

[30] ROSHKO A. Experiments on the flow past a circular cylinder at very high Reynolds number[J]. Journal of Fluid Mechanics, 10(03):345-356.

[31] DUARTE R J L. Effects of surface roughness on the two-dimensional flow past circular cylinders I: mean forces and pressures[J]. Journal of Wind Engineering and Industrial Aerodynamics, 37(3):299-309.

[32] DUARTE R J L. Effects of surface roughness on the two-dimensional flow past circular cylinders II: fluctuating forces and pressures[J]. Journal of Wind Engineering and Industrial Aerodynamics, 37(3):311-326.

[33] DUARTE R J L. Fluctuating lift and its spanwise correlation on a circular cylinder in a smooth and in a turbulent flow: a critical review[J]. Journal of Wind Engineering and Industrial Aerodynamics, 40(2):179-198.

[34] ZAN S J. Experiments on circular cylinders in crossflow at Reynolds numbers up to 7 million[J]. Journal of Wind Engineering and Industrial Aerodynamics. 96(6):880-886.

[35] QIU Y, SUN Y, WU Y, et al. Modeling the mean wind loads on cylindrical roofs with consideration of the Reynolds number effect in uniform flow with low turbulence. Journal of Wind Engineering and Industrial Aerodynamics, 129:11-21.

[36] QIU Y, SUN Y, WU Y, et al. Surface Roughness and Reynolds Number Effects on the Aerodynamic Forces and Pressures Acting on a Semicylindrical Roof in Smooth Flow[J]. Journal of Structural Engineering, 144(9):157-170.

[37] LIU X, YAN Z, LI Z, et al. The Wind Loading Characteristics of MAN Type Dry

Gas Storage Tank[C]. Advances in Civil Engineering,4974082:1-18.

[38] CHENG X,ZHAO L,GE Y,et al. Wind effects on rough-walled and smooth-walled large cooling towers,Advances in Structural Engineering,20(6)843-864.

[39] HU G KWOK K C S. Predicting wind pressures around circular cylinders using machine learning techniques[J]. Journal of Wind Engineering and Industrial Aerodynamics,198:104099.

[40] ACHENBACH E. Experiments on the flow past spheres at very high Reynolds numbers[J]. Journal of Fluid Mechanics,54(3):565-575.

[41] ACHENBACH E. The effect of surface roughness and tunnel blockage on the flow past spheres[J]. Journal of Fluid Mechanics,65(1):113-125.

[42] TANEDA S. Visual observations of the flow past a sphere at Reynolds numbers between 10^4 and 10^6[J]. Journal of Fluid Mechanics,85(1):187-192.

[43] TSUTSUI T. Flow around a sphere in a plane turbulent boundary layer[J]. Journal of Wind Engineering & Industrial Aerodynamics,96(6-7):779-792.

[44] YEUNG W W H. Similarity study on mean pressure distributions of cylindrical and spherical bodies[J]. Journal of Wind Engineering & Industrial Aerodynamics,95(4):253-266.

[45] TAYLOR T J. Wind pressures on a hemispherical dome[J]. Journal of Wind Engineering and Industrial Aerodynamics,40:199-213.

[46] LETCHFORD C W,SARKAR P P. Mean and fluctuating wind loads on rough and smooth parabolicdomes[J]. Journal of Wind Engineering and Industrial Aerodynamics,88:101-117.

[47] CHENG C M,FU C L. Characteristic of wind loads on a hemispherical dome in smooth flow and turbulent boundary layer flow[J]. Journal of Wind Engineering & Industrial Aerodynamics,98(6-7):328-344.

[48] SUN Y,LI Z,SUN X,et al. Interference effects between two tall chimneys on wind loads and dynamic responses. Journal of Wind Engineering and Industrial Aerodynamics,206:104227.

[49] KUNDURPI P S,SAMAVEDAM G,JOHNS D J. Stability of cantilever shells under wind loads [J]. Journal of Engineering Mechanics Division,1975,101(5):517-530.

[50] GOPALACHARYULU S,JOHNS D J. Cantilever cylindrical shells under assumed wind pressures [J]. Journal of Engineering Mechanics Division. 1973,99(5):

943-956.

[51] JERATH S, SADID H. Buckling of orthotropic cylinders due to wind load[J]. Journal of Engineering Mechanics, 1985, 111(5):610-622.

[52] WANG Y, BILLINGTON D P. Buckling of cylindrical shells by wind pressures[J]. Journal of Engineering Mechanics Division, 1974, 100(5):1005-1023.

[53] VODENITCHAROVA T M, ANSOURIAN P. Hydrostatic, wind and non-uniform lateral pressure solutions for containment vessels[J]. Thin-Walled Structures, 1998, 31(1/3):221-236.

[54] PRABHU S K, SAMAVEDAM G, JOHNS D J, Stability of cantilever shells under wind loads, Journal of Engineering Mechanics Division, 1975, 101(5):513-530.

[55] SCHMIDT H, BINDER B, LANGE H. Postbuckling strength design of open thin-walled cylindrical tanks under wind load[J]. Thin-Walled Structures, 1998, 31(1/3):203-220.

[56] CHEN L, ROTTER J M. Buckling of anchored cylindrical shells of uniform thickness under wind load[J]. Engineering Structures, 2012, 41(2012):199-208.

[57] SOSA E M, GODOY L A. Computational buckling analysis of shells: theories and practice[J]. Mecánica Computational, 2002, 21:1652-1667.

[58] SOSA E M, GODOY L A. Challenges in the computation of lower-bound buckling loads for tanks under wind pressures[J]. Thin-Walled Structures, 2010, 48(12):935-945.

[59] JACA R C. Godoy L A, Flores F G, et al. A reduced stiffness approach for the buckling of open cylindrical tanks under wind loads[J]. Thin-Walled Structures, 2007, 45(9):727-736.

[60] JACA R C, GODOY L A, CROLL J G A. Reduced Stiffness Buckling Analysis of Aboveground Storage Tanks with Thickness Changes[J]. Advances in Structural Engineering, 2011, 14(3):475-487.

[61] FLORES F G, GODOY L A. Buckling of short tanks due to hurricanes[J]. Engineering Structures, 1998, 20(8):752-760.

[62] FLORES F G, GODOY L A. Vibrations and buckling of silos[J]. Journal of Sound and Vibration, 1999, 224(3):431-454.

[63] SOSA E M, GODOY L A. Non-linear dynamics of above-ground thin-walled tanks under fluctuating pressures[J]. Journal of Sound and Vibration, 2005, 283(1-2):201-215.

[64] GODOY L A, FLORES F G. Imperfection sensitivity to elastic buckling of wind loaded open cylindrical tanks[J]. Structural Engineering and Mechanics, 2002, 13(5):533-542.

[65] ZHAO Y, LIN Y. Buckling of cylindrical open-topped steel tanks under wind load[J]. Thin-Walled Structures, 2014, 79:83-94.

[66] CHIANG Y C, GUZEY S. Influence of internal inward pressure on stability of open-top aboveground steel tanks subjected to wind loading[J]. Journal of Pressure Vessel Technology, 2019, 141:031204.

[67] UEMATSU Y, UCHIYAMA K. Defection and bucking behavior of thin, circular cylindrical shells under wind loads[J]. Journal of Wind Engineering and Industrial Aerodynamics, 1985, 18(3):245-261.

[68] UEMATSU Y, KOO C M, KONDO K. Wind loads for designing open-topped oil storage tanks[J]. Proceedings of the International Association for Shell and Spatial Structures(IASS) Symposium, Shanghai, 2010:1646-1655.

[69] YASUNAGA J, UEMATSU Y. Dynamic buckling of cylindrical storage tanks under fluctuating wind loading[J]. Thin-Walled Structures, 2020, 150:1-12.

[70] NAKAYAMA M, SASAKI Y, MASUDA K, et al. An Efficient Method for Selection of Vibration Modes Contributory to Wind Response on Dome-Like Roofs[J]. Journal of Wind Engineering & Industrial Aerodynamics, 1999, 73(1):31-43.

[71] LIN J, ZHANG W, LI J. Structural Responses to Arbitrarily Coherent Stationary Random Excitations[J]. Computers & Structures, 1994, 50(5):629-633.

[72] LIN J H, ZHANG Y H, ZHAO Y. Pseudo Excitation Method and Some Recent Developments[J]. Procedia Engineering, 2011, 14(2259):2453-2458.

[73] 谢壮宁. 风致复杂结构随机振动分析的一种快速算法——谐波激励法[J]. 应用力学学报, 2007, 24(2):263-266.

[74] 陈波. 大跨屋盖结构等效静风荷载精细化理论研究[D]. 哈尔滨:哈尔滨工业大学, 2006.

[75] YANG Q, CHEN B, WU Y, et al. Wind-induced Response and Equivalent Static Wind Load of Long-Span Roof Structures by Combined Ritz-Proper Orthogonal Decomposition Method[J]. Journal of Structural Engineering, 2013, 139(6):997-1008.

[76] 潘峰. 大跨度屋盖结构随机风致振动响应精细化研究[D]. 杭州:浙江大学, 2008.

[77] ZHAO Z,CHEN Z,WANG X,et al. Wind-induced Response of Large-Span Structures Based on POD-Pseudo-Excitation Method[J]. Advanced Steel Construction, 2016,12(1):1-16.

[78] PATRUNO L,RICCI M,MIRANDA S D,et al. An Efficient Approach to the Evaluation of Wind Effects on Structures Based on Recorded Pressure Fields[J]. Engineering Structures,2016,124:207-220.

[79] 龙坪. 土木工程结构台风易损性评估研究[D]. 哈尔滨:哈尔滨工业大学,2008.

[80] 宫文壮. 广东沿海地区村镇低矮房屋台风易损性研究[D]. 哈尔滨:哈尔滨工业大学,2009.

[81] 陈宝珍. 门窗破坏对低矮房屋风灾易损性的影响分析[D]. 成都:西南交通大学,2017.

[82] 肖玉凤. 基于数值模拟的东南沿海台风危险性分析及轻钢结构风灾易损性研究[D]. 哈尔滨:哈尔滨工业大学,2011.

[83] 张娟. 轻型钢结构厂房风灾易损性分析[D]. 成都:西南交通大学,2015.

[84] KONTHESINGHA K M C,STEWART M G,RYAN P,et al. Reliability Based Vulnerability Modelling of Metal-Clad Industrial Buildings to Extreme Wind Loading for Cyclonic Regions[J]. Journal of Wind Engineering and Industrial Aerodynamics,2015,147:176-185.

[85] 安水晶. 单立柱广告牌结构风灾易损性研究[D]. 哈尔滨:哈尔滨工业大学,2009.

[86] 葛义娇. 输电塔结构风灾易损性研究[D]. 苏州:苏州科技学院,2014.

[87] DAVENPORT A G. Gust Loading Factors[J]. Journal of the Structural Division,1967.

[88] VELLOZII J,COHEN E. Gust Response Factors,Journal of the Structural Division 1968,94:1295-1313.

[89] PICCARDO G,SOLARI G. 3D Wind-Excited Response of Slender Structures:Closed-Form Solution[J]. Journal of Structural Engineering, 2000, 126(8):936-943.

[90] KAREEM A,ZHOU Y. Gust Loading Factor-Past,Present and Future[J]. Journal of Wind Engineering & Industrial Aerodynamics,2003,91(12-15):1301-1328.

[91] American Society of Civil Engineers(ASCE). Minimum Design Loads for Buildings and Other Structures[R]. Reston(VA):ASCE;2010.

[92] European Committee for Standardization(CEN). Eurocode 1:Actions on Struc-

tures-Part 1-4:General Actions-Wind Actions[R]. EN 1991-1-4:2005/AC:2010 (E). Europe:European Standard(Eurocode),European Committee for Standardization(CEN),2010.

[93] Architectural Institute of Japan(AIJ). RLB Recommendations for Loads on Buildings[R]. Tokyo(Japan):Structural Standards Committee, Architectural Institute of Japan,2015.

[94] Joint Technical Committee. AS/NZS 1170.2:2011 Structural Design Actions - Part 2:Wind Actions[R]. Australian/New Zealand Standard(AS/NZS):Joint Technical Committee BD-006,Australia/New Zealand,2011.

[95] National Research Council(NRC). National Building Code of Canada[R]. Ottawa (Canada):Associate Committee on the National Building Code,National Research Council,2010.

[96] Indian Wind Code(IWC). IS:875(Part 3):Wind Loads on Buildings and Structures-Proposed Draft & Commentary[R]. Document No:IITK GSDMA-Wind 02-V 50. India,2012.

[97] ISO. Wind Actions on Structures:ISO 4354[S]. Switzerland:International Organization for Standardization(ISO),2009.

[98] KWON D K,KAREEM A. Comparative Study of Major International Wind Codes and Standards for Wind Effects on Tall Buildings[J]. Engineering Structures, 2013,51(2):23-35.

[99] BOGGS D W,PETERKA J A. Aerodynamic Model Tests of Tall Buildings[J]. Journal of Engineering Mechanics,1989,115(3):618-635.

[100] KASPERSKI M,NIEMANN H J. The L.R.C. (Load-Response-Correlation)-Method a General Method of Estimating Unfavourable Wind Load Distributions for Linear and Non-linear Structural Behaviour[J]. Journal of Wind Engineering & Industrial Aerodynamics,1992,43(1-3):1753-1763.

[101] TAMURA Y,KIKUCHI H,HIBI K. Actual Extreme Pressure Distributions and LRC Formula[J]. Journal of Wind Engineering & Industrial Aerodynamics, 2010,90(12):1959-1971.

[102] CHEN X,KAREEM A. Equivalent Static Wind Loads on Buildings:New Model [J]. Journal of Structural Engineering,2004,130(10):1006-1007.

[103] CHEN X,ZHOU N. Equivalent Static Wind Loads on Low-Rise Buildings Based on Full-Scale Pressure Measurements [J]. Engineering Structures, 2007, 29

(10):2563-2575.

[104] HUANG G, CHEN X. Wind Load Effects and Equivalent Static Wind Loads of Tall Buildings Based on Synchronous Pressure Measurements[J]. Engineering Structures,2007,29(10):2641-2653.

[105] HOLMES J D. Optimised Peak Load Distributions[J]. Journal of Wind Engineering & Industrial Aerodynamics,1992,41(1-3):267-276.

[106] HOLMES J D. Effective Static Load Distributions in Wind Engineering[J]. Journal of Wind Engineering & Industrial Aerodynamics,2002,90(2):91-109.

[107] DAVENPORT A G. How Can We Simplify and Generalize WindLoads? [J]. Journal of Wind Engineering & Industrial Aerodynamics, 1995, 54 (94): 657-669.

[108] CHEN X, KAREEM A. Equivalent Static Wind Loads for Buffeting Response of Bridges[J]. Journal of Structural Engineering,2001,127(12):1467-1475.

[109] CHEN X, KAREEM A. Coupled Dynamic Analysis and Equivalent Static Wind Loads on Buildings with Three-Dimensional Modes[J]. Journal of Structural Engineering,2005,131(7):1071-1082.

[110] UEMATSU Y, YAMADA M, SASAKI A. Wind-induced Dynamic Response and Resultant Load Estimation for a Flat Long-span Roof[J]. Journal of Wind Engineering & Industrial Aerodynamics,1996,65(1):155-166.

[111] UEMATSU Y, WATANABE K, SASAKI A, et al. Wind-induced Dynamic Response and Resultant Load Estimation of a Circular Flat Roof[J]. Journal of Wind Engineering & Industrial Aerodynamics,1999,83(1-3):251-261.

[112] FU J, XIE Z, LI Q S. Equivalent Static Wind Loads on Long-Span Roof Structures [J]. Journal of Structural Engineering,2008,134(7):1115-1128.

[113] KATSUMURA A, TAMURA Y, NAKAMURA O. Universal Wind Load Distribution Simultaneously Reproducing Largest Load Effects in All Subject Members on Large-Span Cantilevered Roof[J]. Journal of Wind Engineering & Industrial Aerodynamics,2007,95(9-11):1145-1165.

[114] BLAISE N, DENOËL V. Principal Static Wind Loads[J]. Journal of Wind Engineering & Industrial Aerodynamics,2013,113(1):29-39.

[115] BLAISE N, HAMRA L, DENOËL V. Principal Static Wind Loads on a Large Roof Structure[C]// XII Convegno Nazionale di Ingegneria del Vento. 2012.

[116] BLAISE N, CANOR T, DENOËL V. Reconstruction of the Envelope of Non-

Gaussian Structural Responses with Principal Static Wind Loads[J]. Journal of Wind Engineering & Industrial Aerodynamics,2016,149:59-76.

[117] PATRUNO L,RICCI M,MIRANDA S D,et al. An Efficient Approach to The Determination of Equivalent Static Wind Loads[J]. Journal of Fluids & Structures, 2017,68:1-14.

[118] PATRUNO L,RICCI M,MIRANDA S D. Buffeting Analysis:A Numerical Study on The Extraction of Equivalent Static Wind Loads[J]. Meccanica,2017:1-10.

[119] PATRUNO L,RICCI M,MIRANDA S D,et al. Equivalent Static Wind Loads: Recent Developments and Analysis of a Suspended Roof [J]. Engineering Structures. 2017,148:1-10.

[120] 董凯华. 非平稳风评价及其对结构风荷载的影响[D]. 北京:北京交通大学,2015.

[121] 李宏海. 下击暴流时空分布统计与风场特性和结构风荷载实验研究[D]. 哈尔滨:哈尔滨工业大学,2015.

[122] KAZUNORI A,YUMI I,YASUSHI U. Laboratory study of wind loads on a low-rise building in a downburst using a moving pulsed jet simulator and their comparison with other types of simulators[J]. Journal of Wind Engineering & Industrial Aerodynamics,2019,184:313-320.

[123] WU Z H,YUMI I,YASUSHI U. The flow fields generated by stationary and travelling downbursts and resultant wind load effects on transmission line structural system[J]. Journal of Wind Engineering & Industrial Aerodynamics,2021,210:104521.

[124] TANG Z,FENG C D,WU L,et al. Characteristics of Tornado-Like Vortices Simulated in a Large-Scale Ward-Type Simulator[J]. Boundary-Layer Meteorology, 2018,166(2):327-350.

[125] FENG C D,CHEN X Z. Characterization of translating tornado-induced pressures and responses of a low-rise building frame based on measurement data[J]. Engineering Structures,2018,174:495-508.

[126] WANG J,CAO S Y,PANG W C,et al. Wind-load characteristics of a cooling tower exposed to a translating tornado-like vortex[J]. Journal of Wind Engineering and Industrial Aerodynamics,2016,158:26-36.

[127] CAO S Y,WANG M G,CAO J X. Numerical Study of Wind Pressure on Low-rise Buildings Induced by Tornado-like Flows[J]. Journal of Wind Engineering and

Industrial Aerodynamics, 2018, 183:214-222.

[128] HORIA H, MARYAM R, CHOWDHURY J, et al. Novel Techniques in Wind Engineering[J]. Journal of Wind Engineering & Industrial Aerodynamics, 2017, 171:12-33.

[129] DJORDJE R, JULIEN L, HORIA H. Transient Behavior in Impinging Jets in Crossflow with Application to Downburst Flows[J]. Journal of Wind Engineering & Industrial Aerodynamics, 2019, 184:209-227.

[130] KWON D K, KAREEM A, BUTLER K. Gust-front Loading Effects on Wind Turbine Tower Systems[J]. Journal of Wind Engineering & Industrial Aerodynamics, 2012, 104-106(3):109-115.

[131] KWON D K. Generalized Gust-front Factor: A Computational Framework for Wind Load Effects[J]. Engineering Structures, 2013, 48:635-644.

[132] ERIKO T, JUNJI M, TAKASHI T. Statistic Investigation of Wind Gust Affecting Overshoot of Wind Force on Structures[J], J. of Architecture and Urban Design, Kyushu University, 2011, 20:41-46.

[133] 赵杨. 突变风实验模拟与荷载特性研究[D]. 哈尔滨:哈尔滨工业大学, 2010.

[134] TOMOMI Y. Generation of Unsteady Flows in the Wind Tunnel[J]. Wind Engineers, JAWE 日本風工学会誌, 2018, 34(1):30-35.

[135] 梁鉴, 唐建平, 杨远志, 等. FL-12 风洞突风试验装置研制[J]. 实验流体力学, 2012, 26(3):95-100.

[136] 金华, 王辉, 张海酉, 等. FL-13 风洞突风发生装置研究[J]. 空气动力学学报, 2016, 34(1):40-46.

[137] 刘庆宽, 张峰, 王毅, 等. 突风作用下圆柱结构气动特性的试验研究[J]. 振动与冲击, 2012, 31(2):62-66.

[138] TAKAHASHI K, ABE M, FUJINO T. Runaway Characteristics of Gantry Cranes for Container Handling by Wind Gust[J]. Bulletin of Japan Society of Mechanical Engineers, 2016, 3(2), 15-00679:1-16.

[139] 郭焕良. 大型钢储罐的风荷载特性研究[D]. 北京:北京交通大学, 2015.

[140] 夏燕. 风荷载作用下大型钢制储罐屈曲行为研究[D]. 成都:西南石油大学, 2018.

[141] RESINGER F, GREINER R. Buckling of wind loaded cylindrical shells-application to unstiffened and ring-stiffened tanks, Buckling of Shells[J]. Proceedings of a state-of-the-Art Colloqium, Springer Berlin Heidelberg New York, 1982:305-331.

[142] UEMATSU Y,YAMAGUCHI T,YASUNAGAC J. Effects of wind girders on the buckling of open-topped storage tanks under quasi-static wind loading [J]. Thin-Walled Structures,2018,124:1-12.

[143] CHEN J F,ROTTER J M,TENG J G. A simple remedy for elephant's foot buckling in cylindrical silos and tanks [J]. Advances in Structural Engineering, 2006,9(3):409-420.

[144] BU F,QIAN C. A rational design approach of intermediate wind girders on large storage tanks[J]. Thin-Walled Structures,2015,92:76-81.

[145] LEWANDOWSKI M J,GAJEWSKI M,GIZEJOWSKI M. Numerical analysis of influence of intermediate stiffeners setting on the stability behaviour of thin-walled steel tank shell[J]. Thin-Walled Structures,2015,90:119-127.

[146] 中国石油天然气集团公司.立式圆筒形钢制焊接油罐设计规范:GB 50341—2014[S].北京:中国计划出版社,2014.

[147] Welded tanks for oil storage:API 650—2016[S]. API Publishing Services, Washington,DC,2016.

[148] ROARK R J,WANG Y L. Forumlas for Stress and Strain[M]. Architecture and Build Press,Beijing,1985.

[149] 工业技术院标准部.鋼製石油貯槽の構造(全溶接製):JIS B 8501—2013 [S].東京:工業技術院標準部,2013.

[150] LAGAROS N D,FRAGIADAKIS M,PAPADRAKAKIS M. Optimum design of shell structures with stiffening beams[J]. AIAA Journal,2004,42(1):175-184.

[151] BANICHUK N V,SERRA M,SINITSYN A. Shape optimization of quasi-brittle axisymmetric shells by genetic algorithm[J]. Computers and Structures,2006, 84:1925-1933.

[152] 陈爱志,万正权,朱邦俊.基于遗传算法和可变多面体算法的耐压结构混合优化[J].船舶力学,2008,12(2):283-289.

[153] SHANG G F,ZHANG A F,WAN Z Q. Optimum design of cylindrical shells under external hydrostatic pressure[J]. Journal of Ship Mechanics,2010,14(12): 1384-1393.

[154] 梁斌,高笑娟,俞焕然.几何约束下圆柱壳的屈曲优化设计[J].兰州大学学报(自然科学版),2003,39(1):24-27.

[155] FORYŚ P. Optimization of cylindrical shells stiffened by rings under external pressure including their post-buckling behaviour[J]. Thin-Walled Structures,

2015,95:231-243.

[156] KWOK K C S. Effect of Building Shape on Wind-Induced Response of Tall Building[J]. Journal of Wind Engineering & Industrial Aerodynamics,1988,28(1):381-390.

[157] CHOI C K,KWON D K. Effects of Corner Cuts and Angles of Attack on the Strouhal Number of Rectangular Cylinders[J]. Wind &Structures International Journal,2003,6(2):127-140.

[158] KAWAI H. Effect of Corner Modifications on Aeroelastic Instabilities of Tall Buildings[J]. Journal of Wind Engineering & Industrial Aerodynamics,1998,74-76(98):719-729.

[159] IRWIN P A. Bluff Body Aerodynamics in Wind Engineering[J]. Journal of Engineering & Industrial Aerodynamics,2008,96(6):701-712.

[160] BOSTOCK B R,MAIR W A. Pressure Distributions and Forces on Rectangular and D-shaped Cylinders[J]. Aeronautical Quarterly,2016,23:1-8.

[161] HE G S,LI N,WANG JJ. Drag Reduction of Square Cylinders with Cut-Corners at the Front Edges[J]. Experiments in Fluids,2014,55(6):1-11.

[162] ELSHAER A,BITSUAMLAK G,DAMATTY A E. Enhancing Wind Performance of Tall Buildings Using Corner Aerodynamic Optimization[J]. Engineering Structures,2017,136:133-148.

[163] OLAWORE A S,ODESOLA I F. 2D Flow around a Rectangular Cylinder:A Computational Study[J]. Afrrev Stech an International Journal of Science & Technology,2013,2(1):1-26.

[164] 谢壮宁,李佳. 强风作用下楔形外形超高层建筑横风效应试验研究[J]. 建筑结构学报,2011,32(12):118-126.

[165] 张正维,全涌,顾明,等. 凹角对方形截面高层建筑基底气动力系数的影响研究[J]. 土木工程学报,2013(7):58-65.

[166] 张正维,全涌,顾明,等. 斜切角与圆角对方形截面高层建筑气动力系数的影响研究[J]. 土木工程学报,2013(9):12-20.

[167] 廖朝阳. 不同横截面高层建筑全风向气动性能CFD数值模拟研究[D]. 长沙:湖南大学,2014.

[168] TAMURA T,MIYAGI T. The Effect of Turbulence on Aerodynamic Forces on a Square Cylinder with Various Corner Shapes[J]. Journal of Wind Engineering and Industrial Aerodynamics,1999,83(1-3):135-145.

[169] KIM Y C,TAMURA Y,TANAKA H,et al. Wind-induced Responses of Super-TallBuildings with Various Atypical Building Shapes[J]. Journal of Wind Engineering & Industrial Aerodynamics,2014,133:191-199.

[170] 陈政清. 桥梁风工程[M]. 北京:人民交通出版社,2005.

[171] IRWIN P. Bluff body aerodynamics in wind engineering[J]. Journal of Wind Engineering and Industrial Aerodynamics,2008,96(6-7):701-712.

[172] KUBO Y,KIMURA K,SADASHIMA K,et al. Aerodynamic performance of improved shallow π shape bridge deck[J]. Journal of Wind Engineering and Industrial Aerodynamics,2001,90(12):2113-2125.

[173] 段青松,马存明. 边箱叠合梁涡激振动性能及抑振措施研究[J]. 桥梁建设,2017,47(5):30-35.

[174] CHEN W L,XIN D B,XU F,et al. Suppression of vortex-induced vibration of a circular cylinder using suction-based flow control[J]. Journal of Fluids and Structures,2013,42:25-39.

[175] 任凯. 上部吸气控制下超高层建筑的风荷载特性研究[D]. 哈尔滨:哈尔滨工业大学,2012.

[176] 任凯. 上部吸气控制下超高层建筑风洞试验设计[J]. 低温建筑技术,2015(5):34-36,49.

[177] XU F,CHEN W L,XIAO Y Q,et al. Numerical study on the suppression of the vortex induced vibration of an elastically mounted cylinder by a traveling wave wall[J]. Journal of Fluids and Structures,2014,44:145-165.

[178] CHEW W,LIU Y,XU F,et al. Suppression of vortex shedding from a circular cylinder by using a traveling wave wall[C]//52nd Aerospace sciences meeting. 2014:0399.

[179] ZHOU B,WANG X,GHO W M,et al. Force and flow characteristics of a circular cylinder with uniform surface roughness at subcritical Reynolds numbers[J]. Applied Ocean Research,2015,49:20-26.

[180] LEE S J,KIM H B. The effect of surface protrusions on the near wake of a circular cylinder[J]. Journal of Wind Engineering and Industrial Aerodynamics,1997,69-71:351-361.

[181] MARUTA E,KANDA M,SATO J. Effects on surface roughness for wind pressure on glass and cladding of buildings[J]. Journal of Wind Engineering and Industrial Aerodynamics,1998,74-76(98):651-663.

[182] 高东来. 斜拉索绕流场的被动流动控制研究[D]. 哈尔滨:哈尔滨工业大学,2014.

[183] GAO D L,CHEN W L,LI H,et al. Flow around a circular cylinder with slit[J]. Experimental Thermal and Fluid,2016,82:287-301.

[184] 王响军. 斜拉索涡激振动被动吹气控制的数值模拟与试验研究[D]. 哈尔滨:哈尔滨工业大学,2016.

[185] CHEN W L,GAO D L,YUAN W Y,et al. Passive jet control of flow around a circular cylinder[J]. Experiments in Fluids,2015,56(11):2015.

[186] CHEN W L,WANG X J,XU F,et al. Passive Jet Flow Control Method for Suppressing Unsteady Vortex Shedding from a Circular Cylinder[J]. Journal of Aerospace Engineering,2016:04016063.

[187] CHEN W L,HUANG Y W,GAO D L,et al. Passive suction jet control of flow regime around a rectangular column with a low side ratio[J]. Experimental Thermal and Fluid Science,2019,109:109815.

[188] SMITH M C. Synthesis of mechanical networks:theInerter[J]. IEEE Transactions on Automatic Control,2002,47:1648-1662.

[189] MA R,BI K,HAO H. Inerter-based structural vibration control:A state-of-the-art review[J]. Engineering Structures,2021,243:112655.

[190] 张瑞甫,曹嫣如,潘超. 惯容减震(振)系统及其研究进展[J]. 工程力学,2019,36(10):8-27.

[191] BARREDO E,LARIOS JG,COLÍN J,et al. A novel high-performance passive non-traditional inerter-based dynamic vibration absorber[J]. Journal of Sound and Vibration,2020,485:115583.

[192] TALLEY PC,JAVIDIALESAADI A,WIERSCHEM N E,et al. Evaluation of steel building structures with inerter-based dampers under seismic loading[J]. Engineering Structures,2021,242:112488.

[193] 隋鹏,申永军,杨绍普. 一种含惯容和接地刚度的动力吸振器参数优化[J]. 力学学报,2021,53(5):1412-1422.

[194] DEN H J P. Mechanical Vibrations[M]. New York:McGraw-Hall Book Company,1947.

[195] PIETROSANTI D,ANGELIS D M,BASILI M. Optimal design and performance evaluation of systems with tuned mass damper inerter(TMDI)[J]. Earthquake Engineering and Structural Dynamics,2017,46:1367-1388.

[196] ALOTTA G, FAILLA G. Improved inerter-based vibration absorbers[J]. International Journal of Mechanical Sciences, 2021, 192:106087.

[197] MATTEO D A, MASNATA C, PIRROTTA A. Simplified analytical solution for the optimal design of Tuned Mass Damper Inerter for base isolated structures[J]. Mechanical Systems and Signal Processing, 2019, 134:106337.

[198] DAI J, XU Z D, GAI P P. Tuned mass-damper-inerter control of wind-induced vibration of flexible structures based on inerter location[J]. Engineering Structures, 2019, 199:109585.

[199] PIETROSANTI D, ANGELIS D M, BASILI M. A generalized 2-DOF model for optimal design of MDOF structures controlled by Tuned Mass Damper Inerter (TMDI)[J]. International Journal of Mechanical Sciences, 2020, 185:105849.

[200] WANG Z X, GIARALIS A. Enhanced motion control performance of the tuned mass damper inerter through primary structure shaping[J]. Structural Control and Health Monitoring, 2021, 28(8):e2756.

[201] REN M Z. A variant design of the dynamic vibration absorber[J]. Journal of Sound and Vibration, 2001, 245(4):762-770.

[202] SHEN Y J, XING Z Y, YANG S P, et al. Parameters optimization for a novel dynamic vibration absorber[J]. Mechanical Systems and Signal Processing, 2019, 133:106282.

[203] 邢子康,申永军,李向红. 接地式三要素型动力吸振器性能分析. 力学学报[J]. 2019, 51(5):1466-1475.

[204] CHEUNG Y L, WONG W O. H2 optimization of a non-traditional dynamic vibration absorber for vibration control of structures under random force excitation[J]. Journal of Sound and Vibration, 2011, 330(6):1039-1044.

[205] 李亚峰,李寿英,陈政清. 变化型惯质调谐质量阻尼器的优化与性能评价[J]. 振动工程学报, 2020, 33(5):877-884.

[206] MARIAN L, GIARALIS A. Optimal design of a novel tuned mass-damper-inerter (TMDI) passive vibration control configuration for stochastically support-excited structural systems[J]. Probabilistic Engineering Mechanics, 2014, 38:156-164.

[207] ZHU Z W, LEI W, WANG Q H, et al. Study on wind-induced vibration control of linked high-rise buildings by using TMDI[J]. Journal of Wind Engineering and Industrial Aerodynamics, 2020, 205:104306.

[208] 王钦华,雷伟,祝志文,等. 单重和多重调谐质量惯容阻尼器控制连体超高层

建筑风振响应比较研究[J]. 建筑结构学报,2021,42(4):25-34.

[209] GIARALIS A,TAFLANIDIS A A. Optimal tuned mass-damper-inerter(TMDI) design for seismically excited MDOF structures with model uncertainties based on reliability criteria[J]. Structural Control and Health Monitoring,2017,25(2):e2082.

[210] RUIZ R,TAFLANIDIS A A,GIARALIS A,et al. Risk-informed optimization of the tuned mass-damper-inerter(TMDI) for the seismic protection of multi-storey building structures[J]. Engineering Structures,2018,177:836-850.

[211] ASAMI T,NISHIHARA O,BAZ A M. Analytical solutions to H∞ and H2 optimization of dynamic vibration absorbers attached to damped linear systems[J]. Journal of Vibration and Acoustics,2002,124(2):284-295.

[212] SPANOS P D,MILLER S M. Hilbert transform generalization of a classical random vibration integral. Journal of Applied Mechanics,1993,61(3):575-581.

[213] SU N,CAO Z G,WU Y. Fast frequency domain algorithm to estimate the dynamic wind-induced response on large-span roofs based on Cauchy's residue theorem[J]. International Journal of Structural Stability and Dynamics,2018,18(3):1850037.

[214] TIWARI N D,GOGOI A,HAZRA B,et al. A shape memory alloy-tuned mass damper inerter system for passive control of linked-SDOF structural systems under seismic excitation[J]. Journal of Sound and Vibration,2021,494:115893.

[215] WANG Q H,TIWARI N D,HAZRA B,et al. MTMDI for mitigating wind-induced responses of linked high-rise buildings[J]. Journal of Structural Engineering,2021,147(4):1-8.

[216] WANG Q H,QIAO H S,DOMENICO D D,et al. Seismic response control of adjacent high-rise buildings linked by the Tuned Liquid Column Damper-Inerter(TLCDI)[J]. Engineering Structures,2020,223:111169.

[217] 刘欣鹏.大型曼型干式煤气柜结构风荷载及风致响应研究.重庆:重庆大学,2016.

[218] KAY N J,OO N L,GILL M S,Richards P J,Sharma R N. Robustness of the digital filter to differing calibration flows[J]. Journal of Wind Engineering and Industrial Aerodynamics,2020,197:104061.